1 MONTH OF
FREE
READING

at

www.ForgottenBooks.com

By purchasing this book you are eligible for one month membership to ForgottenBooks.com, giving you unlimited access to our entire collection of over 1,000,000 titles via our web site and mobile apps.

To claim your free month visit:

www.forgottenbooks.com/free1236851

ISBN 978-0-332-74252-6
PIBN 11236851

This book is a reproduction of an important historical work. Forgotten Books uses
state-of-the-art technology to digitally reconstruct the work, preserving the original format
whilst repairing imperfections present in the aged copy. In rare cases, an imperfection in
the original, such as a blemish or missing page, may be replicated in our edition. We do,
however, repair the vast majority of imperfections successfully; any imperfections that
remain are intentionally left to preserve the state of such historical works.

BOLETIN

DE LA

SOCIEDAD DE BIOLOGIA

DE

CONCEPCION

FILIAL DE LA SOCIETE DE BIOLOGIE DE PARIS

PUBLICACION AUSPICIADA POR LA UNIVERSIDAD
DE CONCEPCION

———•———

**Homenaje al 25.º Aniversario
de la
Escuela de Medicina de la Universidad
de Concepción**

———••———

TOMO XXIV

1949

CONCEPCION

Litografía Concepción, S. A.

PREFACIO

En el mes de Mayo del presente año la **Escuela de Medicina de la Universidad de Concepción ha cumplido sus primeros 25 años de existencia.** La Sociedad de Biología de Concepción, adhiriéndose a las festividades correspondientes, ha contribuído con varias sesiones extraordinarias y ha acordado publicar los trabajos presentados, en un número especial de su Boletín.

Este número es el presente y la Sociedad de Biología de Concepción se complace en ofrecerlo a la prestigiosa Institución que hoy celebra sus bodas de plata.

PROF. DON CARLOS OLIVER SCHNEIDER

El 13 de Junio del presente año falleció en esta ciudad nuestro distinguido socio; socio fundador y Ex-presidente de la Sociedad de Biología de Concepción, el Prof. Don Carlos Oliver Schneider.

Hombre de cualidades sobresalientes por su vasta cultura general.

Nació en Canelones Uruguay el 15 de Septiembre de 1899.

Estudió en el Liceo y Universidad de Concepción, en la que se graduó de Ingeniero Químico el año 1923. Desde 1916 trabajó en el Museo de Concepción del cual fué Director por muchos años. Prof. de Geología de la Facultad de Ciencias Físicas y Matemáticas de la que fué Decano por varios períodos. Administrador del Parque Pedro del Río y Museo de Hualpén. Miembro honorario correspondiente del Instituto de Estudios Superiores del Uruguay, y miembro titular y correspondiente de numerosas Sociedades Científicas nacionales y extranjeras.

Larga es la lista de sus publicaciones y trabajos de investigación, tanto de Historia Natural, Paleontología, Geología, Arqueología e Historia.

Por su fecunda labor el Gobierno de Chile le ha otorgado la Medalla al Mérito en el grado de Comendador al cumplir 25 años de Servicio en el Museo de Concepción el 11 de Septiembre de 1940. Fué Presidente de la Sociedad de Biología durante 3 períodos consecutivos hasta el año 1947 inclusive.

El Boletín de la Sociedad de Biología rinde un homenaje póstumo al que fué su esclarecido y esforzado colaborador y se asocia al duelo Universitario por la pérdida de uno de sus más caracterizados profesores y valioso hombre de ciencias.

Sobre algunas aves norteamericanas en Chile

por

D. S. Bullock

En el año 1940, el Dr. **Rodolfo A. Philippi B.**, Director de la Sección Aves en el Museo de Historia Natural, publicó en el Boletín del Museo una lista de treinta y cuatro especies de aves norteamericanas, que han sido definitivamente incluídas en la lista de las aves chilenas. Estas emigrantes se han dividido en tres grupos:

a) visitantes regulares, que llegan al país todos los años;
b) visitantes irregulares, que sólo lo hacen en ciertos años; y
c) visitantes casuales, que llegan sólo excepcionalmente.

La siguiente es la lista completa por familias:

Familia HIRUNDINIDAE

1.—Golondrina bermeja, Barn-Swallow, **Hirundo rustica erythrogaster Boddaert.**

Familia MNIOTILIDAE

2.—Monjita americana, Black-poll Warbler, **Dentroica striata,** Forster.

Familia ACCIPITRIDAE

3.—Aguilucho de cola roja, Red-tailed Hawk, **Buteo jamaicensis borealis,** Gmelin.
4.—Aguila pescadora, Ospery, **Pandion haliaetus carolinensis,** Gmelin.

Familia FALCONIDAE

5.—Halcón o gavilán, Duck Hawk, **Falco peregrinus anatum,** Bonaparte.

Familia CHARADRIIDAE

6.—Pollito cabezón, Black-bellied Plover, **Squatarola squatarola cynosurae,** Thayer y Bangs.
7.—Chorlo dorado, Golden Plover, **Pluvialis dominicus dominicua,** Müller.
8.—Chorlo semipalmado, Semipalmated Plover, **Charadrius semipalmatus,** Bonaparte.
9.—Pollo de mar grande, Surf-Bird, **Aphriza virgata,** Gmelin.
10.—Pollo de mar, Vuelvepiedras, Turnstone, **Arenaria interpres morinella,** Linné.

Familia SCOLOPACIDAE

11.—Batitú, Upland Plover, **Batramia longicauda,** Bechstein.
12.—Pitotoy grande, Greater Yellow Legs, **totanus melanoleucus,** Gmelin.
13.—Pitotoy chico, Lesser Yellow Legs, **totanus flavipes,** Gmelin.
14.—Pollito de mar, Sanderling, **Crocethia alba,** Pallas.
15.—Chorlo café, Knot, **calidris canatus rufus,** Wilson.
16.—Perdiz de mar o Zarapinto, Hudsonian Curlew, **Phaeopus hudsonicus,** Latham.
17.—Zarapito, Esquimo Curlew, **Phaeopus borealis,** Förster.
18.—Zarapito, Marbled Godwit, **Limosa fedoa,** Linné.
19.—Zarapito, Hudsonian Godwit, **Limosa hemasticae,** Linné.
20.—Pollito de mar o de vega, Baird's sandpiper, **Pisobia bairdi,** Coues.
21.—Pitoytoy chico, Pectoral Sandpiper, **Pisobia melanotos,** Vieillot.
22.—Pollito de vegas, White-rumper Sandpiper, **Pisobia fuscicollis,** Vieillot.
23.—Pollito de mar, Semipalmated Sandpiper, **Eutenetes pusillus,** Linné.
24.—Chorlito de pico largo, Stilt Sandpiper, **Macropalana himantopus,** Bonaparte.
25.—Chorlito manchado, Spotter Sandpiper, **Actitis macularia,** Linné.

Familia PHALAROPODIDAE

26.—Pollito de mar, Red phalarope, **Phalaropus fulicarius,** Linné.
27.—Pollito de mar, Northern Phalarope, **Lobipes lobatus,** Linné.
28.—Pollito de mar, Wilson's Phalarope, **Steganopus tricolor,** Vieillot.

Familia LARIDAE

29.—Golondrina de mar, Elegant Tern. **Sterna elegans**, Gambel.
30.—Golondrina de mar, Arctic Tern, **Sterna paradisea**, Brünnich.
31.—Golondrina negra, Black Tern, **Chlidonias nigra, surinamensis**, Gmelin.
32.—Chelli, Cagüil, Francklin's Gull, **Larus pipixcan**, Wagler.

Familia STERCORARIIDAE

33.—Salteador chico, Parasitic Jaeger, **Stercorarius parasiticus**, Linné.
34.—Salteador chico de cola larga, Long-tailed Jaeger, **Stercorarius longicaudus**, Vieillot.

En cuanto a las especies, esta lista de las aves norteamericanas que visitan Chile está, con toda probabilidad, completa. Creo, sin embargo, que varias de las colocadas como visitantes irregulares u ocasionales pasarán a la lista de visitantes regulares, cuando tengamos información más completa sobre la migración y distribución de cada una de las especies durante nuestro verano.

Once especies son anotadas como visitantes regulares, cuatro como irregulares y diecinueve como ocasionales. Incluso en la lista de los visitantes regulares hay varias especies de aves de las playas que merecen una atención y estudio especial. Estas son las siguientes: el "vuelve-piedras", el "pitotoy grande", el "pitotoy chico", el "pollito de mar", el "pollito de las vegas", la "perdiz de mar", el "pollito cabezón" y el "chorlo café".

Al revisar y estudiar la información dada en el Check-list de cada especie, de las aves de Norteamérica, es muy interesante notar que todas tienen una cosa común en cuanto a su distribución geográfica durante el verano en Norteamérica. Todas las especies nombradas, con la sola excepción del Pitotoy chico, tienen ejemplares que no nidifican y que no van a las regiones normales para la nidificación de la especie.

La siguiente es la información dada en la Check-list de cada especie:

Pollito cabezón, "casual durante todo el verano en la costa de Florida y el Ecuador Occidental".

Vuelve piedras, "algunos individuos permanecen durante todo el verano en la costa de Florida".

Pitotoy grande, "ocasionalmente durante todo tiempo del año (aves no aninando) en las Islas Indias Occidentales, Bahama, Florida, Texas y California".

Pollito de mar (Crocethia alba), "aves que no anidan permanecen todo el verano en la costa de Florida".

El Chorlo café, "en pequeño número ha sido encontrado durante todo el verano en la costa entre Virginia y Florida".

Perdiz de mar o Zarapito, "emigrantes que no anidan permanecen todo el verano en la costa, desde Virginia hasta el oeste del Ecuador".

El Pollito de las Vegas (Pisobia bairdi), "casual durante el verano en Gurrero, México".

Dr. Frank M. Chapman en su "Autobiografía de un amante de las aves" hace una observación de sumo interés sobre un viaje de paseo en la costa de Ecuador. Dice: "el viaje nos llevó a muchas partes de los ríos y pasos poco traficados de la isla de Puna y en el continente hacia el sur casi hasta el Perú. Fué notable, principalmente, por el descubrimiento de un número bastante grande de las aves de las playas, que en este tiempo, mediados de Julio, teóricamente deberían haber estado más al norte del círculo ártico y anidando. Todas se encontraban aparentemente en plumaje de invierno y los órganos sexuales de los individuos coleccionados estaban inactivos. Evidentemente estas aves no anidaban, no habían recibido ningún aviso interno de volver a la región de su nacimiento para reproducirse y por lo tanto quedaban en su región de invernar, durante el verano. Con estas aves boreales había otras especies, igualmente características de las regiones australes, que en el invierno sub-ecuatorial estaban en el límite norte de su distribución".

Me pregunto, ¿estamos seguros que todas estas aves observadas por Dr. Chapman eran nativas de Norteamérica? ¿No sería posible que su país natal fuera Chile o la República Argentina y estuvieran pasando los meses de invierno en un clima más a su agrado, en el norte? Soy de opinión que nuestra hipótesis se verá confirmada, cuando se haya hecho un estudio más completo de las regiones australes de nuestro continente, donde nidifican estas aves de las playas.

Algunas especies de que tratamos han sido tomadas en casi todos los meses del año en nuestro país. Dr. Philippi halló cinco ejemplares del Vuelve-piedras en Arica, el día 5 de Julio de 1935, en plumaje de invierno. El considera esta observación muy interesante y pregunta: ¿nidifican algunos ejemplares en el hemisferio sur?

Dos de las especies norteamericanas tienen razas geográficas en la América del Sur, cuyos ejemplares son tan parecidos a los del continente del norte, que, al ignorar el país de origen de los ejemplares, las dos razas no se pueden distinguir con seguridad. El "Killdeer" (**Oxyechus vociferus**, Linné) en el Perú es reemplazado por una raza geográfica local (**Oxyechus vociferus peruvianus**, Chapman).

Dr. Charles E. Hellmayr describió el pollito nevado chileno (**Charadrius alexandrinus occidentalis** (Canabis) en 1932, como una raza geográfica distinta y al mismo tiempo profetizó que sería hallada nidificando en toda la costa de Chile hasta Laraquete. En aquella fecha la nidificación de la especie no había sido observada en Chile. En el mismo año que Hellmayr publicó su profecía, personalmente encontré la especie anidando en la Isla Mocha, lo que constituye un record bastante más al sur que todos los anteriores para la especie.

Ahora sabemos que lo profetizado por Hellmayr ha sido totalmente comprobado, pues esta especie se ha encontrado nidificando en una extensión aún mayor de lo que se sospechaba.

Aparentemente el pollito nevado chileno no emigra muy al norte, ni la especie norteamericana muy al sur. No hay ningún hallazgo de estas aves en la América Central. Son dos especies, o más bien razas geográficas, muy parecidas, pero completamente separadas y no hay migración suficiente para que las dos razas puedan juntarse en algún tiempo del año.

Los otros emigrantes de Norteamérica, de los cuales hay un número considerable de individuos que no nidifican durante el período normal para la especie en Norteamérica, presenta un problema de sumo interés y que merece mucha observación y estudio. Es enteramente posible que la mayor parte de estas aves que no nidifican y que pertenecen a las diferentes especies de las denominadas "aves de las playas" sean realmente razas sudamericanas que pasan su invierno en Norteamérica. Al respecto estoy convencido de que hay alrededor de una media docena de especies norteamericanas con razas en la América del Sur.

En la costa de Chile, desde la región de Concepción hasta la isla de Chiloé y aún más al sur, es decir, en una extensión de más de 500 kilómetros, existen condiciones, en muchas partes ideales, para la nidificación de numerosas especies. En toda esta región hay extensos arenales, lagunas de agua dulce, pajonales, pequeños prados húmedos, riachuelos y esteros que, con excepción de algunas localidades, se encuentran en zonas muy poco habitadas. Se puede allí viajar por largas distancias sin encontrar ningún ser humano. Hace años, viajando por esas regiones, busqué informaciones acerca de la nidificación de la perdiz de mar **(Phaeopus hodsonicus)** que allí era bastante común y los mapuches me aseguraron que realmente anidaba allí con regularidad. El tiempo de mi visita era posterior al de los nidos y nunca he tenido oportunidad de volver otra vez a la región.

En toda esta zona se encuentra en número apreciable la perdiz de mar, el pitotoy grande, el pitotoy chico, vuelve piedras, el pollito de las vegas y el pollito de mar. Junto a ellos, hay varias especies verdaderamente chilenas que nidifican en la región con regularidad.

Más aún, es una región que nunca ha sido estudiada sistemática y cuidadosamente por ningún ornitólogo en el período de la nidificación de las aves de las playas. Podemos decir realmente que es un territorio casi inexplorado en cuanto a su avifauna.

Por desgracia, nuestro país no tiene ningún ornitólogo, profesional, que pueda dedicar su tiempo y su energía al estudio y solución de este y de muchos otros problemas relacionados con nuestras aves. Tales investigaciones y estudios quedan para los aficionados, para los que entre nosotros mismos podemos llamar "chiflados".

He aquí para ellos una magnífica oportunidad de hacer una contribución de verdadero interés e importancia para el conocimiento de la avifauna de dos continentes. Por cierto no es una cosa fácil y sin dificultades.

En primer lugar el tiempo de nidificación de estas aves es sumamente limitado. Creo que sólo abarca poco menos que sesenta días en cada temporada. Posiblemente es aún más corto y sólo en él será posible hacer tales estudios. Principia alrededor del 10 de Noviembre y termina aproximadamente el 10 de Enero. Sólo entonces será posible hallar estas aves en sus nidos. La experiencia probará las fechas exactas en que deben realizarse los estudios. El campo de trabajo abarca una extensión de costa de 500 kilómetros de largo y posiblemente aún mucho mayor. Es posible que al lado de esteros y riachuelos haya grandes trechos donde será necesario hacer extensas investigaciones. No es un trabajo que se pueda hacer con rapidez y terminar de una vez. Cada año se puede hacer algo: estudiar, observar, coleccionar aves, sus nidos y huevos de una región. Al llegar a conocer con seguridad las zonas precisas en donde deben concentrarse los estudios, sería posible detenerse una semana en una parte y después otra semana en otra. Así podrían realizarse con mucha mayor rapidez los estudios y observaciones, lo que por el momento no es posible.

Hallar los nidos de estas aves y coleccionar sus polluelos es indispensable para la comprobación segura de las observaciones, pero requiere tiempo y constancia. Lo que una persona puede hacer en un tiempo determinado es estrictamente limitado.

Con estas breves notas Uds. podrán darse cuenta del problema y de algunas de sus dificultades. Al mismo tiempo pueden apreciar las oportunidades que existen para hacer estudios y descubrimientos completamente nuevos sobre las aves que habitan nuestro país y acerca de las cuales tan poco sabemos. Abrigamos la esperanza de que los problemas expuestos estimulen el estudio de la Ornitología chilena y hagan aumentar las filas de los "chiflados".

R E S U M E N

Treinta y cuatro especies de aves de Norteamérica son incluídas en la lista de aves chilenas, todavía no publicada. Se trata de 11 especies que emigran regularmente, 4 visitantes irregulares y 19 visitantes ocasionales. Se dedica especial atención a 7 especies de las cuales un número considerable de ejemplares quedan sin anidar en Norteamérica. Se indica la posibilidad que estas aves que no anidan en Norteamérica puedan hacerlo en el Sur de Chile. Una extensa zona del Sur presenta efectivamente condiciones ideales para el empollamiento, localizadas en partes muy poco pobladas por el hombre. Este área no ha sido nunca estudiada durante la época de anidamiento de aves de la costa y por eso ofrece la oportunidad para nuevos e importantes descubrimientos. El autor está seguro que varias de estas especies serán en el futuro, encontradas anidando en la región indicada.

SUMMARY

Thirty-four species of North-American birds are included in the unpublished Checklist of chilian Species. 11 regular migrants, 4 irregular migrants and 19 occasional visitors. Special Attention is called to seven species of which considerable numbers are nonbreeding birds in North-America. It is pointed out the possibility that these non-breeding birds may nest in Southern Chile. An extensive area in the South presents ideal conditions for their breeding in a region very scarcely populated. This area has never been studied or collected during the nesting season of shore birds and so presents an opportunity for new and important discoveries. The Autor confidently expects several of these species will be found nesting there.

BIBLIOGRAFIA

BULLOCK, DILLMAN S.—The Snowy Plover nesting in Chile. Auk Nº 53. Pub. 308. Zool. series. Vol. XIX. 1932.

BULLOCK, DILLMAN S.—Las aves de la Isla de la Mocha........ 1935. Rev. Chil. de Hist. Nat. Tomo 39, p. 232-253.

BULLOCK, DILLMAN S.—North American Bird Migrants in Chile........ Auk. Tomo 66.... p. 351-354. October 1949.

CHAPMAN, FRANK M.—Proposed new race of the Killdeer. Auk. Nº 37. p. 106. 1920.

CHAPMAN, FRANK M.—Autobiography of a Bird-Lover. p. 348. D. Appleton. Century. Company, New York. 193.

HELLMARYR, CHARLES E.—The Birds Of Chile. Field Museum of Natural History. Pub. 308. Zool. series. Vol. XIX. 1932.

PHILIPPI B., RODULFO A.—Aves migratorias norteamericanas que visitan Chile. Bol. Museo Nac. de Historia Natural. Tomo XVIII. p. 65-85. Santiago. Chile. 1940.

ESCUELA AGRICOLA "EL VERGEL"
Museo Bullock
A N G O L
Director. Prof. D. S. Bullock

Dos cántaros de tipo peruano encontrados en Angol y Carahue

(Con 2 fotos y 5 figuras)

por

D. S. Bullock

El cántaro de Angol

Este cántaro fué encontrado durante la excavación sistemática hecha de un cementerio araucano en el fundo "El Vergel" unos cinco kilómetros al este de la ciudad de Angol en la provincia de Malleco.

La forma es de una argolla hueca que en un lado lleva un cuello y mango dirigidos hacia arriba (Foto 1). Es un tipo bastante raro, aunque conocido entre los araucanos de hoy día. Es muy posible que esta forma fuese la preferida para calentar agua porque ofrece a las llamas una superficie mayor que las comunes, representando, en realidad, el serpentín original, más primitivo para calentar agua.

Las siguientes son las medidas principales del cántaro en cuestión:

Altura total	160	mm.
Altura del cuerpo	102	mm.
Diámetro del cuerpo 230 a	240	mm.
Diámetro del exterior del cuello, mínimo	58	mm.
Diámetro del cuello arriba, máximo	97	mm.
Diámetro del hoyo central	45	mm.
Capacidad del cuerpo	1580	C.C.
Capacidad total	2000	C.C.

Una de las cosas especiales que ofrece este cántaro son sus decoraciones. Estas son de la clase tan conocida entre las cerámicas antiguas en Chile y que se encuentran muy a menudo en los cementerios de los pobladores antiguos.

El fondo es de un color blanco sucio. Encima de ésta hay dibujos de color rojo. Todas las decoraciones han sido hechas en forma de triángulos y cuadros, siempre de líneas rectas. Sólo hacen excepción unos puntos redondos en el centro de algunos cuadros blancos.

Las decoraciones de la parte superior del cántaro están dispuestas en tres cintas concéntricas, una ancha entre otras dos más angostas. Cada cinta presenta un dibujo distinto (fig. 1).

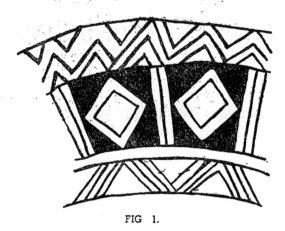

FIG 1.

Decoraciones en la parte superior del cántaro.

Abarcando toda la circunferencia en la parte más ancha hay una cinta de dibujos muy variados. Dicha circunferencia está dividida en treinta y cuatro bandas verticales, diecisiete de ellas dibujadas y separadas por bandas más o menos del mismo ancho sin dibujo ninguno.

Estas bandas dibujadas llevan diez diferentes dibujos, tres de dos clases, dos de tres clases y cinco distintos de los demás. De estos diez diferentes motivos, tres se componen solamente de líneas, dos solamente de triángulos, dos de escuadras combinados con triángulos, dos triángulos combinados con líneas y uno tiene una combinación de cuadros y líneas con puntos redondos en el centro de los cuadros (Fig. 2 y 3). En la parte de arriba hay un motivo no representado en la faja de dibujos (Fig. 4). Hay además dos motivos especiales en el cuello que se encuentra en otra parte (Fig. 5). Hay por consiguiente dibujos con un total de trece diferentes motivos.

El mango y cara externa del cuello, como asimismo una cinta de unos doce milímetros de ancho al interior del cuello, llevan decoraciones del mismo estilo de los demás con ligeras variaciones en los motivos.

Todo cántaro antiguo provisto de dibujos es de gran interés, especialmente si tiene una forma tan extraordinaria como la del presente, el cual es además de sumo interés por llevar trece clases distintas de dibujo.

16

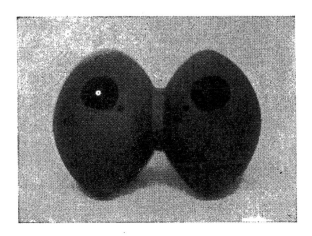

El cántaro de Carahue.

El cántaro de Angol.

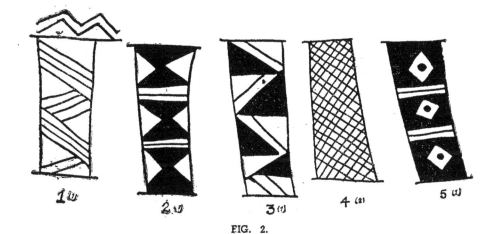

FIG. 2.

Dibujos que abarcan las cintas de circunferencia.

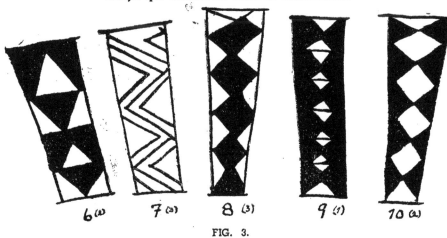

FIG. 3.

FIG. 4.

Motivos especiales en el cuello

FIG. 5.

Dibujo en el asta.

17

Junto con el cántaro, en la misma sepultura, fueron hallados huesos de caballo de modo que es seguro que su fecha es posterior a la conquista. Los dibujos, los consideramos como netamente peruanos a pesar de la procedencia del cántaro. Actualmente se encuentra en la colección del Museo de "El Vergel", signado con el Nº 429.

El cántaro de Carahue

Este cantarito de forma rara se compone de dos cuerpos, más o menos iguales, ovalados, casi como de huevos puntiagudos en ambas puntas que están colocados horizontalmente y paralelas entre si, unidos por un cilindro de solamente once milímetros de largo por 60 a 51 mm. de diámetro (Foto Nº 2). Esta conección tiene una abertura de más o menos 30 mm. en diámetro, haciendo uno las dos partes en cuanto a su contenido.

En la cara superior de ambos cuerpos se encuentra una abertura de unos 35 mm. de diámetro. Es de suponer que originalmente esta abertura tenía cuellos unidos por un mango. Ahora bien cuando se quebró el mango original, el dueño abrió otros dos agujeritos a 25 mm. uno de otro en cada cuerpo frente al borde interno de las aberturas grandes. Seguramente los agujeritos servían para llevar el cántaro con un cáñamo.

Las dimensiones del cántaro son las siguientes:

```
Ancho total ...... .... .... .... .... .... .... .... .... ....  201 mm.
Los dos cuerpos:
   Largo .... .... .... .... .... .... .... .... ....  154 y 152 mm.
   Diámetro .... .... .... .... .... .... .... ....  103 y 101 mm.
   Altura .... .... .... .... .... .... .... .... ....   96 y  94 mm.
```

La conección entre los dos cuerpos mide 60 por 51 mm. en sus dos diámetros y más o menos 10 mm. de largo.

El contenido total es de 1135 cc. o sea de poco más de uno y un octavo de litro.

Es de notar que hay una pequeña diferencia en el tamaño de los dos cuerpos, pero es solamente de dos milímetros en todas sus medidas. Es una diferencia fácil de entender cuando se considera que fueron hechos a mano y solamente a simple vista para hacerlos iguales. No son hechos en molde de ninguna especie.

Tomando en consideración la forma de las dos partes del cántaro y examinándolo con cuidado parece que los dos cuerpos fueron hechos por separado y después soldados entre si para finalmente ser abierta la comunicación existente entre ellos.

Muchas personas, al ver el cántaro por primera vez se sorprenden por la forma tan rara y caprichosa. Creemos, sin embargo, que no fué simplemente un capricho que indujo al fabricante crear esta forma. Seguramente ha pensado en su trabajo y ha ido aprendiendo por experiencia. Tenía evidentemente algo de iniciativa y algo de un espíritu inventivo. El agua en un cántaro chico y delgado se calienta más rápidamente que en un cántaro grande; pero, como la cantidad no era suficiente para su uso inmediato, el inventor sencillamente unió dos chicos, en la forma descrita para obtener el doble de agua caliente en el mismo tiempo. Corresponde el invento, en realidad, a un modelo muy modesto y sencillo, semejante a las tantas formas diferentes que hoy día tenemos en nuestras estufas, calderas y fogones, construídos para aprovechar lo más eficientemente posible el calor del fuego.

Este cántaro fué hallado en Carahue en el recinto del antiguo fortín de los españoles de modo que corresponde al tiempo y a la altura que llamamos Colonial.

El tipo no es común. Es el único que he visto en Chile, aun que es muy posible que existan más. En el Perú no son raros y por esta razón yo coloco este artefacto en la categoría de cosas de tipo peruano encontradas en Chile. No sé a qué época peruana corresponda, pero creo que es la incaica.

¿Cómo llegó este cántaro a Carahue? No creo ni momentáneamente que haya sido traído desde el Perú. La historia de los tiempos coloniales habla de los esclavos peruanos que tenían los españoles para ayudarles en sus trabajos y es por esto que pensamos que estos dos cántaros fueron hechos por algunos de estos esclavos importados.

Al ser correctas estas conclusiones, que me parecen por lo menos lógicas, entonces nuestros dos cántaros representan una infiltración de artículos de civilización extraña pero no dominante y traída para acá por una tercera cultura. Representan artículos incaicos entre cosas araucanas, pero introducidas por españoles durante el tiempo de la conquista de Perú y Chile.

Este último cántaro se encuentra en el Museo de "El Vergel" de Angol, signado con el Nº 1283.

RESUMEN

Se describe en detalle un cántaro encontrado en un cementerio de indios araucanos del período colonial, cerca de Angol, que está hermosamente decorado y que se denomina "Serpentín original para calentar agua". Además, se describe otro cántaro, encontrado en el interior de un antiguo fuerte español, cerca de Carahue y que presenta una forma especialmente adecuada para calentar agua rápidamente. Ambos cántaros corresponden a tipos encontrados habitualmente en el Perú y se supone que hayan sido hechos por esclavos indios peruanos traídos a Chile en la época colonial por los españoles. Ambos cántaros se encuentran actualmente en el Museo de la Escuela Agrícola "El Vergel" de Angol.

SUMMARY

A jar from Angol called "the original water coil" and beautifully decorated, taken from an Araucanian indian ceme·

try of the colonial period is, described en detail. Another jar described is from inside the old spanish fort near Carahue and of a special form designed for heating water rapidly. Both jars represent types found in Perú and are believed to have been made by Peruvian indian slaves brought South by the Spanish in colonial times. Both jars now in the museum of El Vergel,. Angol.

BIBLIOGRAFIA

BULLOCK, D. S.—"Un cántaro antiguo de Angol". Rev. Chil. Hist. Nat., tomo XXXI,. pág. 249. (1927).

DEL INSTITUTO DE ANATOMIA PATOLOGICA
de la
Universidad de Concepción (Chile)
Director: Prof. Dr. E. Herzog

Anatomía patológica de la insuficiencia coronaria y del infarto cardíaco

(Con 2 figuras)

por

Ernesto Herzog

A pesar de la gran frecuencia de la angina de pecho en todos los países civilizados y tratándose además de un cuadro bien estudiado, todavía sigue como uno de los más discutidos por una serie de problemas aún no resueltos. Como en los últimos años se han conseguido muchos progresos en este capítulo, tanto en clínica como en fisiología, y anatomía patológica, vale la pena de dar cuenta de algunos puntos más esenciales.

Si nos fijamos primero en la vascularización del corazón, se han obtenido después de las clásicas inyecciones del sistema coronario por los investigadores alemanes **Spalteholz, Merkel** y **Jamin** y otros, maravillosos resultados por radiografías después de inyecciones de masa de contraste, tanto en el extranjero como en nuestro continente por **Gross, Schlesinger** en Estados Unidos, **Bosco** en Argentina, **Rozas** en Chile y otros más (véase fig. 1). Los resultados han mostrado que las arterias coronarias son arterias terminales funcionales, es decir, que entre las ramificaciones de la arteria coronaria izquierda y derecha, existen ciertos colaterales, los cuales, en algunos casos de obstrucciones del lumen vascular, pueden aumentar en número y suplir hasta cierto punto el defecto. Naturalmente este mecanismo en la mayor parte de los casos no es satisfactorio y en primer lugar no en caso de accidentes vasculares bruscos.

En cuanto a la anatomía patológica, es bien conocido que para que se produzca una insuficiencia coronaria y especialmente el cuadro del infarto cardíaco, es esencial un proceso ateroesclerótico de las arterias coronarias, el que prepara el terreno, produciéndose en forma focal diseminada, es decir, en distintos lugares del territorio coronario, una alteración de la pared vascular que conduce lentamente a una mala irrigación. De esta manera se favorece en estos lugares dañados por el proceso ateroesclerótico una trombosis que al final causa la obstrucción completa de un territorio vascular en el músculo cardíaco, produciendo su necrosis, es decir, el infarto. Estos infartos causan clínicamente los típicos ataques de angina de pecho. Mucho más raros son los casos en los cuales se produce el mismo cuadro, por una mesaortitis sifilítica en el comienzo de la aorta, ocluyéndose el ostium de las coronarias. Más raros son todavía los casos, en los cuales una embolia desde el corazón o de la aorta, provoca una obstrucción de un ramo coronario.

Existen trabajos anátomo-patológicos muy importantes sobre el rol que juega la ateroesclerosis coronaria como factor etiológico fundamental de la angina de pecho. Uno de éstos es el de **Baehr,** el cual en numerosas autopsias, desde niños de pocos meses hasta adultos sobre 90 años, ha estudiado con un método muy original todo el sistema coronario para encontrar hasta las mínimas lesiones lipoídicas, ateroescleróticas (véase fig. 2). El pudo constatar, como muestra el gráfico, que la ateroesclerosis coronaria comienza ya a temprana edad y sigue ascendiendo lentamente, pero a los 50 años la curva se eleva en forma brusca. El ramo descendente de la arteria coronaria izquierda se altera más precozmente por la ateroesclerosis y en forma más intensa, después sigue en frecuencia la coronaria derecha. También **Roessle,** en Berlín, encontró ya en jóvenes entre 15 y 24 años un 10,6% de ateroesclerosis coronaria y entre 45 y 50 años un 50%. Por supuesto, tenemos que contar en la etiología de la insuficiencia coronaria de la ateroesclerosis coronaria con varios factores favorecedores. Así, hace tiempo ya es conocido que justamente en el cuadro de la ateroesclerosis en general tienen mucha influencia factores constitucionales, hereditarios y familiares y además grandes estadísticas en los últimos años, como las de **Henschen** en Estocolmo, han mostrado claramente la gran importancia del metabolismo, respectivamente, de la alimentación. En este sentido hablan también nuestras observaciones, basándose en más de 8000 autopsias, que nos mostraron una muy discreta frecuencia del infarto cardíaco en la población general.

Al final no debemos olvidar influencias sociales. El trabajo profesional, temperamento y carácter significan en la patogénesis en un gran grupo de alteraciones coronarias y del músculo cardíaco, un factor por lo menos tan importante como el grado de cada una de las alteraciones coronarias correspondientes **(Buechner).** Así, desde hace tiempo es conocido que los infartos cardíacos, respectivamente la angina de pecho, es más frecuente entre los **trabajadores espirituales,** como médicos, hombres de ciencia, ingenieros, abogados, artistas, políticos y otros, por su vida tan irregular y agitadora. Eso está comprobado también en nuestro país, pues como ya habíamos dicho en nuestro gran material de autopsias, provenientes exclusivamente de las capas sociales bajas, vemos muy rara vez infartos

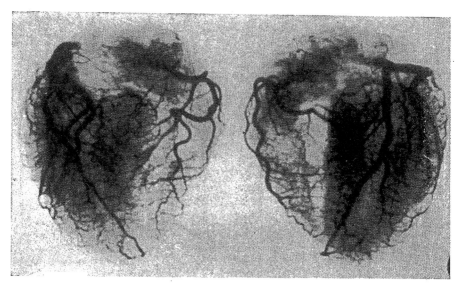

DORS.   FRONT.

FIG. 1.

Radiografías originales de un corazón humano de un individuo joven y sano
(inyección previa de las arterias coronarias con masa de contraste).

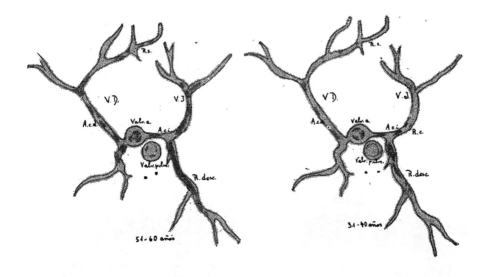

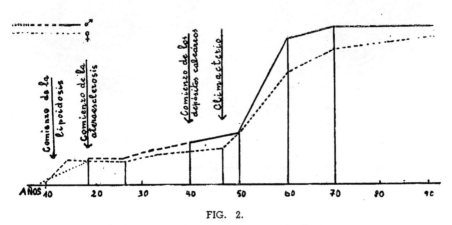

FIG. 2.

Frecuencia de la arterioesclerosis coronaria según *Baehr.*
  Arriba: dos figuras esquemáticas de las coronarias. Las manchas negras significan los focos arterioescleróticos.
  Abajo: Gráfico para ilustrar el aumento de la esclerosis coronaria con la edad.

cardíacos y sus secuelas, mientras los especialistas de la medicina interna están de acuerdo que la frecuencia entre los profesionales es bastante notable.

El porvenir de un infarto cardíaco es muchas veces una reabsorción y una transformación cicatricial, lo que depende en primer lugar de su extensión y localización, pero puede también resultar una complicación muy temida, es decir, un aneurisma agudo, frecuentemente localizado en la punta del corazón y debido a la poca resistencia del músculo miomalácico. Esta parte resblandecida favorece fácilmente una ruptura brusca con muerte consecutiva por hemorragia en la cavidad pericardíaca.

Se distingue dos tipos principales de infartos cardíacos más frecuentes, según los sitios más predilectos de ateroesclerosis en las arterias coronarias. Uno, el llamado tipo ventroapical que se debe a la trombosis del ramo descendente, de la arteria coronaria izquierda, y que compromete las partes anteriores del ventrículo izquierdo, del tabique y de la punta del corazón y un segundo tipo dorsobasal, menos frecuente, localizado en las partes basales de la pared posterior del corazón y debido a la trombosis de la arteria coronaria derecha.

La clínica puede diferenciar hoy en día durante la vida los dos tipos de infartos, por electrocardiograma, alterándose el manojo conductor por el mismo proceso miomalácico del infarto. Trabajos combinados entre patólogos y clínicos, como se hicieron en Alemania por **Buechner,** el sucesor de **Aschoff,** presentan una completa coincidencia localizadora del diagnóstico anátomo-patológico y clínico.

A pesar de esta exactitud del diagnóstico localizador, se observan de vez en cuando casos con fenómenos clínicos muy evidentes de infarto cardíaco, respectivamente insuficiencia coronaria, sin fundamento anatómico correspondiente y viceversa. Éstos son casos siempre excepcionales.

Es muy interesante y característico que los ataques graves y muy dolorosos en la región del corazón, se presenten preferentemente en reposo **(angina de decúbito),** muchas veces aún durante el sueño, a diferencia del dolor agudo, condicionado por esfuerzo y llamado generalmente angina de pecho o **angina de esfuerzo.** Por preceder a la formación del infarto, como ya vimos, una trombosis, las condiciones del corazón en reposo deberían ser especialmente favorables. Eso está de acuerdo con más nuevas investigaciones fisiológicas de **Rein** en Alemania, según las cuales se reduce la circulación coronaria a un mínimo durante el sueño y la presión sanguínea desciende. Los dos factores juntos favorecen indudablemente la formación del infarto por insuficiencia coronaria. Mientras que según **Rein** y **Hochrein,** en condiciones normales la circulación coronaria se adapta rápidamente al trabajo del corazón, esa se dificulta o se imposibilita cuando las coronarias están alteradas por ateroesclerosis, sífilis o trombosis.

Mucho se ha discutido siempre del clásico dolor de la angina de pecho y existen muchas tesis como, por ejemplo, la del famoso internista vienés **Wenckebach,** el cual habla de una aortalgia, localizando el dolor en el comienzo de la aorta por procesos sifilíticos, pero los cuales se encuentran en sólo muy discreta parte de los casos. Hoy día tenemos una explicación mucho mejor, en el sentido de que los productos de desintegración en casos de infartos, irritan las numerosas terminaciones sensitivas en el corazón, produciendo así el dolor.

Ahora, en cuanto al mecanismo exacto de la angina de pecho, solamente en los últimos años por **Buechner** en Alemania, se pudo comprobar experimentalmente, que se trata de una anoxemia del músculo cardíaco. Así, **Buechner** y **Lucadou** han conseguido en conejos anemizados y no anemizados, después de un trabajo forzado en forma regular, en determinados territorios predilectos del miocardio, focos de necrosis diseminados. En estos casos existe una aguda desproporción entre demanda y oferta de sangre coronaria, es decir, una insuficiencia coronaria, la cual conduce a la necrosis del músculo cardíaco por anoxemia. Estos hechos están completamente de acuerdo con las observaciones anátomo-patológicas humanas, donde se encuentran los focos de necrosis en los mismos sitios de predilección. Además concuerdan las observaciones experimentales con investigaciones clínicas de autores norteamericanos, que han visto ataques de angina de pecho también en casos de graves anemias. Al final habla en favor de una isquemia la observación de **Herzog**, el cual vió en casos de intoxicación subaguda con óxido de carbono, también pequeños focos de necrosis en el miocardio, lo que se explica por la falta de oxígeno, debido a la formación de carboxihemoglobina. Por sugestión de **Buechner**, examinó **Christ** conejos después de una intoxicación con óxido de carbono y encontró las mismas alteraciones electrocardiográficas, aunque en forma fugaz, tal como en casos humanos de angina de esfuerzo.

En este sentido es también interesante la observación clínica que individuos con alteraciones coronarias u otros procesos cardíacos mueren con frecuencia después de una comida abundante, lo que se ha explicado por cuestión mecánica por parte del estómago lleno o por irritación del vago. Según **Buechner** podría pensarse también en un mayor aflujo de sangre al territorio esplácnico durante la digestión y por eso un vaciamiento relativo del territorio coronario como consecuencia de la hipertensión arterial.

Al final quisiéramos referirnos a la patología del sistema nervioso vegetativo en relación con la insuficiencia coronaria y el infarto cardíaco. Ha sido de esperar que justamente encontrándose el corazón, como se ha dicho, entre las riendas del vago y simpático, y presentando además un gran número de microganglios vegetativos intracardíacos, que estos elementos nerviosos podrían alterarse primitiva- o secundariamente, causando posiblemente cuadros cardíacos como la insuficiencia coronaria, etc. Curiosamente la literatura mundial muestra una pobreza única en este terreno, por lo cual nosotros con nuestro colaborador **Martínez** tratamos de llenar este vacío. En varios trabajos de investigación examinamos los ganglios vegetativos intra- y extracardíacos, en casos de alteraciones patológicas del corazón y encontramos una serie de hechos científicamente muy interesantes, es decir, francamente patológicos, pero que no permiten todavía sacar conclusiones etiológicas entre las alteraciones nerviosas y cardíacas, pero por lo menos se ha hecho un comienzo que promete nuevos detalles en trabajos futuros.

RESUMEN

La investigación del problema de la insuficiencia coronaria y del infarto cardíaco ha progresado mucho en los últimos años por el trabajo coordinado entre fisiología, clínica y anatomía-patológica. El fisiólogo alemán **Rein** y su escuela han podido demostrar que en condiciones normales la circulación coronaria se adapta rápidamente al trabajo del corazón, se reduce a un mínimo durante el sueño y la presión sanguínea desciende. Estos factores favorecen indudablemente la formación del infarto cardíaco por insuficiencia coronaria. Tanto la angina de decúbito como la angina de esfuerzo son favorecidas muchas veces por arterioesclerosis coronaria, mesaortitis con obstrucción del ostium coronario, insuficiencia aórtica, trombosis y embolias. La consecuencia es una falta de irrigación que conduce a una isquemia y con eso a una anoxemia, produciéndose una necrosis parcial del músculo cardíaco en forma de infartos. Está comprobado también experimentalmente por **Buechner** y **Lucadou** que la falta de oxígeno y especialmente una aguda desproporción entre demanda y oferta de sangre coronaria, la insuficiencia coronaria, conduce al cuadro del estado anginoso respectivamente de la angina de pecho. Podemos hoy en día precisar bien la localización de estos focos con el electrocardiograma, por lo menos en muchos casos. Entre las causas figuran factores endógenos constitucionales y también exógenos del ambiente. Entre estos últimos tenemos que hacer responsables la vida muy irregular y hasta viciosa, en primer lugar entre los trabajadores intelectuales. Es un hecho comprobado que la angina de pecho es más frecuente entre los hombres y en primer lugar profesionales, como médicos, abogados, artistas, políticos por su vida tan irregular, intranquila y agotadora, agregándose también el abuso de nicotina, alcohol y café. El dolor en la angina de pecho podría explicarse bien por irritación de las terminaciones sensitivas en el músculo cardíaco por la anoxemia, resp. productos del metabolismo alterado. Investigaciones nuevas de **Herzog** y **Martínez** han mostrado también interesantes alteraciones en los ganglios nerviosos vegetativos intra- y extracardíacos.

SUMMARY

The investigation of the problem of coronary insufficiency and of cardiac infarct has progressed much in the last years, due to coordinate work of physiology, clinic and pathological anatomy. The German physiologist Rein and his school were able to demonstrate that in normal conditions coronary circulation quickly adapts itself to the heart's action, reduces itself to the least during sleep, and blood pressure descends. These factors favour undoubtedly the formation of cardiac infarct by coronary insufficiency. Decubitus Angina as well as effort Angina are mostly favoured by coronary arteriosclerosis, mesaortitis with obstruction of the coronary ostium, aortic insufficiency, thrombosis and embolisms. The consequence is the no-existence of an irrigation which leads to ischaemia and thus to anoxemia, producing a partial necrosis of the cardiac muscles in form of infarcts. It is also experimentally verified by **Buechner** and **Lucadou** that the no-existence of oxygen and especially a sharp disproportion between demand and offer of coronary blood, leads to coronary insufficiency, the picture of the anginastate, that is angina pectoris. Nowadays we are able to localize electrocardiographically with accuracy these focus, at least in many cases. Among its causes figure constitutional, endogenous factors as well as exogenous, ambient factors. Among the last ones, responsability lies in irregular life and even vices, particularly among intellectual workers. It is a proved fact that angina pectoris is of more frequency among males, especially professionals, as physicians, lawyers, artists, politicians, due to their very irregular, unquiet and exhausting life, in addition to abuse of nicotine, alcohol and coffee. The angina pectoris pain may be explained very well by the irritation of the sensitive terminations of the cardiac muscles by anoxemia, respectively by the products of altered metabolism. New investigations of **Herzog** and **Martínez** have also demonstrated interesting alterations of the nervous vegetative intra-and extra-cardiac ganglions.

DEL INSTITUTO DE BIOLOGIA GENERAL
Director: Prof. Ottmar Wilhelm Grob
DEPARTAMENTO DE PARASITOLOGIA HUMANA
de la
Universidad de Concepción (Chile)

Epidemiología de la amebiasis en la región de Concepción

(Con 1 curva)

por

Wilhelm, O. y Heinrich, C.

Con motivo de los exámenes coprológicos que se realizan desde Abril de 1924 en los laboratorios de Parasitología del Instituto de Biología de la Universidad de Concepción, habíamos reunido hasta Enero de 1948, – 3,680 exámenes coprológicos directos a fresco con su respectivo método de concentración (Tellemann o Carles y Barthelemy), es decir, con técnicas apropiadas para el diagnóstico de las amibas intestinales.

Debemos hacer presente que a esta cifra no se han restado los exámenes para el diagnóstico de otros parásitos; sólo hemos eliminado los exámenes practicados exclusivamente con los métodos de flotación (Kofoid Barber) incluso el de Faust, cuando no se había practicado simultáneamente un examen directo. En estos 3,680 exámenes seleccionados 386 revelaron la presencia de la Endamoeba histolytica, o sea, un porcentaje global de 10,48% (4, pág. 138) para trofozoitos y quistes.

En la revisión de nuestra estadística, llama la atención la relativa poca frecuencia de la Endamoeba histolytica hasta el año 1928 y en que su porcentaje no sube de 5 a 8% al año. Coinciden estas cifras relativamente bajas, con su incidencia según los resultados de las investigaciones que realizó en Enero de 1932 mi ex-ayudante **Ramón Páez** (1) entonces bajo la dirección de mi maestro el Prof. Noé en Lirquén. Mientras nosotros —Wilhelm— realizábamos los exámenes coprológicos para los Helmintos y en particular para el Ancylostoma duodenale, con el método de Kofoid-Barber; Páez realizaba los exámenes para los Protozoos intestinales con el método de Tellemann. En esa oportunidad Páez encontró en la población de Lirquén de 104 exámenes realizados 9 casos positivos, o sea un 8,6% de Endamoeba histolytica. Ulteriormente en Junio de 1937 **Neghme** (2), en una encuesta realizada en los conscriptos de Concepción, encontró en 185 exámenes realizados, sólo 5 casos con Endamoeba disentérica, o sea un 2,7%.

En.cambio en 1939 contrasta el aumento considerable que experimenta la amebiasis en esta región de Concepción, a partir del verano de 1939, después del terremoto (24. I. 1939).

Este hecho alarmante, del que nosotros ya habíamos dejado constancia en nuestros informes a la Dirección General de Sanidad, por intermedio de los Servicios de Salubridad fusionados en 1939, se proyecta desgraciadamente hasta la presente época; pues la frecuencia y los porcentajes actuales son altos y siguen en aumento.

En 1944 el Prof. **Agostino Castelli** (3) presentó a esta Sociedad un trabajo titulado "La Amebiasis en Concepción" e hizo resaltar en el dos hechos que le habían llamado la atención:

1.—El carácter endémico de esta enfermedad, propia de las regiones tropicales en un clima poco favorable como el de Concepción, donde en lugar de apagarse la amebiasis parecía más bien extenderse.

2.—Que esta enfermedad se presentaba de preferencia en los niños.

El Prof. **Castelli** citó sólo una frecuencia global de 250 casos desde 1938 a 1944.

Los exámenes coprológicos que se realizan en nuestro Instituto revelan, desde 1939 hasta la presente fecha, porcentajes globales de 18 a 20% del total de los exámenes realizados con las técnicas para protozoarios intestinales.

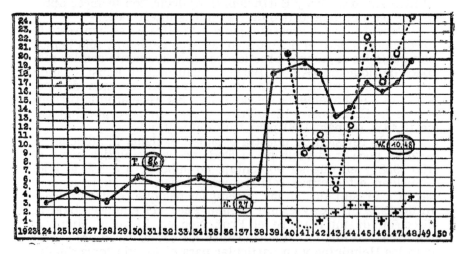

CUADRO Nº 1.

Curva de frecuencia de la End. histolítica según los exámenes coprológicos (en negro); en punteado casos de amoebiasis en el Servicio de Medicina del Hospital Clínico Regional de Concepción. En círculos la incidencia en diferentes fechas; y en cruces las autopsias en que la causa de muerte fué la amebiasis o sus complicaciones.

En el cuadro N° 1 se ha trazado la curva de frecuencia de la End. histolytica en porcentajes, según los exámenes coprológicos desde 1924 a 1949, y la casuística de amebiasis del Hospital Clínico Regional de Concepción desde 1940 hasta la presente fecha y en cruces las autopsias, en que la causa de muerte, fué la amebiasis.

Al hablar de la incidencia de la End. histolytica en una regió determinada, debemos tener en consideración la procedencia del material humano: rural o urbano, sus condiciones higiénicas y sociales, edad, sexo, profesión, etc.; pues sabemos que la incidencia guarda una relación estrecha con el estado sanitario del área en que vive la población.

Por otra parte, las técnicas que se realizan para las encuestas deben estar sujetas a métodos homogéneos.

Justamente en relación con este problema el Primer Congreso Médico Social Panamericano (1946) en su Sección de Biología, Parasitología y Medicina Tropical, ha acordado proponer un plan de uniformidad de los métodos de investigación y técnicas coprológicas en las encuestas sobre Entamoeba histolytica en los países americanos de acuerdo con el trabajo del Dr. Rafael Calvó Fonseca del Instituto Finlay de la Habana y que fué transcrito en Marzo de 1947 a todos los centros científicos del continente.

En este plan de trabajo se propone considerar los siguientes aspectos:

1.—El número de muestras fecales examinadas de cada persona;

2.—El número de personas investigadas;

3.—El grupo social investigado (división en población urbana y rural);

4.—La técnica empleada.

I.—Mientras mayor sea el número de muestras examinadas, mayor son las probabilidades de resultados positivos; asimismo se está de acuerdo con la administración sistemática de un purgante previo (sulfato de soda). El ideal es practicar 3 exámenes a cada persona para evitar las "fases coprológicas negativas" de Kouri. En la práctica debe procurarse, por lo menos repetir los exámenes negativos 3 veces.

II.—El número de personas tiene también una importancia fundamental y debe abarcar un porcentaje apreciable de la población; pues un pequeño grupo de habitantes puede inducir a errores en la apreciación de la incidencia.

III.—En los grupos sociales: debe dividirse la población en urbana y rural y en las encuestas se puede aprovechar la población escolar total, en que están representados ambos sexos y todas las clases sociales, ya que se sabe que la infección más frecuente es entre los 6 a 18 años.

En la población rural deben atenderse los datos de la vivienda, agua, alcantarillado, sistema o falta de letrinas, cultivos, riegos, etc.

IV.—En lo que respecta a la técnica recomienda el Dr. Rafael Calvó Fonseca:

1.—Una preparación delgada usando como diluyente de las heces el suero fisiológico;

2.—Una preparación delgada con una gota de Lugol, lo que permite reconocer la estructura de los protozoarios con objetivo seco y de inmersión;

3.—Un frotis coloreado por el Gram, que, observado con inmersión, permite encontrar y reconocer la mayor parte de los protozoarios y sus quistes;

4.—Una preparación, usando el método de concentración, descrito por Faust (4, pág.   ) de flotación por el sulfato de zinc original o simplificado por Otto Hewitt y Straham (Am. Jour. of Hyg. 32.37.III.41).

El acuerdo sobre la "Uniformidad de los métodos de Investigación y técnicas de exámenes coprológicos a usar en las encuestas sobre End. histolytica en los países americanos" fué transcrito a todos los Directores de Salubridad, Profesores de Parasitología y demás investigadores de la materia para su conocimiento y ejecución y estimamos que debe respetarse como un plan mínimo en todas las encuestas en lo sucesivo para aquilatar en la uniformidad de los métodos los resultados de los índices, porcentajes, frecuencia e incidencia de la Amoebiasis en las diferentes regiones y países.

Para un estudio sistemático sobre la amebiasis hemos preparado una ficha especial, cuyo modelo adjuntamos.

AMEBIASIS   Protocolo Nº.........

Nombre del enfermo

Datos personales	Procedencia del	enfermo
Edad	Urbana	Rural
Sexo	Ciudad	Provincia
Profesión	Calle	Departamento
	Número	Subdelegación

Procedencia de la muestra:

Hospital	Sala
Seguro O.	Cama
Clínica	Ficha Cl.
Particular	Médico

Forma clínica de la enfermedad:

Amebiasis intestinales	Portadores
Forma disentérica	Tipo A. (ameb. tratadas)
aguda	Tipo B. (port. sanos)
crónica	Amebiasis extra-intestinales
Forma cr. no disent.	Absceso hepático
colitis	pulmonar
colo-rectitis	otras local.
tiflitis	Hepatitis ameb.
peritiflitis	Colecistitis

Otras formas o localizaciones de amebiasis:

Observaciones:

Exámenes de laboratorio de las deposiciones:

Irritación previa del intestino (purgante salino) si no

Muestra captada directamente mucosa intestinal si no

Aspecto macroscópico: forma acuoso mucoso mucosanguíneo

Consistencia dura blanda pastosa

Aspecto microscópico y diferentes métodos usados:

Ex. directo a fresco	Métodos enriquecimiento para quistes
Ex. directo con lugol	Proc. de Faust original
Prep. coloreadas '	Proc. de Faust modif. por Otto
Mét. de Heidenhain	Proc. de Carlos Barthelemy
Mét. de Gram Kouri	Otros procedimientos
Otras tinciones	

Otros procedimientos de investigación de amebas: Inoculación experim.

Cultivos en med. especiales   Reacciones antigénicas (Craig)

Detalle de parásitos

o saprofitos asociados

Total preparaciones examinadas   Total   muestras   examinadas.

Exámenes clínicos complementarios:

Hemograma:

Exámenes radiológicos: Tránsito int.   Enema baritado.

Examen rectosigmoidoscópico:

Resumen hallazgo ex. deposiciones:

Observaciones:

Podemos adelantar por los datos registrados que según la procedencia del material, tanto para los exámenes coprológicos como de los enfermos, priman los casos rurales.

En lo que se refiere a la patología, estimamos importante insistir que la disentería amoebiana es sólo una de las modalidades, bajo las cuales aparece la amebiasis y que, tanto los portadores sanos o asintomáticos como las formas de colitis crónicas, y en particular las formas para o extraintestinales son poco investigadas. Estas últimas merecen una atención especial por parte del médico práctico, con exámenes de exploración sistemáticas (rectosigmoidoscopías) y controles de laboratorio repetidos, pues son los casos que pasan desapercibidos y no figuran en las estadísticas.

CASOS DE AMEBIASIS EN EL HOSPITAL CLINICO, REGIONAL DE CONCEPCION

(Servicio de Medicina Interna Prof. Dr. Ivar Hermansen)

A Ñ O	Amebiasis intestinal	Absceso hepático Amebiano
1940	20	
1941	9	
1942	11	
1943	3	
1944	13	1
1945	22	
1946	17	2
1947	20	
1948	25	
1949	9 (hasta Mayo de 1949)	
TOTAL:	149	3

Total de abscesos hepáticos 32 casos.

INSTITUTO DE ANATOMIA PATOLOGICA DE LA UNIVERSIDAD DE CONCEPCION

Director: Prof. Dr. Ernesto Herzog

Casos autopsiados de Amebiasis

Año	Nº casos	Nombre	Sexo	Edad	Diagnóstico Anátomo-patológico
1940	1	M. M.	M	55	Disentería amebiana Absceso hepático
1941	—	——	—	—	—— —
1942	1	F. N.	M·	29	Colitis disentérica amoebiana
1943	2	E. A.	F	46	Absceso hepático amoebiano
		A. G.	M	45	Absceso hepático amoebiano
1944	3	E. Q. N.	M	36	Disentería amoebiana Absceso hepático
		P. M. P.	F	70	Disentería amoebiana
		C. M. B.	F	28	Disentería amoebiana
1945	3	J. R. A.	F	40	Absceso hepático amoebiano
		M. S. V.	F	40	Disentería amoebiana
		F. S. L.	F	40	Absceso hepático amoebiano
1946	1	A. G. G.	F	39	Absceso hepático amoebiano
1947	2	J. N. L.	M	44	Absceso hepático
		P. C. G.	M	2 m.	Enterocolitis amoebiana; abundantes End. hist. al ex. directo
1948	4	H. M. A.	F	37	Absceso hepático amoebiano
		J. F. S.	M	23	Cirrosis hepática, amebiasis crónica
		E. D. G.	M	73	Enterocolitis amoebiana
		M. M. R.	M	2 a 1 m.	Absceso hepático amoebiano

Justamente en este sentido se ha estudiado el aspecto clínico y etiopatológico que presentarán a continuación el Prof Ivar Hermansen y nuestro Jefe de Trabajos de Parasitología Dr. Carlos Heinrich.

Sobre esta base de la ordenación de los métodos de investigación esperamos llegar a un estudio lo más completo posible acerca de este problema, cuya gravedad e importancia sólo dejamos enunciado.

RESUMEN

De un total de 3680 exámenes coprológicos de habitantes de la Provincia de Concepción, realizados en los Laboratorios de Parasitología del Instituto de Biología de la Universidad de Concepción, desde 1924 hasta 1948 inclusives y utilizando técnicas apropiadas, se encontraron 386 casos positivos con Endamoeba histolytica (término medio 10,48%). En el cuadro estadístico llama la atención la escasa incidencia de la Endamoeba histolytica hasta 1938 (5 — 8%), lo que coincide con las encuestas realizadas por otros autores (Páez 2,6% en 1932 y Negheme 2,7% en 1937 y (Prof A. Castelli 1938-44) y su aumento considerable a partir de 1939, después del terremoto, hasta la fecha actual, en que los porcentajes suben del 20. Se mencionan los factores que modifican la incidencia de la infección y se recalcan las normas establecidas por el Primer Congreso Médico Social Panamericano para uniformar el criterio de investigación de la amebiasis. Se propone un modelo de ficha para el estudio sistemático de la enfermedad bajo su aspecto epidemiológico y clínico. Se insiste en las diferentes formas clínicas de la amebiasis cuyo desconocimiento altera las estadísticas. El estudio incluye los cuadros estadísticos de los Servicios de Medicina Interna del Hospital Clínico Regional de Concepción (Prof. Dr. I. Hermansen) y del Instituto de Anatomía Patológica de la Universidad de Concepción (Prof. Dr. E. Herzog). El 1º comprende 149 casos clínicos de amebiasis y el 2º 17 casos autopsiados.

SUMMARY

From a total of 3.680 coprological exams practiced on the inhabitants of the Province of Concepción, in the Parasitological laboratories of the Institute of General Biology of the University of Concepción since 1924 to 1948 including, and using the proper techniques, 386 were positive for Endamoeba histolytica (with an average of 10.48%). In the statistic tables atention is drawn to the scarce incidence of E. histolytica until 1938 (5-8%), which coincides with the observations of the other authors (Páez 2.6% in 1932, Neghme 2.7% in 1937, and Castelli 1938-44) and its considerable increase from 1939 after the earthquake until now where the averages amount to more than 20%. The facts that modific the incidence of the infections are mentioned and the established standards are emphasized by the first Panamerican Medico Social Congress to standarize the criterion of the investigation of amebiasis. A model card is proposed for the sistematic research of the desease for its epidemiological and clinical aspect. Insistence is necesary on the different clinical forms of amebiasis whose disregard alters the statistics. The research includes the statistic tables of the Service of Intern Medicine of the Hospital Clínico Regional of Concepción (Prof. Dr. I. Hermansen) and of the Institute of Pathological Anatomy of the University of Concepción (Prof. Dr. E. Herzog) are presented. The first one contains 149 clinical cases of amebiasis and the second one 17 autopsies.

BIBLIOGRAFIA

1.—1932.—PAEZ, RAMON.—"Contribución al estudio de la Zooparasitosis intestinal". Rev. Inst. Bact. Chile, Vol. III, Nº 1, pág. 89, 1932.

2.—1938.—NEGHME, AMADOR.—"La Amebiasis en Chile". Imp. El Imparcial, Santiago, 1938.

3.—1944.—CASTELLI, AGOSTINO.—"La Amebiasis en Concepción". Bol. de la Soc. de Biología de Concepción (Chile). Tomo XIX, pág. 119, 1944.

4.—1948.—WILHELM, OTTMAR.—"Parasitología Humana Clínica" (1er. Tomo). Litogr. Concepción S. A. (La Amebiasis en Chile), pág. 138, 1948.

DE LA CLINICA MEDICA
Director: Prof. Dr. I. Hermansen

DEL INSTITUTO DE BIOLOGIA
Director: Prof. Dr. O. Wilhelm
de la
Universidad de Concepción

Consideraciones clínicas acerca de la amebiasis en Concepción

(Con 8 cuadros)

por

Ivar Hermansen y Carlos Heinrich

GENERALIDADES

Se designa por "amebiasis", el ataque del organismo por la Ameba histolítica (Entamoeba dysenteriae, **Councilman** y **Lafleur,** 1893; Entamoeba histolytica, **Schaudin,** 1903).

Esta parasitosis que hasta hace poco se consideró exclusiva de los climas tropicales, ha extendido considerablemente su radio de acción, encontrándosela hoy día en forma autóctona en muchas regiones templadas. Es característica sobresaliente de la enfermedad su extrema variabilidad y carácter proteiforme de sus manifestaciones, especialmente referente a su intensidad. Su localización más importante es sin lugar a dudas la intestinal, pero también en relación a este hecho ha cambiado fundamentalmente el concepto de esta parasitosis en el último tiempo. En efecto, mientras hasta hace poco, para la generalidad de los médicos, el término amebiasis era sinónimo de la localización intestinal de la ameba y sólo se conocían las complicaciones más frecuentes representadas por el absceso amebiano hepático y como rareza el cerebral; hoy día se describe una larga serie de localizaciones llamadas extra o para-intestinales, como así mismo de formas mixtas de amebiasis. Estas localizaciones fuera del intestino son siempre secundarias y representan una verdadera metástasis parasitaria a partir de una localización intestinal primitiva (1,2). Aparte del absceso del hígado y generalmente a partir de esta localización secundaria.

pueden formarse abscesos en otros órganos como cerebro, riñón, bazo, músculos, testículos, etc. La localización extra-intestinal del parásito podría determinar además de los abscesos, otra serie de cuadros clínicos, como serían la amebiasis brónquica, pleural, urinaria, cutánea, del sistema linfático, osteo-articular, del corazón, etc. (1,2). Los órganos mencionados pueden ser alcanzados por el parásito en virtud de la expansión excéntrica y de la invasión de los tejidos y órganos a partir de un absceso vecino (1). Muchas de las últimas localizaciones mencionadas no pueden sin embargo aceptarse como demostradas, ya que la única prueba de la naturaleza amebiana de una lesión es la comprobación en ella de la Entamoeba histolytica, bien establecida, por autores competentes y en preparaciones intachables (1). Esta condición, a menudo no se ha cumplido satisfactoriamente en los casos publicados. Tampoco se puede aceptar la "amebemia" que se ha supuesto como proceso inicial de partida de todas las localizaciones, incluso de la intestinal.

Atendiendo a la forma en que el organismo reacciona frente al parasitismo por la Ameba histolítica, se pueden distinguir cuatro categorías (1).

1.—Sindrome disentérico agudo o recidivante (Amebiasis disentérica aguda o crónica).

2.—Síntomas gastro-intestinales o extra-intestinales, sin disentería (amebiasis crónica no disentérica).

3.—Sintomatologia gastro-intestinal discreta que se atribuye a otra etiología (amebiasis crónica ignorada).

4.—Ausencia de manifestaciones subjetivas y objetivas (portadores sanos).

Podemos en consecuencia reunir los enfermos en dos grupos principales:

A.—Amebiasis disentérica, donde el síntoma disentería es el dominante y que comprende la forma aguda o **sindrome disentérico agudo de primer ataque** y la forma crónica o **sindrome disentérico de recaída.**

B.—Amebiasis crónicas, que pueden presentar disentería pero ya no como síntoma dominante y que comprende la **amebiasis crónica no disentérica** y la **amebiasis crónica ignorada.**

ANALISIS DE NUESTRO MATERIAL CLINICO

Hemos revisado las observaciones clínicas correspondientes a 50 casos de amebiasis intestinal que han pasado por el Servicio de Medicina Interna del Hospital Clínico Regional de Concepción durante el lapso comprendido entre 1944 y 1948. De estas 50 observaciones hemos elegido 31 casos por cuanto han reunido las condiciones para realizar un estudio sobre el particular. Estas observaciones se han analizado especialmente en lo referente a la sintomatología y a la característica de los exámenes complementarios de rutina. Sólo unos pocos casos fueron sometidos a controles más completos como son los de orden radiológico y los proctoscópicos.

Nuestro material se compone pues de 31 individuos, adultos, entre hombres (H) y mujeres (M), parasitados por la ameba hostolítica y cuya edad fluctuó entre un mínimo de 14 (M) y un máximo de 60 (M) años.

CUADRO Nº I

Edad—años	10–19	20–29	30–39	40–49	50–59	60–69	Total
Mujeres	1	6	1	2	3	1	14
Hombres	1	3	6	4	3	–	17
Total	2	9	7	6	6	1	31

El cuadro I representa la distribución de este material de acuerdo al sexo y la edad. Como se ve, hubo ligero predominio de los hombres sobre las mujeres y la mayoría de los casos se presentó entre la segunda y la quinta década de la vida, con ligero predominio en la segunda y tercera.

CUADRO Nº II

			HOMBRES	MUJERES	TOTAL
Enfermos	Amibiasis disentérica	Sindr. dis. ag. I. ataque	6	8	14
		Sindr. dis. de recaída	7	2	9
	Amibiasis no disent.	Am. cr. no disent.	1	1	2
		Am. cr. ignorada	–	–	–
PORTADORES SANOS			3	3	6
TOTAL			17	14	31

Siguiendo a **Talice** (1), hemos clasificado nuestro material clínico de acuerdo con la forma de reaccionar del organismo parasitado y establecido los grupos que se resumen en el cuadro Nº II. Como se ve, de los 31 casos, 25 (15 H. y 10 M.) eran enfermos y los 6 restantes (3 H. y 3 M.), portadores sanos.

Los enfermos han sido agrupados de acuerdo con el mismo autor mencionado en dos grupos principales, a saber, la amebiasis disentérica y la no disentérica o crónica. El primer grupo, en que se distinguen, el sindrome disentérico de primer ataque o amebiasis disentérica aguda y el sindrome disentérico de recaída o amebiasis disentérica crónica, reune la mayor parte de nuestros casos. En efecto, tenemos para el sindrome disentérico de primer ataque un total de 14 enfermos (6 H. y 8 M.) y para el sindrome de recaída un total de 9 enfermos (7 H. y 2 M.). En la amebiasis crónica, que comprende los sub-grupos siguientes: amebiasis crónica no disentérica y amebiasis crónica ignorada, está representada sólo la primera de estas formas por 2 enfermos (1 H. y 1 M.).

En el grupo de los portadores sanos se clasificaron 6 individuos (3 H. y 3 M.).

CUADRO Nº III

		HOMBRES	MUJERES	TOTAL
	Deposiciones acuosas	3	2	5
Con	Predominio mucoso	2	1	3
Diarreas	Dep. muco-sanguinolentas	8	8	16
	Predominio hemorrágico	2	2	4
SIN DIARREAS		6	4	10
TOTAL.		17	14	31

De todos los síntomas, el más constante en nuestro material fué la diarrea. El cuadro Nº III resume las principales características de este síntoma y su incidencia. Como se ve, la diarrea estuvo presente en 21 casos (11 H. y 10 M.) y faltó en 10 (6 H. y 4 M.). En la mayor parte de los enfermos las deposiciones fueron mucosanguinolentas. En efecto en 16 casos (8 H. y 8 M.) presentaron este carácter. De estos 16 casos, 3 (2 H. y 1 M.) presentaron un franco predominio del carácter mucoso y 4 (2 H. y 2 M.) fueron decididamente hemorrágicas. En 5 de los pacientes (3 H. y 2 M.) las deposiciones diarreicas eran acuosas.

CUADRO Nº IV

	H.	M.	Tot.
Dolor difuso abdominal	6	6	12
Cólicos intestinales	6	2	8
Dolor reg. hepática	5	—	5
Tenesmo rectal	3	5	8
Dolor epigástrico	4	3	7
Dolor fosa il. der.	4	2	6
Pujos	3	4	7
Defensa musc. hip. der.	3	—	3
Dolor fosa ilíaca izq.	3	3	6
Vómitos	2	—	2
Meteorismo	1	—	1
Cuerda cólica izq.	1	—	1

El cuadro Nº IV resume los principales síntomas gastrointestinales, que presentaron nuestros enfermos además de la diarrea. En orden de frecuencia, el más importante fué dolor difuso abdominal, que existió en 12 enfermos (6 H. y 6 M.). Cólicos intestinales hubo en 8 casos (6 H. y 2 M.). Dolor en la región hepática fué una manifestación relativamente frecuente como lo atestigua su presencia en 5 casos, todos de sexo masculino. El tenesmo rectal existió en 8 casos (3 H. y 5 M.). 8 enfermos presentaron dolor en la región epigástrica (H. y M.)). En 6 casos (4 H. y 2 M.) hubo dolor en la fosa ilíaca derecha. Los pujos se presentaron en 7 casos (3 H. y 4 M.). En 3 enfermos de sexo masculino se comprobó defensa muscular en la región del hipocondrio derecho. 2 hombres presentaron vómitos y en otro se percibía una cuerda cólica dolorosa.

CUADRO Nº V

	H.	M.	Tot.
Fiebre	7	9	16
Enflaquecimiento	5	–	5
Trastornos del apetito	3	–	3
Alteraciones tegumentos	3	1	4
Trastornos nerviosos	2	–	2

Entre los síntomas generales se destacaron los anotados en el cuadro Nº V. El más frecuente fué la fiebre, de tipo remitente y de escasa intensidad, que fluctuó entre 37 y 38 grados en la mayoría de los casos. Este síntoma estuvo presente en 16 de nuestros enfermos (7 H. y 9 M.). En 5 hombres se observó manifiesto enflaquecimiento. Los trastornos del apetito, representados principalmente por anorexia, se observaron en 3 pacientes del sexo masculino. En 4 individuos (3 H. y 1 M.), se presentaron alteraciones de los tegumentos, representadas especialmente por manifestaciones de carencia vitamínica de tipo pelagroso y en un caso de sexo masculino por prúrigo. En 2 pacientes del sexo masculino se observaron manifestaciones nerviosas consistentes en somnolencia y cierto grado de embotamiento psíquico respectivamente.

El cuadro Nº VI representa los resultados del examen parasitológico de las deposiciones en nuestro material clínico. En un grupo de 8 casos (5 H. y 3 M.) fué necesaria la irritación previa del intestino mediante la administración de un purgante salino, mientras que en los 23 casos restantes (12 H. y 11 M.), esto no fué menester, ya que se trataba en su mayor parte de pacientes con diarreas. La Entamoeba histolítica fué identificada, ya sea en su forma vegetativa o quística, en 30 casos (16 H. y 14 M.). En 1 caso, que incluímos, no se identificó la ameba disentérica en el examen de deposiciones y el diagnóstico se hizo con la autopsia.

de las deposiciones

						HOMBRES	MUJERES
						5	3
						12	11
						17	14
a			positivos			16	14
			negativos			1	0
						17	14
asitosis int. asociadas						11	10
rasitosis int. asociadas						6	4
						17	14

oeb.	Tricocef.	Enterom. hom.	Lamblia giar.	Tricom. int.	Ascaris lumb.	HOMBRES	MUJERES
X	X	X				1	
X		X					1
X	X	X	X				1
	X	X				1	
X				X			1
X							1
	X					1	
	X						
	X				X	1	
	X				X	1	
					X	1	
						6	4

En 10 casos (6 H. y 4 M.), además de la ameba histolítica se encontró asociación de uno o más parásitos intestinales. En orden de frecuencia los hallazgos fueron los siguientes; huevos de Trichuris trichiura en 7 casos; trofozoítos o quistes de Entamoeba coli en 5 casos; formas vegetativas o quísticas de Enteromonas hominis en 4 casos; huevos de Ascaris lumbricoides en 3 casos; quistes de Lamblia giardia en 1 caso, y formas vegetativas de Trichomonas intestinalis en 1 caso.

El hemograma se practicó en 27 de nuestros casos, y sus resultados se encuentran resumidos en el cuadro Nº VII. Referente a la serie roja, 4 casos (3 H. y 1 M.) presentaron una cifra de glóbulos rojos ligeramente superior a los 5 millones; y la mayor parte de los parasitados, o sea 17 casos (9 H. y 8 M.) presentaron cifras que fluctuaron entre 4,1 y 5,0 millones de eritrocitos. En 3 casos (2 H. y 1 M.) se observó una anemia entre 2,1 y 3,0 millones y 1 individuo de sexo masculino presentó una intensa anemia de 1,8 millones de glóbulos rojos. Todas las anemias fueron de tipo microcítico e hipocrómico y no se observaron otras alteraciones de los eritrocitos.

En la serie blanca se presentaron 2 casos (1 H. y 1 M.) con leucopemias, de 5,2 y 4, 2 miles de leucocitos respectivamente, el último de sexo masculino presentaba una tifoídea concomitante. En 6 casos (4 H. y 2 M.) la cifra de leucocitos fluctuó entre 6,1 y 8,0 mil glóbulos blancos y en la mayor parte de los casos, o sea en 10 de ellos (6 H. y 4 M.) las cifras estaban com-

		HOMBRES	MUJERES	TOTAL
Glóbulos Rojos millones	5,1 – 6,0	3	1	4
	4,1 – 5,0	9	8	17
	3,1 – 4,0	2	1	3
	2,1 – 3,0	1	1	2
	1,1 – 2,0	1	–	1
TOTAL		16	11	27
Glóbulos Blancos miles	4,1 – 6,0	1	1	2
	6,1 – 8,0	4	2	6
	8,0 – 10,0	6	4	10
	10,1 – 15,0	2	2	4
	15,1 – 20,0	1	2	3
	20,1 – 30,0	2	–	2
TOTAL		16	11	27
Hemoglobina %	101 – 110%	3	–	3
	81 – 100%	8	8	16
	61 – 80%	3	2	5
	41 – 60%	1	1	2
	21 – 40%	1	–	1
TOTAL		16	11	27
Eosinófilos %	0 – 5%	11	7	18
	6 – 10%	3	2	5
	11 – 15%	1	1	2
	16 – 20%	1	–	1
	21 – 30%	–	1	1
TOTAL		16	11	27

prendidas entre 8,1 y 10,0 mil leucocitos. En 9 enfermos se encontraron cifras superiores a 10,1 mil glóbulos blancos, distribuídas de la siguiente manera: entre 10,1 y 15,0 mil, 4 casos (2 H. y 2 M.); entre 15,1 y 20,0 mil(3 casos (1 H. y 2 M.) y 2 casos con una leucocitosis entre 20,1 y 30,0 mil. Estos dos casos últimos de sexo masculino presentaban absceso amebiano del hígado y sus recuentos dieron 28,8 y 30,0 mil leucocitos respectivamente.

El porcentaje de hemoglobina se mantuvo dentro de los límites normales en 19 casos. En 3 hombres, 2 enfermos y 1 portador sano, la cifra sobrepasó ligeramente al 100%, mientras en 16 (8 H. y 8 M.) ésta se mantuvo entre 81 y 100%. Cifras más bajas se registraron en 8 casos, de los cuales en 5 (3 H. y

2 M.) la hemoglobina fluctuó **entre** 61 y 80%; **en** 2 (1 H. y 1 M.) entre 41 y 60% y en 1 llegó a la baja cifra de 30%. Las cifras más bajas de hemoglobina se presentaron en relación con las anemias más acentuadas, y la menor cifra se registró en un enfermo con absceso amebiano del hígado con sindrome pluricarencial y que también presentó la mayor leucocitosis (30,000) observada.

En 18 casos (11 H. y 7 M.) la eosinofilia se mantuvo dentro de los límites de la normalidad. Los restantes presentaron aumentos porcentuales variables entre 6 y 30%, distribuídos de la siguiente manera: 5 casos (3 H. y 2 M.) entre 6 y 10%; 2 casos (1 H. y 1 M.) entre 11 y 15%; 1 hombre con 16% y una mujer que alcanzó la cifra más alta con 30%.

CUADRO Nº VIII

SEXO			H.	M.	Tot.
Exámenes	Radioscopía Estómago	Normal	2	–	2
		Gastroptosis	–	1	1
		Gastritis	1	–	1
	5 Casos	Ulcus duodenal	1		1
Radiológicos	Tránsito Intestinal	Espasmo int. gr. y signos apendic.	1		1
		Espasmo duodenal	–	–	1
	3 Casos	Espasmo col. desc.	1		1
	Enema Baritado 3 Casos	Tiflitis y peritiflitis	2		2
		Les. ulc. col. desc.	1		1
Exámenes Proctológicos 7 Casos		Lesiones ulcerosas	4	1	5
		Congestión mucosa	5	–	5
		Pequeños abscesos muc.	1	–	1
		Cicatrices de la muc.	–	1	1
Jugo Gástrico fraccionado 7 Casos		Normal	1	–	1
		Hiperclorhidria	3	–	3
		Anaclorhidria	3	–	3

Por las razones más arriba indicadas, sólo en algunos casos se practicaron controles radiológicos y procatológicos, los que se resumieron en el cuadro Nº VIII. Exámenes radiológicos fueron realizados en 11 enfermos. En 5 (4 H. y 1 M.) se hizo radioscopía de estómago, que dió resultado normal en 2 hombres, reveló una gastroptosis en una mujer, signos de gastritis en 1 hombre y ulcus duodenal en 1 hombre. Tránsito intestinal se practicó en 3 pacientes (2 H. y 1 M.) y puso en evidencia en 1 hombre, espasmo del intestino grueso y signos radiológicos de apendicitis; en una mujer espasmo del duodeno; y en 1 hombre espasmo del colon descendente. De 3 enfermos del sexo masculino en los que se hizo enema baritado, en 2 se observaron procesos de tiflitis y peritiflitis y en 1 se evidenciaron lesiones ulcerosas del colon descendente.

En 7 de nuestros enfermos (5 H. y 2 M.) se practicó un examen procto-sigmoidoscópico y se encontró en todos ellos algún signo característico de la lesión amebiana. En 5 casos (4 H.

y 1 M.) se observaron las típicas ulceraciones, y en la totalidad de los pacientes de sexo masculino existía una congestión de la mucosa. En 1 hombre se observaron pequeños abscesitos de la mucosa y una mujer presentaba lesiones cicatriciales de la misma.

El examen fraccionado del jugo gástrico también se practicó en 7 casos, todos ellos de sexo masculino y dió resultado normal en 1, hiperclorhidria en 3 y anaclorhidria en otros 3 casos.

En 5 de nuestros enfermos, todos ellos de sexo masculino, se presentó alguna complicación o enfermedad concomitante de importancia. Absceso amebiano del hígado se registró en 3 de los 31 casos, 2 de ellos presentaban el cuadro típico, con agrandamiento del órgano, fiebre e hiperleucocitosis. En 1 de ellos, de 46 años, aparte de la leucocitosis de 28,8 mil el hemograma era normal; en el otro de 32 años en cambio se observó una anemia de 1,8 millones de eritrocitos y un índice de hemoglobina de 30%, lo que representa las más bajas cifras que observamos para estos elementos. En este último caso había además intensas manifestaciones de carencia vitamínica con predominio de pelagra. El tercer enfermo con absceso del hígado, de 37 años, presentaba una sintomatología muy apagada y un hemograma normal, con sólo muy discreta leucocitosis. En 2 casos del sexo masculino se presentaron sindromes pluricarenciales, con manifestaciones preponderantes de carencia del complejo vitamínico B y especialmente del ácido nicotínico. Uno de ellos es el mismo enfermo de 32 años con absceso del hígado y grave alteración del cuadro hematológico y el otro, un individuo de 56 años que además de la carencia vitamínica ofrecía signos de hipoproteinemia y anemia de 2,6 millones con 42% de hemoglobina y leucocitosis de 11,8 mil. Estos dos enfermos encuadraban en el grupo de las amebiasis crónicas disentéricas o sindromes disentéricos de recaída, y al parecer entre los factores causales del cuadro carencial jugaba un rol preponderante la amebiasis intestinal. El segundo de estos casos falleció sin que se estableciera clínicamente la etiología de su enfermedad, ya que el examen coprológico no descubrió la ameba disentérica y desgraciadamente no se practicó examen proctoscópico. En la autopsia se encontraron numerosas úlceras disentéricas en distintos períodos de evolución en todo el intestino grueso y recto; trombosis de una rama de la pulmonar derecha; atrofia parda del corazón; ligera ateroesclerosis; herida puntiforme reciente de paracentesis abdominal; caquexia. En los cortes histológicos de las ulceraciones se encontró la Entamoeba histolítica.

Se registró además un caso de concomitancia con fiebre tifoidea en un joven de 15 años y en el hemograma dió una anemia de 3,6 millones con 75% de Hb. y una leucocitosis de 4,2 mil leucocitos, la más baja cifra de leucocitos que registramos, y que se explica por esta asociación mórbida. En otro caso, 1 hombre de 42 años, se presentó la asociación con una úlcera duodenal, y el hemograma presentaba una anemia muy discreta de 4,0 millones con 65% de Hb. y una leucocitosis de 20,0 mil.

COMENTARIO

A pesar de lo reducido de nuestro material, lo que no nos permite sacar conclusiones de ningún orden, creemos conveniente algunos comentarios sobre él y comparar nuestras observaciones con los resultados que a este respecto han publicado otros autores.

Referente a la edad y al sexo en relación con la amebiasis, y hecha la salvedad de que el nuestro es un material de adultos sobre un mínimo de 14 años, podemos confirmar la opinión general de su mayor incidencia entre los 20 y los 40 años (1) y talvez podríamos agregar de acuerdo con nuestras observaciones que esta frecuencia se mantuvo en nuestros casos hasta pasado los 50 años. Si consideramos que el nuestro es un material elegido al azar entre individuos de ambos sexos, debemos conceder importancia a la mayor incidencia en el sexo masculino, lo que también fué establecido por otros autores (1).

La mayor frecuencia en nuestro material de las formas disentéricas, especialmente de las agudas, hecho que se contrapone a estadísticas grandes, como la de **Cintrado Prado y Figliolini** en Brasil (3), guarda relación con la mayor intensidad de la sintomatología y mayor gravedad que generalmente revisten estas formas clínicas, lo que a menudo obliga al médico tratante a hospitalizar a estos pacientes; mientras que las otras formas clínicas que son más frecuentes, pero leves e insidiosas (3) son tratadas en forma ambulatoria en policlínico. La alta proporción relativa de portadores sanos en nuestro material, se explica por el hecho de que en algunos servicios como el de Neurología por ejemplo, el examen parasitológico de las deposiciones constituye una práctica de rutina, lo que ha conducido al hallazgo ocasional de muchos portadores que ingresaron por afecciones muy diversas.

Referente a la sintomatología podemos decir junto con **Edson** (4) que el carácter clínico más sobresaliente ha sido la benignidad en la mayoría de los casos. El alto predominio del sindrome diarreico en nuestro material, que no guarda relación con otras publicaciones (3, 5, 6), deriva también de las formas clínicas predominantes y de que la diarrea misma a menudo constituye la causa de hospitalización de los enfermos. Destacamos el hecho de que en la tercera parte de nuestros enfermos con diarrea, faltó en éstas el carácter disentérico típico, mucosanguinolento, y presentaron aspecto acuoso, lo que confirma las observaciones de **Groff** (7) y **Edson** (4). El carácter hemorrágico de las diarreas (2, 7) se presentó también con su repercusión clara sobre el hemograma en 4 casos. De los síntomas subjetivos, el más sobresaliente fué el dolor abdominal (1, 2, 3, 4, 5, 7, 8). Referente a sus localizaciones y variedades más frecuentes debemos mencionar el dolor difuso abdominal como el tipo más frecuente y luego los cólicos intestinales a los que **Taubenhaus** (5) atribuye tanto valor. Y que también mencionan **Talice** (1), **Darriba** (2) y **Edson** (4). De la localización casi exclusiva de las amebas al intestino grueso y especialmente a su porción final, desde la flexura sigmoidea hasta el año (2), derivan manifestaciones subjetivas, como los pujos y el tenesmo rectal, que hemos observado con bastante frecuencia. El dolor en las distintas regiones del colon es un hecho característico y comprensible. De estas localizaciones la más importante es a nivel de la fosa ilíaca derecha o sea en la región cecal (1, 2, 4, 7) y que guarda relación en muchas ocasiones con procesos de apendicitis de origen amebiano, hecho que debe aceptarse como definitivamente establecido (1, 2, 4). En nuestro material se presentó en 6 casos dolor localizado en la región cecal y en 2 de ellos el examen radiológico pudo evidenciar procesos de inflamación cecal y pericecal, y en 1 hombre había signos radiológicos de apendicitis. En estos casos es lógico sospechar la etiología amebiana de los procesos inflamatorios. En 5 de nuestros enfermos hubo dolor en la región hepática y en 3, rigidez muscular del hipocondrio derecho. Sin prejuzgar sobre la causa del dolor en los primeros, mencionamos la importancia de este síntoma en los procesos de hepatitis amebiana (1, 2, 4, 5, 9), de absceso amebiano del hígado (1, 2, 10) y de las localizaciones biliares, especialmente vesiculares (3, 8). Hemos observado como síntoma secundario los vómitos, igual que **Edson** (4) y también el meteorismo. En numerosos casos hemos comprobado fiebre, aún cuando de poco monto, lo que no sería frecuente en la amebiasis intestinal (1, 2) y que también nos explicamos sólo por la frecuencia de formas agudas, en las cuales este síntoma es frecuente (1, 5). El enflaquecimiento también ha sido un síntoma relativamente frecuente (1, 5) al lado de otros sintomas generales como trastornos del apetito, alteraciones nerviosas y alteraciones de los tegumentos. Estas últimas se han observado en casos crónicos en forma de manifestaciones carenciales, especialmente pelagroídeas, y en un caso, formando parte del cortejo sintomático de la caquexia a la que puede conducir la amebiasis intestinal crónica (1).

El único caso de amebiasis intestinal en el cual el examen de deposiciones fué negativo, en nuestros casos, justifica y confirma lo acertado de la insistencia con que se difunde la necesidad de practicar repetidos exámenes de deposiciones, de recurrir a técnicas especiales, de aprovechar las ventajas de la procto sigmoidoscopia, y aún de las reacciones biológicas para el diagnóstico de las amebiasis (1, 2, 4, 5, 6, 7, 11, 12). En nuestro caso seguramente el diagnóstico se habría hecho con la proctoscopia, a juzgar por las lesiones rectales encontradas en la autopsia.

Las asociaciones de amebiasis intestinal con otras parasitosis del tracto intestinal (1, 2) también fueron observadas en nuestro material con alguna frecuencia, contándose entre los metazoos, Trichuris trichiuria y Ascaris lumbricoides y entre los protozoos, Entamoeba coli, Enteromonas hominis, Lamblia giardia y Trichomonas intestinalis.

De las modificaciones más frecuentes observadas en el hemograma podemos destacar cierto grado de anemia sobre todo en las formas crónicas de larga duración. También observamos varios casos de anemia en relación con diarreas que presentaban gran cantidad de sangre. Las anemias más intensas se observaron en amebiasis crónicas complicadas con estado carencial o con absceso del hígado. Las cifras de la hemoglobina guardan paralelismo con la anemia. Los glóbulos blancos muestran en nuestro material una tendencia a la leucocitosis moderada y sus cifras máximas correspondieron a los abscesos hepáticos. Observamos igualmente una eosinofilia, por lo general moderada, en la tercera parte de nuestros casos, mientras en las dos terceras partes ,las cifras permanecieron normales. Estas modificaciones guardan estrecha semejanza con las observadas por otros autores (1, 2).

Entre los exámenes complementarios, ocupan lugar preponderante por su contribución al diagnóstico de la amebiasis intestinal, la proctoscopia (1, 2, 4, 5, 6, 7, 12). En nuestro material pudimos confirmar este hecho en 7 casos en la totalidad de los cuales se observaron alteraciones recto-sigmoidoscópicas, consistentes ya sea en lesiones ulcerativas, congestivas, cicatriciales o formación de pequeños abscesos de la mucosa del recto o sigmoides. El examen radiológico, en sus formas de tránsito intestinal y enema baritado, es también de gran utilidad en el diagnóstico, al evidenciar las lesiones del intestino grueso que se manifiestan especialmente en la forma de espasmos de la región cecal o demás porciones del intestino grueso (1, 4). En 6 casos en los que practicamos estos exámenes, encontramos manifestaciones espasmódicas del colon, signos radiológicos de tiflitis, peritiflitis o apendicitis y en uno, signos que reflejaban ulceraciones del colon descendente.

De las localizaciones extra-intestinales de la amebiasis (1, 2, 3, 4, 7, 9) sólo encontramos en nuestro material 3 casos de absceso del hígado. Esta es sin embargo una cifra de importancia en vista de lo reducido de nuestro material, y nos permite también, de acuerdo con **Rogat** (10) establecer la inconstancia de los síntomas clínicos, especialmente del hemograma que a pesar de estar típicamente alterado en dos casos, en el tercero era casi normal. Como complicaciones de importancia, sobre todo de las formas crónicas disentéricas, de larga duración o complicadas con absceso metastático, realzamos la importancia de los sindromes pluricarenciales que tuvimos oportunidad de observar en dos enfermos, uno de los cuales falleció en estado caquéctico.

RESUMEN

Se hacen consideraciones de orden general acerca de la amebiasis, especialmente referentes a la mayor extensión actual de la enfermedad y de los conceptos de su acción patógena. Se estudian 31 casos de amebiasis intestinal observados en el Servicio de Medicina Interna del Hospital Clínico Regional de Concepción desde 1943 hasta 1948. Se analizan los principales síntomas abdominales y generales como así mismo las características de los principales exámenes complementarios; examen parasitológico de las deposiciones, hemograma, exámenes radiológicos (tránsito intestinal, enema baritado) y rectosigmoidoscopía. Se comentan las observaciones propias en relación con los datos bibliográficos sobre la misma materia. Entre las complicaciones de la amebiasis en el material estudiado se detallan 3 casos de absceso del hígado y 2 de sindrome pluricarencial, uno de los cuales fallece en estado caquéctico.

SUMMARY

The general order of amebiasis is considered, with special reference to the present wider extent of the disease and opinion upon its pathogenic action is given. At the Internal Medicine Ward of the "Hospital Clínico Regional de Concepción" 31 cases of intestinal amebiasis were studied between 1943 and 1948, analyzing the principal abdominal and general symptoms as well as the characteristic signs of the principal complementary examinations, parasitological examinations of feces, blood picture, Xray examinations (intestinal passage, barrium enema), and rectosigmoidoscopy. They comment their own observations in relation with the bibliographic data on the same subject. Among the complications of amebiasis of the studied series, details are given of three cases of liver abscess and two of deficiency syndrome, one of which died in a cachectic state.

BIBLIOGRAFIA

1.—TALICE, RODOLFO.—v. Enfermedades Parasitarias del Hombre. Edit. Científica del Sindicato Médico del Uruguay. 1944, p. p. 81-282.

2.—DARRIBA, A. R.—Protozoosis Intestinales Humanas. Ediciones Morata. Madrid 1942, p. p. 14-140.

3.—CINTRADO PRADO, F.; FIGLIOLINI, F.—Clinical Forms of Amebiasis J. A. M. A. Vol. 133. N⁰ 12. Marzo 22 1947, p. 881.

4.—EDSON, J. N.; INSEGNO, A. P.; DALBORA, J. B.—Amebiasis Annals of Internal Medicine. Vol. 23. N⁰ 6. Dic. 1945, p. 960.

5.—TAUBENHAUS LEON, J.—Amebiasis J. A. M. A. Vol. 135 N⁰ 9. Nov. 1. 47, p. 606.

6.—MURRAY-LYON, R. M.—Etiología y Diagnóstico de la Amebiasis. Edinburgh Medical Journal. Vol. 54. N⁰ 2. Febr. 1947 (índice parcial), p. 65.

7.—GROFF, H. D.—Cronic Intestinal Upsets due to Amebiasis. Delaware State Medical Journal. Wilmington 20-109-130 (June) 1948, p. 116.

8.—CINTRADO PRADO, F.—Amebiasis in Chronic Cholecystitis. J. A. M. A. Vol. 138. N⁰ 13. Nov. 27 1948, p. 985.

9.—SPELLBERG, M. A.; ZIVIN, S.—Amebiasis in Veterans of World War II with Special Emphasis on Extra-Intestinal Complications, Including Case of Amebic Cerechellar Abscess. Gastroenterology, Baltimore 10-349-574 (March) 1948, p. 452.

10.—ROGAT, CARLOS.—Consideraciones sobre 20 Casos de Absceso Hepático. Revista Méd. de Chile. Enero 1946, p. 46.

11.—TERRY, LUTHER I.; BOZICEVICH, JOHN.—Importancia de la Fijación del Complemento en Hepatitis Amebianas y Abscesos Hepáticos. Southern Medical Journal. Vol. 41. N⁰ 8. Agosto 1948 (Indice Parcial), p. 691.

12.—HARGREAVES, W. H.—Amebiasis. Practitoner. Vol. 157. N⁰ 938. Ag. 1946 (Indice Parcial), p. 93.

─────

Catálogo de los peces fluviales de la Provincia de ·Concepción *

por

Carlos Oliver Schneider †

> *"Las aguas y los ríos, especialmente desde el grado 34ᵃ·hacia el polo, abundan también de peces, los cuales, bien ,que no sean tantos en especies, como los de mar, compensan bien esto, así por la abundancia de sus individuos, como por lo regalado de sus carnes".—* FELIPE GOMEZ DE VIDAURRE.—Historia Geográfica, Natural y Civil del Reino de Chile.

Continuando con nuestro propósito relativo al Levantamiento Biológico de la Provincia de Concepción, expresado ya en otras oportunidades, ofrecemos este catálogo de los peces fluviales de la provincia de Concepción.

Esta enumeración fué iniciada en el mes de Marzo del año de 1919, en que tuvimos la feliz oportunidad de acompañar y ·cooperar en sus investigaciones sobre la fauna ictiológica de las aguas dulces de las provincias de Ñuble, Concepción y Arauco, al reputado ictiólogo Prof. Dr. Carlos Eigenmann, de la Universidad de Indiana, oportunidad que nos permitió familiarizarnos con sus procedimientos y métodos de trabajo.

Las especies que se indican en este catálogo son las endémicas de nuestras aguas fluviales, más las que han sido aclimatadas o están en proceso de aclimatación y las especies marinas que habitualmente se introducen en nuestros ríos o esteros.

A cada especie enumerada se le ha adicionado todos los datos biológicos que conocemos, a fin de darle a este estudio un carácter más provechoso. Igualmente se indican los distintos nombres vernaculares que nuestro pueblo asigna a las diversas especies.

---

* *NOTA DE LA REDACCION.*—El presente trabajo ha sido dejado por el Prof. Carlos Oliver Schneider (q. e. p. d.) y se publica sin bibliografía que el autor no alcanzó anotarla.

Dejamos constancia expresa de nuestros agradecimientos muy sinceros a los valiosos datos que ha aportado a la investigación que hemos realizado el señor Andrés Gemmell, decano de los pescadores aficionados en toda esta vasta región y el más entusiasta propulsor de la pesca como deporte.

Tipo VERTEBRADOS AGNATOS
(sin mandíbulas)

Clase MARSIPOBRANCHII

Orden Hyperotreta

Família Petromyzonidae

Género **MORDACIA** (Gray) Günther (1870)

1.—**M. andwanteri** (Philippi)

Anguila, Komofilu, Komofillu.

Esta especie ha sido capturada con frecuencia en el río Bío-Bío, junto al canal de la Mochitá y en el traqueadero del Pompón y en el río Andalién, donde es más común, sobre todo en las pozas situadas a la izquierda del puente carretero, donde es común capturar formas larvarias en la primavera. En este río se le encuentra hasta la altura del puente 3.

Género **GEOTRIA**, Gray (1821)

2.—**G. chilensis** (Gray) Günther.

Anguila, Lamprea de bolsa.

Conocemos un ejemplar capturado en el río Bío-Bío y otro hallado en el río Carampangue, donde ningún vecino la conocía.

G N A T O S T O M O S
(con mandíbulas)

Sub Orden Salmonoidei

Familia Salmonidae

Género **SALMO**, Linneo (1758)

S. irideus, Gibbons.

Salmón arco iris. Trucha arco iris.
Aclimatado. Se pesca con frecuencia en el río Bío-Bío en los alrededores de Concepción, durante la primavera.

Género **CRISTIVOMER,** Gill y Jordan (1803)

C. namaycush. (Walb) Gill y Jordan.

Trucha de lagos.

Aclimatado. Se le encuentra en las lagunas de San Pedro.

Família COREGONIDAE

Género COREGONUS, Lacepede (1803)

C. clupeaformis (Mitch) Jordan y Gilbert.

Aclimatado.

Clase ELASMOBRANCHII

Orden Batoidei

Sub orden Sarcura

Família Myliobatidae

Género **HOLORHINUS,** Gill (1862)

3.—**H. aquila** (Linneo) Fowler.

Manta, Cuero, Chucho.

Hemos visto dos ejemplares de esta especie en agua dulce, uno en el río Bío-Bío, junto al puente del ferrocarril a Curanilahue y otro en el río Andalién, junto a la Estación de Playa Negra, ambos ejemplares estaban muertos.

Clase PISCES

Orden Teleostei

Sub orden Isospondyli

Familia Galaxiidae

Género **BRACHYGALAXIAS,** Eigenmann (1927)

4.—**B. bullocki** (regan), Eigenmann.

Peladilla.

Es frecuente encontrar esta especie en pequeños grupos en los remansos soleados.

Conocemos ejemplares capturados en el estero de Nonguén,. en el río Andalién y en el estero Colcura.

Género GALAXIAS, Cuvier

5.—G. maculatus (Yenyns)

Peladilla.

Se encontraba en todos los esteros de la Cordillera de Nahuelbuta y en los afluentes del Bío-Bío y Andalién. Actualmente han disminuido mucho.

Género APLOCHITON

6.—A. zebra, Jenyns.

Peladilla.

En el estero Colcura y otros de la cordillera de Nahuelbuta.

Orden Heterognathi

Familia Characidae

Género CHEIRODON

7.—Ch. galsudae, Eigenmann.

Esta especie abunda en el río Andalién y en el estero Nonguén, donde capturamos el tipo para el Prof. Eigenmann, el 20 de Marzo de 1919.

Género CYPRINUS

8.—C. Carpio, Linneo.

Esta especie aclimatada en nuestra región, abunda en nuestros esteros, lagunas y aún en los charcos aislados de agua.
Es una especie muy prolífica. Su carne es espinosa e insulsa.
Quien la introdujo en nuestras aguas cometió un verdadero crimen contra las demás especies autóctonas, especies de muchísimo valor, trayendo un enemigo poderoso y destructor.
Desova desde fines de Octubre a mediados de Diciembre.

Género **CARASIUS**, Linneo.

9.—**C. auratus**, Linneo.

Pez colorado.

Esta especie introducida en Chile en 1885, en la región de Pañaflor, se encuentra abundantemente aclimatada en el río Andalién, Palomares y estero Nonguén.

Se ha hecho sensible su abundancia a partir del 1919 y averiguando su causa se me indicó que un antiguo vecino del barrio de Puchacay, en Concepción, propietario de una de las quintas cercanas al Andalién los había colocado en esas aguas, en cantidad apreciable, sin embargo, pude comprobar que esto no era efectivo.

La causa más probable de esta propagación ha sido, sin duda alguna, las frecuentes inundaciones que sufría la entonces Escuela Agrícola, hoy en día Escuela Industrial, inundaciones que las sufre todavía y talvez con mayor intensidad, lo que permitió que los peces colorados (Carassius auratus, Lin.) que poblaban la gran laguna del parque de la Escuela, fueran arrastrados por las aguas hacia el Estero Nonguén, o por los propios canales de desagüe, hacia el río Andalién.

En la colección ictiológica del Museo de Concepción, tenemos un ejemplar de 280 milímetros de largo.

Según nos fué informado, los primeros peces colorados fueron traídos para las pilas de agua de las casas de Concepción como adorno, por el Dr. Landolph alrededor del año 1892.

Lástima que esta especie sea más bien perjudicial que útil y contribuye a la disminución de los peces indígenas, de condiciones excelentes para el consumo, sea ahuyentándolos o destruyéndolos.

Orden Nematognathi

Família Diplomistidae

Género **DYPLOMYSTES**, Dumeril

10.—**D. papillosus** (Cuvier y Valenciennes) Bagre (1).

Es común en el estero Nonguén, río Andalién, en todos los esteros afluentes al río Bío-Bío.

Familia **PYGIDIIDAE**

Sub família Nematogenysnae

Género **NEMATOGENYS**, Girard

11.—**N. inermis** (Guichenot) Bagre. Luvur.

Se les encuentra en los esteros de poca corriente y sobre todo en los fondos fangosos, principalmente en las lagunas de la Vega de Talcahuano.

Su carne es sabrosa y apreciada.

Se alimenta de gusanos, insectos y hay quien sostiene que también de otros peces.

Desde la época colonial esta especie llamó la atención de los cronistas quienes han hecho curiosas relaciones de ella.

El p. Diego de Rosales dice:

"Después de la trucha, entre los peces fluviales han ganjeado en este Reyno muy crecido nombre los Vagres, que según la imagen y descripción de Gesneri es la Mustela, y a los muy pintados llaman Asteria y los chilenos Guid. Son los vagres desnudos de escamas, desarmados de espinas, muy lisos y resvalosos, la cabeza abultada roma y aplanada, la boca ancha y en lugar de dientes una línea de agudas espinas a manera de sierra, los ojos grandes, la niña blanca acairelada de negro, el color ceniciento y manchado de negro con algunas salpicaduras de amarillo y por el lomo azul obscuro. Tiene una aleta carnosa que desde la mitad del cuerpo corre por encima de la espalda y se continúa con la que es redonda, otra por el vientre de la misma hechura, dos pequeñas cerca de las agallas y a muy cerca distancia otras dos mayores y más fuertes, que son las principales remos para navegar. No hay igual y cierta medida en su grandeza; los mayores miden tres palmos; la carne es ternissima, blanca y muy sabrosa; andan en lo profundo de las aguas y hacen sus cavernas en la arena y lodo; y desde allí, como en emboscada, saltean cualquier pez aunque les exceda en grandeza y se lo comen. Ateneo citado de Guerta, dice que el hígado de él es muy provechoso para los que padecen alferencia y gota-coral. De una condesa de los Bilingas, en Floringia o Duringia, de Alemania refieren Gesnero y Mercado que sólo en hígados de vagres gastó la mayor parte de sus rentas".

Las cabezas tienen tal fábrica y trabazón de huesecillos unidos de sutiles membranas, que en ellos se representan todos los instrumentos de la pasión de Nuestro Señor Jesucristo. En este Reyno han hecho la experiencia muchas personas doctas, graves y muy curiosas y mayores de toda excepción. Desuellan la cabeza del vagre, desatan de aquellas telillas los huesecillos y sin cortarles ni quebrarlos apartando los unos de los otros, han hallado que se figura con toda perfección en un hueso de columna, en otros los azotes, corona de espinas, cáliz, escalera, clavos, cruz y lanza; cosa que se debe solemnizar con no menores alabanzas que la flor de la granadilla del Perú de quien refieren el Padre Acosta y Eusebio Niremberge que en ella también se ven retratadas las insignias de nuestra Redención y de esto son testigos todos los que la ven en el Perú y otras partes donde hay abundancia de esta flor".

Género HATCHERIA, Eigenmann (1918)

12.—H. Maldonadoi, Eigenmann.

Bagre.

Se le encuentra en los ríos y esteros de la cordillera de Nahuelbuta, en la región de Santa Juana y también en el estero de Nonguén.

Género **PYGIDIUM**, Meyen (1835)

13.—P. Chiltoni, Eigenmann.

La especie tipo fué capturada por nosotros en el estero Nonguén, en la tarde del 20 de Marzo de 1919 y obsequiada al Prof. Dr. Eigenmann quien la dedicó al Coronel Chilton, entonces agregado militar de Estados Unidos en Chile.

·14.—P. areolatum (Valenciennes).
Esta especie se encuentra en todos los esteros de la cordillera de Nahuelbuta.

15.—P. maculatum (Valenciennes).

Especie que era hasta hace unos 20 años bastante común en las aguas de los alrededores de Concepción, actualmente es bastante rara.

Orden Percomorphi

Sub orden Percesoces

Família Atherinidae

Género **CAUQUE**, Eigenmann (1927)

16.—C. Mauleanum (Steindachner).

Cauque, pejerrey, remú.

17.—C. itatanum (Steindachner).

Pejerrey, cauque, remú.

18.—C. brevianalis (Günther).

Pejerrey.

Género **BASILICHTYS**, Girard (1854)

19.—B. australis, Eigenmann.

Pejerrey.

20.—B. microlepidotus (Jenyns).

Pejerrey.

21.—B. bonariensis (Cuvier y Valenciennes) Girard.

Pejerrey argentino.

Familia Mugilidae

Género **MUGIL**, Linneo (1758)

22.—**M. lisa**, Guichenot.

Lisa

Serie Kurtiformes

Familia Perchichtyidae

Género **PERCICHTHYS**, Girard (1854)

23.—**P. trucha** (Cuvier y Valenciennes) Girard.

Trucha, Perca trucha, Trucha chilena, Trucha del país. Aún cuando escasea considerablemente en nuestras aguas, se le encuentra en los lagos y esteros de bastante corriente. Se alimenta de custáceos, larvas e insectos, huevos y formas larvales de ranas, peces pequeños y aún ejemplares de su propia especie. Soporta las más variadas temperaturas, desde 5° a 30° centígrados.

Según el distinguido piscicultor don Pedro Goluzda, desova en primavera en aguas de una temperatura mínima de 15°. "Para este objeto busca una parte arenosa o ripiosa, donde hace, por medio de movimientos de cola, una cavidad que se asemeja a un gran lavatorio bajo. Allí deposita en seguida sus huevos, los que después de fecundados quedan pegados en el ripio o en las raíces pequeñas que hubieren en este sitio. Hecho esto, uno de los peces padres queda siempre vigilando las ovas y renovándoles el agua por medio de movimientos de cola".

"Pasados diez días más o menos, principian a nacer los pecesillos; pronto después desaparece la cría en las profundidades. En días calurosos vuelve a aparecer en la superficie del agua siempre en un cardumen y vigilado por uno de los peces padres".

El crecimiento de esta especie se puede considerar rápido. En el primer año alcanza a doce centímetros y en el segundo a veinte centímetros, con un peso de 250 gramos, tamaño y edad ya apropiados para el consumo.

Durante la colonia las truchas chilenas fueron un bocado apetitoso para nuestros mayores. El historiador jesuíta Diego de Rosales hubo de dedicar un largo párrafo de su historia a estas truchas que todos apetecían y este párrafo que transcribimos es tan sabroso como las truchas que elogia:

"Abundan de truchas estos ríos de Chile y los indios las llaman Lipun y, según Gesnerio, los latinos les dan por nombre Trutta o Troacta. Son de bonísimo alimento para sanos y enfermos, principalmente las que se crían en los ríos muy arrebatados; huélganse mucho con el agua clara y limpia y así van subiendo siempre por las claras corrientes hasta llegar a las serranías y nacimientos de los ríos y con tanta velocidad saltan por encima de los peñascos, por donde quebrantándose el agua cae con ímpetu de lo alto de las cordilleras, que parece que quieren competir con las aves. Péscanse mucho en las lagunas, pero como aman el bullicio de las aguas, no son tan buenas como las que se crían en aguas estancadas, como en las corrientes, si bien en las lagunas de Guanacache, en la provincia de Cuyo, las hay muy grandes, muy sabrosas y las más afamadas de este Reyno y que tienen nombre en otras partes. Tienen el pellejo grueso y duro, la carne sólida y mantecosa; tráenla a la ciudad de Santiago y echadas en agua se esponjan de manera que parecen frescas. Los españoles de aquella provincia conservan en la memoria un caso que personas fidedignas que se hallaron presentes le refieren y es que estaba un sacerdote en Roma exorcizando a un endemoniado y preguntándole ¿qué pescado era el mejor del mundo? respondió que las truchas de Guanacahe en el Reyno de Chile, en las Indias Occidentales. El padre Joseph de Acosta advierte que no las hay en las provincias del Perú, sino en estas de Chile y yo las he visto muy grandes y de mucho regalo y he comido las de Guanacahe que exceden en grande y bondad a las de todo el Reyno, de que hay tanta abundancia en todas partes que en muchas estancias y casas de campo suelen enviar un muchacho poco antes de poner la mesa que vaya por truchas y traen cuantas quieren en un momento".

El cronista penquista Felipe Gómez de Vidaurre, refiriéndose a esta misma especie dice:

"La trucha no tiene diferencia alguna de las de Europa ni en la estructura de su cuerpo, ni en su delicadeza y gusto exquisito de sus carnes, cuando ella se ha criado en aguas que sean fangosas, como de ordinario son las de los ríos de Chile. Llega a tener cerca de tres pies con el grueso que le corresponde. Muy rara vez se pesca con red, con el anzuelo es lo ordinario, al que basta ponerle una pluma en lugar de comida, pero es preciso que guarde el pescador una suma quietud y no haga el más mínimo movimiento".

24.—**P. melanops,** Girard.

Trucha, pocha.

Especie de iguales costumbres que la anterior, pero de carne espinuda e insípida, alcanza hasta doce centímetros de largo.

Género PERCILIA

25.—**P. irwini,** Eigenmann.

Orden Chromidae

Familia Pomacentridae

Género CHROMIS, Cuvier (1817)

26.—**Ch. crusma** (Cuvier y Valenciennes).

Castañeta, Boquilla, Frailecito, Pampanito.

Es una especie marina gregaria que aparece en las aguas del río Bío-Bío, Andalién, Colcura y Carampangue, en el mes de Febrero, siempre en las zonas cercanas a la desembocadura.
Su carne es blanda, seca y espinosa.

R E S U M E N

El autor presenta una lista de 29 peces de agua dulce de la Provincia de Concepción (Chile), refiriéndose en repetidas ocasiones a datos históricos relacionados con su descubrimiento y primeras observaciones.

S U M M A R Y

The author presents a list of 29 fishes found in rivers and lagoons of the province of Concepción (Chile). He refers also historical data about first findings and observations of some specimen.

DEL INSTITUTO DE ODONTOLOGIA
de la
Universidad de Concepción

CATEDRA DE PATOLOGIA GENERAL
Prof. Dr. F. Behn

Histopatología de la pulpa dentaria en los caries incipientes

(Con 4 microfotos y 1 cuadro)

por

Francisco Behn y Luis Valck

G. Daneck sostiene en su trabajo sobre "Anatomía Patológica de la pulpitis", entre otras cosas, el concepto de que "a
medida que una caries va acercándose a la cámara pulpar, van
apareciendo alteraciones de la pulpa cada vez más graves, pro-
vocados seguramente por acción de toxinas microbianas primero y por acción directa de gérmenes, después". Nos ha parecido
interesante controlar y complementar la citada afirmación,
estudiando en cierto número de casos de caries incipientes, la
naturaleza morfológica exacta de las primeras alteraciones pulpares que se originan, como así mismo su frecuencia y el momento más o menos preciso de su aparición. El hecho de que
en la literatura a nuestro alcance se encuentren sólo datos muy
rudimentarios sobre el problema, nos alentó aún más a
abordarlo.

Elegimos para nuestro estudio 50 piezas dentarias con caries sólo muy superficiales, que clínicamente nunca han origi-
nado ni la menor sintomatología subjetiva. En la mayoría de
ellas la caries era tan superficial que al descalcificar la pieza
para los efectos del corte histológico, esta alteración desapare-
cía totalmente junto con la disolución del esmalte en el ácido
descalcificador, quedando apenas una mancha amarillenta en
la superficie de la dentina. Es decir, se trata de 50 casos en que
habitualmente se admite que todavía no existe compromiso
pulpar alguno. Reunimos dichos casos en el curso de más o
menos un año, aprovechando para ello piezas extraídas en la
Clínica Quirúrgica de la Escuela Dental de Concepción, con el

61

objeto de preparar el terreno para la adaptación correcta de una prótesis. Los pacientes eran de ambos sexos y su edad fluctuaba entre los 18 y los 63 años.

Mayores detalles sobre la naturaleza del material pueden apreciarse en el cuadro de resumen adjunto.

Todas las piezas elegidas fueron fijadas en formalina al 15% durante por lo menos 8 días y luego se descalcificaron según el método de **Vivaldi**, con sólo ligeras modificaciones. De cada caso se practicaron múltiples cortes con el microtomo de congelación. Generalmente los cortes fueron hechos en sentido longitudinal y en tal forma que el cuchillo pasaba simultáneamente por el findo de la caries, si ésta se alcanzaba a apreciar y por la mayor parte de la pulpa. Las tinciones empleadas fueron principalmente la habitual con hematoxilina y eosina. En algunos casos se hicieron también tinciones con Sudán III para apreciar fenómenos degenerativos a nivel de los canalículos de la dentina, con azul de metileno y con violeta de genciana según Weigert para observar fibrina y gérmenes.

RESULTADOS DE NUESTRAS OBSERVACIONES Y ESTUDIO CRITICO DE LOS HALLAZGOS

Desde luego nos llamó fuertemente la atención de que en el material tan minuciosamente elegido desde el punto de vista clínico, —caries muy superficial sin síntomas subjetivos—, figuran en realidad numerosos casos en los cuales fué posible demostrar con cierta facilidad la existencia de alteraciones pulpares, indudablemente relacionadas con los foquitos de caries incipiente. La naturaleza de dichas alteraciones ha sido varíada tratándose, ya sea de simples procesos degenerativos, especialmente odontoblastos, ya sea de manifestaciones evidentes, de un proceso inflamatorio, de gravedad igualmente variable. Encontramos estas alteraciones, ya sea aisladas o bien en conjunto, en no menos de 40 casos, es decir, en el 80% de las piezas dentarias estudiadas. Sólo en 10 casos hallamos una pulpa en que no fué posible demostrar la existencia de alteraciones, relacionadas con el proceso de caries.

Para exponer nuestros hallazgos, nos referiremos sucesivamente a las ALTERACIONES DE LOS ODONTOBLASTOS a la FORMACION DE DENTINA SECUNDARIA a la HIPEREMIA y a la APARICION DE EXUDADO con sus diferentes características. Corresponde este orden, como lo veremos más adelante aproximadamente a aquel, en que según nuestras observaciones, un proceso de caries repercute sobre la pulpa.

LAS ALTERACIONES DE LOS ODONTOBLASTOS

Están caracterizados por típicos fenómenos degenerativos, que unas veces toman más bien el aspecto de una degeneración vascular (Port-Euler), mientras que en otros casos se aprecia ante todo una considerable reducción del número y tamaño de las células, acompañada de intensa picnosis de los núcleos. En sus grados más marcados estas alteraciones terminan con la desaparición completa de la capa de odontoblastos. Naturalmente, para nosotros, estos procesos sólo podían ser de valor si se presentaban estrictamente limitados a aquellos odontoblastos que están en relación directa con los canalículos de la dentina, cuyo extremo distal se encuentra en el terreno de la caries. Desgraciadamente nos encontramos con varios casos en los cuales la degeneración de los odontoblastos era generalizada y estaba motivada evidentemente por atrofia total de la pulpa. Esta atrofia fué prácticamente siempre de tipo reticular (Roemer, Port-Euler) y podría explicarse por el hecho de que se trataba de piezas provenientes de una dentadura que en general ya había desaparecido hace tiempo. Por supuesto, estos casos no pueden ser tomados en cuenta para apreciar la frecuencia de las alteraciones de tipo localizado que estamos estudiando, por cuanto, tanto pueden haber ocultado una degeneración parcial, como una ausencia absoluta de repercusión del proceso de caries sobre la capa de odontoblastos. Resumiendo nuestros hallazgos en un pequeño cuadro, resulta que en 50 casos encontramos:

Degeneración delimitada de odontoblastos sin otros fenómenos... .... 9 casos
Degeneración delimitada de odontoblastos con sólo dentina secundaria y ligera hiperhemia .... 7 casos
Degeneración delimitada de odontoblastos con exudado en la pulpa............................... 10 casos
Degeneración total de odontoblastos................. 12 casos
Capa de odontoblastos de aspecto normal......... 12 casos

Lo interesante es, pues, que sólo en 12 casos, es decir, en no más de un 24% no se logró encontrar compromiso de los odontoblastos. Y esto, todavía, no quiere decir, que estaban en realidad libres de tales alteraciones, por cuanto los cortes estudiados bien no pueden haber interesado la región relacionada con la caries, ya que al efecto la descalcificación de la caries solía desaparecer completamente al disolverse el esmalte y entonces era necesario ubicar los cortes más o menos al azar.

Afirma nuestra idea, de que el compromiso de los odontoblastos era en realidad más frecuente, el hecho de que 2 de los 12 casos negativos mostraban, sin embargo, evidente hiperemia y uno, además una verdadera inflamación pulpar, alteraciones seguramente relacionadas con la caries superficial, de acuerdo con lo que veremos más adelante.

El hecho de que sólo varias veces logramos encontrar una posible ausencia de alteraciones odontoblásticas del compromiso pulpar, muy bien nos permite estimar que el compromiso de los odontoblastos corresponde, en realidad, a la primera alteración demostrable en el recinto de la cámara pulpar. Tal caso, habrá que sospecharlo también ya por razones puramente anatómicas.

Hiperplasia de la capa de odontoblastos no hemos visto nunca, lo que es de interés para el aún discutido problema de la génesis de dentina secundaria que pasaremos a analizar a continuación.

LA FORMACION DE DENTINA SECUNDARIA

Es un hecho bastante conocido que a cualquier lesión de las capas superficiales de dentina, el organismo responde con oposición de cal en la zona correspondiente de la cámara pulpar. **(Alcayaga y Olazábal Black, Burchard, Euler, Furrer, Fray et Ruppeo, Capdepont, Erausquin, Euler y Meyer, Müller, Thoma, Roemer, Walkhoff).** Vemos tales apósitos tanto a consecuencia de desgastes más o menos fisiológicos, como a raíz de verdaderas caries. Se les interpreta como formación de dentina secundaria por cuanto, a menudo, tienen una estructura canalicular a veces bien nítido, otras veces más irregulares, pero en general, semejante a la de la dentina propiamente tal. Un problema muy discutido es el del origen de la dentina secundaria. Lógico sería suponer que fuera elaborada por la capa de odontoblastos; sin embargo, la vemos aparecer, a menudo precisamente en aquellos sitios en que los odontoblastos han degenerado, han desaparecido o bien en que sus restos se encuentran completamente incluídos en dentina neoformada. **(Müller, Kantorowicz).** Nunca logramos encontrar dentina secundaria en relación con zonas de hiperplasia o de hipertrofia de estas células como lo describe por ejemplo **Vogelsang.** Es por ello, que habrá que admitir, que en la génesis de la dentina secundaria le cabe un papel preponderante a la pulpa misma. Quizás su hiperemia prolongada con la correspondiente actividad de los fenómenos metabólicos sea el punto de partida de la elaboración de esta verdadera valla de defensa; idea que está perfectamente de acuerdo con nuestras observaciones y que, por lo demás, fué expresada tanto por autores extranjeros **(Gottlieb, Müller,** etc.), como también por investigadores nacionales **(Gómez y Yáñez).**

Revisando nuestro material, logramos encontrar formación de dentina secundaria en íntima relación con la caries superficial en un total de 20 de los 50 casos. Es naturalmente posible que tal dentina haya existido igualmente en algunos de los casos para nosotros negativos, por cuanto, de acuerdo con lo que ya hemos expresado anteriormente, nuestros cortes pueden no haber afectado la región precisa donde ésta pudo haberse formado. Por lo demás, esta idea nos parece muy aceptable en vista de que en siete de los casos negativos hallamos hiperemia evidente y en tres de ellos también francos fenómenos exudativos. Tales alteraciones, si es que no van acompañadas de dentina secundaría en algún punto que escapó a nuestra observación, sólo podrán ser explicadas por la hipótesis, poco probable, de que la repercusión pulpar de la caries haya sido tan rápida que no hubo tiempo para originarse neoformación de dentina.

Por lo demás, no hemos logrado encontrar con seguridad prevalencia de un determinado tipo de dentina secundaria. Sólo tenemos la impresión de que en general se trata de dentina secundaria de carácter tubular, pero igualmente la vimos de aspecto laminillar. **(Erausquin, Alcayaga y** Olazábal, **Hopoweil-Smith).**

LA HIPEREMIA

En sí misma es a menudo un fenómeno bastante difícil de apreciar. Hay casos en que ella es discutida, son aquellos en que observamos los vasos pulpares repletos de sangre y en que aún encontramos un fuerte rellenamiento de los finísimos capilares que quedan entre los odontoblastos. Pero entre este grado extremo y la casi ausencia de sangre en el corte histológico, hay toda clase de aspectos intermedios y, depende entonces altamente del criterio del observador, donde va a fijar el límite. Fuera de la interpretación muy subjetiva que habrá que dar al fenómeno, dificulta todavía su interpretación correcta, el hecho de que por el traumatismo relacionado con la extracción de la pieza dentaria, se afecta intensamente la circulación. Idea que también apoyan las observaciones de **Behn y Jara.** Basta suponer que durante las maniobras de extracción de la pieza se haya comprimido primero la vena que abandona el orificio apical, aunque esto haya sido sólo por pocos momentos, para que tengamos hiperemia o se haya desgarrado primero la arteria y tendremos entonces una pulpa más bien anémica. Pues bien, podrían suponerse que dichos factores mecánicos afectarían siempre la pulpa en su totalidad y por parejo, pero ni esto es necesario, pues por irritación mecánica de los filetes nerviosos que entran al orificio apical es imaginable que también pueden producirse trastornos circulatorios de carácter local: hiperemia local o izquemia local. En atención a ello, sólo hemos considerado como caso de hiperemia verdadera, a aquel en el cual el fenómeno era más bien localizado, encontrándose esta localización en relación con la región correspondiente a la caries. Tal situación la hallamos en un total de 17 casos de los cuales 5 presentaban el fenómeno en forma más marcada. Por lo demás, en la mayoría de estos casos (11 de los 17) la hiperemia se acompañaba de evidentes infiltrados inflamatorios y por lo tanto mal podría ser consecuencia de un trastorno circulatorio puramente mecánico, sino que era lógico suponer que formaba parte de un verdadero proceso inflamatorio.

INFILTRACION SEROSA

En cuanto a ella se refiere, podemos decir que, si bien es ya difícil apreciar e interpretar correctamente la hiperemia, más difícil resulta aún apreciar la infiltración serosa que se describe como su consecuencia. En su apreciación influyen además factores de orden puramente técnicos y sabemos que, precisamente en la histopatología dentaria las dificultades técnicas son enormes y explican muy bien, por qué el anátomo-patólogo por lo general, no se ha querido dedicar con mayor interés al estudio de la pulpa dentaria. Nosotros no hemos logrado encontrar casos seguros de infiltración serosa o de edema de la pulpa, pero de ninguna manera estamos seguros de la negatividad de nuestros hallazgos y por ello preferimos no comentar mayormente este punto.

LA FORMACION DE EXUDADO FRANCO

Es un fenómeno que tenemos que analizar más detenidamente. En nuestros 50 casos 15 veces los hemos logrado encontrar con seguridad, es decir, en un 30%. Este porcentaje es en realidad sorprendentemente alto y al empezar nuestro estudio no habíamos sospechado encontrarnos con un número tan elevado de pulpitis evidente que no dan sintomatología subjetiva. La ausencia de dolor en estos casos constituye, a nuestro modo de ver, un problema neurológico de alto interés, que bien vale la pena de ser estudiado detalladamente desde un punto de vista fisiopatológico o neurológico. Por lo demás, el exudado encontrado estaba formado principalmente por linfocitos y plasmacélulas, acompañados sólo en la mitad de estos 15 casos de leucocitos polinucleares, siempre bastante escasos y una que otra vez también de·macrófagos. Tenían estos exudados un carácter local y se hallaban en estrecha relación con los procesos más arriba descritos y comentados. Sólo dos veces no nos fué posible ni en muchos cortes ni encontrar dentina secundaria, ni degeneración de odontoblastos; sin embargo, como ya lo hemos expresado en otra parte, esto no excluye la posibilidad de que tales fenómenos hayan existido en zonas vecinas, casualmente no tocadas por nuestros cortes. Además, una vez se encontraron dos foquitos inflamatorios absolutamente aislados de la zona de degeneración de odontoblastos, originada por la caries. Sobre la relativa rareza de polinucleares en el exudado de las pulpitis, ya había llamado la atención **Daneck,** al trabajar en este mismo Instituto. Estamos perfectamente de acuerdo con su explicación, según la cual, junto con otros autores **(Thoma)** cree que tal fenómeno se debe a la naturaleza prevalentemente tóxica y no microbiana del agente inflamatorio.

Cabe agregar, igualmente, que en los casos con signos histológicos evidentes de pulpitis, hemos complementado nuestros estudios con el examen de cortes teñidos con violeta de genciana según **Weigert** (tinción de Gram) y otros tratados simplemente con azul de metileno. En ninguno de estos casos logramos identificar gérmenes en la pulpa. Este hecho, aunque por supuesto no en forma absoluta, apoya nuestra idea de que las alteraciones expuestas deben ser, ante todo de origen tóxico.

Resumiendo ahora nuestros hallazgos, podemos concluir que las caries superficiales y carentes en absoluto de sintomatología subjetiva, ofrecen, sin embargo, al examen histopatológico detallado un porcentaje relativamente alto (80%) signos evidentes de compromiso pulpar. Estos signos están formados especialmente por alteraciones degenerativas muy precoces de los odontoblastos y por formación precoz de dentina secundaria

y luego también por la aparición de un verdadero exudado inflamatorio, es decir, por una pulpitis histológicamente evidente,
lo que ocurre en no menos de un 30% de nuestro material.

Fuera de un interés puramente teórico y científico, creemos que el resultado de nuestras observaciones tiene también
gran valor práctico, por cuanto fácilmente nos puede explicar
la aparición de manifestaciones pulpares en una pieza dentaria
obturada por caries superficial, sin que dichas manifestaciones
forzosamente tengan que estar en relación con defectos de la
técnica del dentista, ni con características nocivas ·o irritantes
especialmente del material de relleno empleado. Por lo demás,
estamos convencidos de que dichas manifestaciones habitualmente regresan, sin una obturación bien hecha impide la llega-
da de nuevos productos tóxicos a la pulpa. Por lo menos desaparecen los fenómenos de pulpitis, es decir, la circulación se nor-
maliza y el exudado se reabsorbe. Si los odontoblastos pueden
volver a la normalidad, nos parece dudoso. La dentina secundaria probablemente no se reabsorbe, sino, por el contrario,
seguirá aumentando paulatinamente de acuerdo con lo que habitualmente se observa a medida que aumenta la edad de la
persona. Sólo el examen sistemático de unos cuantos casos tratados, permitirá en definitiva aceptar o rechazar esta idea.

Muy interesante resulta también comparar nuestros hallazgos con los de **Jara,** quien en este mismo Instituto analizó el
compromiso de la pulpa dentaria en las paradonciopatías. Vió
este autor en un porcentaje relativamente alto de los casos
estudiados, alteraciones pulpares semejantes a las encontradas
por nosotros. Estaban delimitadas a aquella parte de la pulpa
que en altura corresponde al cuello del diente. A veces había
en este lugar una caries muy superficial, que debe haber influi-
do decididamente en su origen. Las lesiones pulpares que encontró dicho autor son, sin embargo, aunque de la misma naturaleza que las nuestras, mucho más acentuadas, lo que a
nuestro juicio puede deberse a la penetración de productos tóxicos, no sólo provenientes del foquito de la caries, sino que
también de aquellos originados por las substancias que se
desintegran dentro de la llamada "bolsa piorreica".

RESUMEN

Se han estudiado en cortes histológicos seriados las pulpas
de 50 piezas dentarias con caries sólo muy superficiales (caries
incipientes), encontrándose sólo en el 20% de los casos pulpas
absolutamente intactas. En el 80% restante se advertían evidentes compromisos pulpares. Dichos compromisos patológicos
consisten en alteraciones degenerativas de los odontoblastos,
formación de dentina secundaria y aparición de signos evidentes de pulpitis. En 15 casos esta última era franca, lo que en
la práctica bien puede explicar la aparición de manifestaciones
pulpares serias en dientes obturados por lesión superficial, ma-

nifestaciones que habitualmente se atribuyen a defectos de la técnica operatoria o a la acción nociva del material de relleno y no a un compromiso pulpar ya preexistente.

SUMMARY

Studying in histological shces the pulps of 50 dental pieces with only very superficial incipient caries, absolutely intact pulps were found only in 20% of the cases. In the rest (80%) evident pulp participations were observed. This pathological participation consists of degenerative alterations of the odontoblasts, formation of secondary dentina and appearance of evident signs of pulpitis. The last one was frank in 15 cases, which well may explain in practice the appearance of serious pulp manifestations in obturated teeth by superficial lesions, manifestations which generally are attributed to technical defects of operations or to the noxious action of the stuffing material and not to an pre-existent pulp participation.

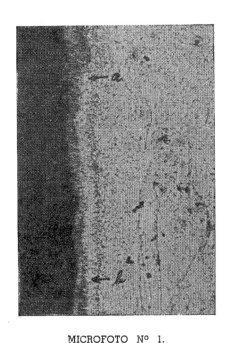

MICROFOTO Nº 1.

Caso Nº 8 o de 32 años.

Zona bien delimitada de degeneración vacuolar de odontoblastos, (desde a

Tinción: H. E.   Aumento: 56 veces.

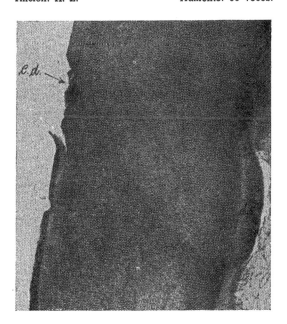

MICROFOTO Nº 2.

Caso Nº 33 o de 57 años.

Caries dentinaria incipiente (c. d.) con formación de dentina secundaria y
desaparición de odontoblastos (d. s.) en la zona pulpar correspondiente.

Tinción: H. E.   Aumento: 22 veces.

MICROFOTO Nº 3.

Caso Nº 48 o de 50 años.

Zona bien delimitada de desaparición de odontoblastos (desde a hasta b) acompañada de hiperhemia (**h**).

Tinción: H. E.   Aumento: 75 veces.

MICROFOTO Nº 4.

Caso Nº 38 o de 58 años

Degeneración de odontoblastos, formación de dentina secundaria (d. s.) **y** foco de pulpitis en relación con una caries dentinaria muy superior (c. concrementos calcáreos).

Tinción: H. E.   Aumento: 90 veces.

Sexo	Edad	Pieza extraída	Alteraciones dg. odontoblas.	Dentina secundaria	Hiperemia pulpar	Exudado inflamatorio pulpar			OBS
						Linfocitos	Plasmacélulas	Polinucleares	
♂	49	12	—	—	+	++		—	
♀	42	5		—				—	
♀	34	18	+	+	+	+++		+	
♀	47	20	—	—	+			—	
♂	63	11	+	+++	+			—	
♂	63	27	+	+++	++	+		+	
♀	37	9	+	+	++			—	
♀	32	28	++	—				—	
♀	27	8	++	++				—	Atrofia
♀	40	25	+					—	
♀	57	8	—	—	—			—	
♀	37	2	—	—	—			—	
♀	37	4	+	—	—			—	
♀	57	16	++	—	—			—	
♀	29	14	—	—		—		—	
♀	29	16	+	—		—		—	
♀	19	20	++	—	+			—	
♀	40	4	—	—	+			—	
♀	20	21						—	
♀	30	5	+	+	—	+	+	+	2 focos
♀	37	21	+	—	—	+	+	—	Abunda
♂	30	9	++	—	—			—	
♂	56	29	++	—	+			—	
♀	24	29	+	—				—	Atrofia
♀	38	15	Dg.	—	—			—	
♀	38	23	Dg.	—	—			—	
♀	40	22	—	+	—			—	Atrofia
♀	40	24	Dg.	+	—			—	Intensa
♀	26	14	Dg.	—	—			—	
♀	26	16	++	—				—	Ademá
♀	18	19	++	+	+	+++	+++	+	Focos i
♀	18	27	—		+	++	++	—	Infiltra
♀	57	22	Dg.	+++	+			—	Ligera
♀	57	28	Dg.	+	+			—	Atrofia
♀	57	29	Dg.	++	—			—	
♀	56	11	++	++	—			—	
♂	54	29	Dg.	+	++	++	++	+	
♂	58	14	++	—	+	++	++	+	
♂	58	3	+	—	++	++	++	+	
♂	58	16	+	—	++	++	++	+	
♂	58	2	+	+	+	+	+	—	
♂	58	1	Dg.	+	+	+	+	—	
♂	43	4	++	+	—	+		—	
♂	43	5	+	—	—	→		—	
♂	36	20	++	++	—			—	Atrofia
♀	54	11	Dg.	+	—			—	
♂	21	11	—	—	++	++	+	+	
♀	50	9	Dg.	++	++	++	+	+	
♀	23	12	Dg.	—	+	—	+	—	
♀	36	2	Dg.	++	+	+	+	—	

Dg.: Deg
odc

BIBLIOGRAFIA

ALCAYAGA, O. C. y OLAZABAL, R. A.—Patología, Anatomía y Fisiología Patológica Buco-Dental. Edit. Ateneo, B. Aires. 1947.

BEHN, F. y JARA, R.—Anatomía Patológica de la pulpa dentaria en la Piorrea Alveolar. Rev. Sudamericana de Morfología. Vol. IV. Fasc. II. 1946.

BLACK.—Cit. por BURCHARD.

BURCHARD, H.—Patología y Terapéuticas Odontológicas. Traducción de Vilá y Torrent. Edit. Pubul, Barcelona. 1940.

CAPDEPONT.—Cit. por FREY y RUPPEE.

DANECK, G.—Contribución a la Anatomía Patológica de la Pulpitis. Bol. de la Soc. de Biología de Concepción. Tomo XXIII. 1948.

EULER, H.—Tratado de Odontología. Edit. Labor S. A. Barcelona. 1943.

EULER, H. y MEYER, W.—Pathologie der Zähne. Verlag. J. F. Bergmann. Munchen. 1927.

ERAUSQUIN, R.—Anatomía Patológica Buco-Dental. Edit. Progrenta, B. Aires. 1942.

FURRER.—Cit. por THOMA.

FREY et RUPPEE.—Pathologie de la bouche et des dents. Edit. J. B. Baillier. París. 1931.

GOTTLIEB, B.—Dental Caries. Edit. Lea. S. Febiger. Philadelphia. 1947.

GOMEZ, P. y YAÑEZ.—Histopatología de la pulpa dentaria en las Paradentopatías. Tesis para optar al título de Dentista de la U. de Chile. Santiago. 1936.

HOPEWEL-SMITH.—Cit. por BURCHARD.

KANTOROWITZ.—Escuela Odontológica Alemana. Tomo II. Odontología conservadora. 2ª Ed. alemana. Edit. Labor S. A. 1937.

LEHNER y PLENK.—Die Zähne in Möllendorís Henbuch der Mikroskopichen Anatomie des Menschen. V. 3. (645) Verlag Julius Springer. Berlín. 1937.

LOUVEL, R.—Apuntes de Patología General. P. de Concepción Chile. 1944.

MUELLER, O.—Pathohistologie der Zähne. Verlag Benno Schwabe Basel. 1948.

PORT-EULER.—Tratado de Odontología. Edit. Labor S. A. 1943.

ROEMER.—Esc. Odontológica Alemana. T. II. Odontología Conservadora. 2ª Ed. Alemana. Edit. Labor S. A. 1937.

THOMA, K.—Patología Bucal. Tomo II. Traducción Vilá. Edit. Uteha. México. 1946.

VIVALDI, L.—Un nuevo método de descalcificación rápida en dientes y tejido óseo. Rev. Sudamer. Morfol. 1945.

VOGEISANG.—Cit. por LEHNER y PLENK.

WALKHOFF.—Cit. por ALCAYAGA y OLAZABAL.

DEL INSTITUTO DE FISIOLOGIA
· de la
Universidad de Concepción (Chile)
Director: Prof. Dr. B. Günther

Un nuevo método de electrodiagnóstico dental

(Con 5 cuadros y 4 figuras)

por

B. Günther, J. Concha y F. Roeckel

I.—INTRODUCCION

En Odontología la exploración de la excitabilidad de las fibras nerviosas dentarias constituye un problema de gran importancia teórica y práctica. Los procedimientos de estimulación mecánicos, térmicos o químicos son inadecuados por la dificultad que existe en la exacta graduación de la intensidad del estímulo; de subumbral pasa repentinamente a ser supraumbral, provocando un intenso dolor al paciente. Por estas razones se ha utilizado de preferencia el estímulo eléctrico, que puede graduarse muy exactamente y cuya intensidad se puede medir con gran precisión.

Las mayores dificultades residen en la elección de la corriente más adecuada para el electrodiagnóstico. Las características, que debería reunir la estimulación por medio de la corriente eléctrica, serían las siguientes:

1º—Incremento gradual (lineal) del voltaje.

2º—Amplio margen entre el umbral sensitivo y el umbral del dolor.

Otro de los problemas a resolver es la medición de la intensidad de la corriente en la estimulación umbral. Si dicho umbral se expresa en voltios se desconoce el voltaje que realmente excita a las fibras nerviosas intradentarias, por cuanto la mayor parte del voltaje cae a nivel del esmalte cuya resistencia es enormemente alta y que además varía de un punto a otro. Si por otra parte deseamos medir la intensidad mínima capaz de producir una excitación umbral se presenta una situación semejante. La intensidad de la corriente varía según la resistencia en determinado punto. Además se desconoce la fracción de la corriente que es realmente estimulante y cual es la parte que circula por el líquido intersticial y los tejidos que rodean a las fibras nerviosas.

En la imposibilidad de poder medir exactamente la cantidad de energía utilizada en la medición umbral es preferible —como se ha hecho en este trabajo— utilizar como índice de la excitabilidad nerviosa dentaria una relación entre dos corrientes estimulantes que difieron sólo en la forma pero que en

71

igualdad de condiciones producen la estimulación de un modo semejante.

El último punto importante a considerar se refiere a los electrodos. Ellos establecen el contacto entre el aparato de estimulación y el diente que se desea examinar. Este electrodo, por las razones anteriormente citadas, debe permanecer fijo en un punto determinado, debido a que desplazamientos mínimos pueden modificar substancialmente los resultados. La estimulación debe ser unipolar; en la bipolar la mayor parte de la corriente circula superficialmente entre ambos electrodos, sin que se logre una estimulación de las fibras profundas del diente. En el presente trabajo se describe un nuevo tipo de electrodo con el cual se obtienen condiciones constantes de estimulación.

II.—MATERIAL Y METODOS

Se examinaron 35 individuos normales de diferentes edades y de ambos sexos, en los cuales se hicieron 269 determinaciones de excitabilidad eléctrica dentaria. Además se estudiaron 11 casos de pulpitis con 104 determinaciones.

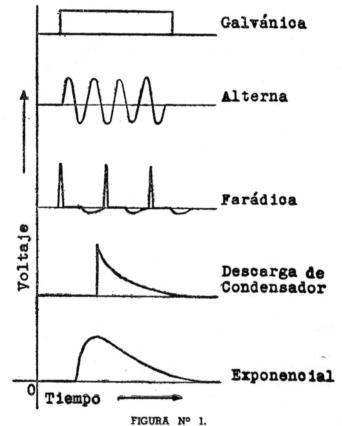

FIGURA Nº 1.

Cuadro comparativo de las distintas corrientes utilizadas con fines electrodiagnósticos.

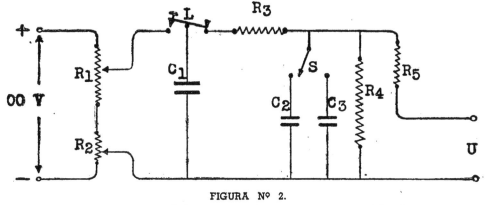

FIGURA N° 2.

Esquema del circuito eléctrico que produce corrientes exponenciales de ascenso variable. Véase explicación en el texto.

a) **Aparato de estimulación.**—Para el estudio comparativo de los diferentes tipos de corriente se pueden utilizar (Fig. 1) los siguientes:

1º—Corriente galvánica (batería).
2º—Corriente alterna de 50 ciclos por segundo (transformador).
3º—Corriente farádica (bobina de Du Bois-Reymond).
4º—Descarga de condensadores (cronaxímetro).
5º—Corrientes de ascenso exponencial de inclinación variable (según el circuito que describiremos a continuación).

El principio en que se basa el nuevo circuito fué designado por **Lapique** (1) con el nombre de sistema de "doble condensador". Posteriormente ha sido utilizado por numerosos autores; para referencias adicionales véase **Günther** (2). El dispositivo utilizado en el presente trabajo y con el cual se obtienen corrientes de ascenso exponencial de inclinación variable ha sido desarrollado en este Instituto por dos de nosotros (B. G. y J. C.). El circuito se encuentra representado en la Fig. 2. La energía es suministrada por una fuente de corriente continua (400 voltios aprox.). El voltaje con el cual se carga el condensador C_1 al presionar la llave Morse L se regula por medio de dos potenciómetros R_1 y R_2. La graduación del voltaje de estimulación se consigue moviendo los cursores de los potenciómetros R_1 y R_2; las unidades se gradúan por medio de R_2 y las decenas con R_1. Estos potenciómetros se han calibrado a rayos catódicos de manera que se obtienen unidades de voltaje absolutamente equivalentes. Al soltar la llave L el condensador C_1 se descarga a través de las resistencias R_3, R_4, R_5 y del paciente (U). Para obtener una corriente exponencial es necesario conectar en paralelo el condensador C_2 o el C_3. Cuando se conecta el de menor capacidad (C_2), se obtiene la corriente de ascenso exponencial E_1 cuya forma aparece en la Fig 3; mientras que la

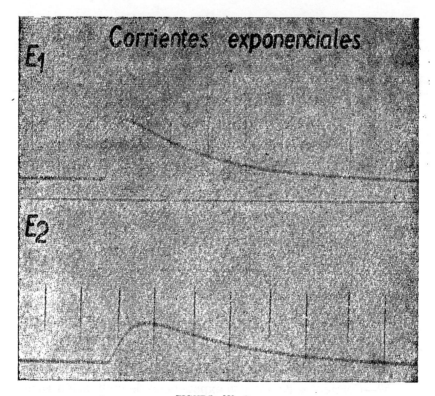

FIGURA Nº 3.

Forma de las corrientes exponenciales E_1 y E_2. Registro con fotoquimógrafo. Ordenadas: voltaje. Abscisas: tiempo en 0.05 seg.

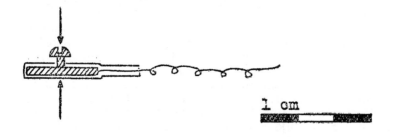

1 cm

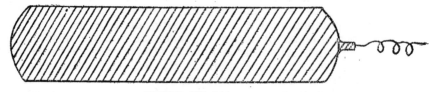

FIGURA Nº 4.

Electrodos de estimulación. A) Electrodo diferente. B) Electrodo indiferente. Escala en centímetros.

conexión de C_3, por medio del selector S (Fig. 2), da una corriente exponencial E_2 de menor voltaje y que asciende más lentamente que E_1. La relación de voltaje E_1/E_2 es en el presente caso de 1,33.

b) **Electrodos.**—El electrodo "diferente" (Fig. 4A), ideado también en el Instituto, consta de una lámina metálica en cuyo centro se encuentra un pequeño tornillo. A excepción de la cabeza del tornillo todo lo demás se ha aislado cuidadosamente. Con el objeto de fijar este electrodo se coloca la cabeza del tornillo en el sitio de elección y se mantiene en esta posición por el mismo paciente, quien al morder el electrodo lo fija comprimiéndolo en el sentido de las flechas (Fig. 4A). En algunos casos especiales se ha utilizado un electrodo diferente, de igual construcción que el ya descrito, pero que termina en una punta metálica; es particularmente aprópiado para la fijación en alguna de las fosetas de molares y premolares.

El electrodo "indiferente" es un gran cilindro metálico (Fig. 4B), que una vez humedecido con una solución salína (NaCl) adicionada de un detergente es mantenido durante toda la medición en una de las manos del paciente.

c) **Técnica de la medición.**—El paciente cómodamente sentado mantiene en una mano el electrodo indiferente previamente humedecido con la solución salina. El electrodo diferente se aplica sobre el diente que se desea estudiar, siendo fijado entre ambas arcadas por el mismo paciente.

Se comienza la medición con el voltaje más bajo, usando la corriente exponencial E_1. Se aumenta gradualmente la intensidad del estímulo hasta que el paciente acuse la primera sensación en el diente en estudio. En este momento el paciente da una señal oprimiendo un botón que cierra un circuito eléctrico especial y que enciende una pequeña ampolleta. Cuando de tres mediciones hechas con un mismo voltaje se obtienen por lo menos dos respuestas positivas se anota en el protocolo la cifra umbral encontrada. En seguida se determina el umbral para la corriente E_2 siguiendo la misma técnica que para E_1. La única cifra que tiene interés diagnóstico es el cociente de voltaje que se obtiene al dividir los valores obtenidos con las corrientes exponenciales. Este cociente E_2/E_1 es siempre mayor que 1,0.

Esta medición se puede repetir varias veces en el mismo o en distintos puntos del diente tratando de evitar siempre la fatiga del paciente y si esto sucede se interrumpe la medición. La determinación es indolora aún en los casos de pulpitis aguda.

En cuanto a las condiciones de humedad (contacto con la saliva) no es necesario secar el diente: el exceso de saliva es inconveniente por cuanto pueden excitarse por el estímulo eléctrico tejidos extradentarios (encía, mucosa bucal o lingual). Cuando se presenta el caso de dientes sin pulpa, la estimulación de las fibras nerviosas de la encía produce una sensación totalmente distinta de la estimulación pulpar. La excitación de las fibras nerviosas gingivales da una sensación de compresión, semejante a la que se experimenta en la luxación dentaria.

III.—RESULTADOS EXPERIMENTALES

A) **Estudio comparativo de las diferentes formas de corriente estimulante.**—Ante todo fué necesario elegir entre las diferentes corrientes que se pueden utilizar con fines electrodiagnósticos aquella más apropiada para estos fines. Nos hemos guiado por el siguiente criterio: la forma de corriente óptima será aquella cuyo margen de seguridad sea máximo, es decir, que deberá existir una gran diferencia entre el umbral sensitivo y el umbral del dolor. Para obtener un índice numérico de este factor de seguridad utilizamos el cociente de los umbrales encontrados, según la expresión siguiente:

$$\text{Factor de seguridad:} \frac{\text{Umbral del dolor}}{\text{Umbral sensitivo}}$$

Hemos analizado según este criterio la estimulación con las siguientes corrientes: galvánica, descarga de condensadores, corrientes exponenciales de diferente ángulo de ascenso (E_1, E_2), corriente farádica y corriente alterna.

TABLA Nº 1.—Estudio comparativo de las diferentes corrientes que se pueden utilizar en el electrodiagnóstico dentario.

TM	= término medio aritmético	Galv.	= galvánica
		Cond.	= descarga de condensadore
σ_M	= desviación standard del TM.	E_1	= exponencial 1
		E_2	= exponencial 2
CV	= coeficiente de variación en %	Far.	= farádica
		Alt.	= alterna

Obs.	Nº Diente	Galv.	Cond.	E_1	E_2	Far.	
I	8	1.86	2.80	4.30	4.20	1.08	1.07
II	8	1.60	3.20	2.90	4.20	1.12	1.30
III	24	2.80	2.85	2.58	2.68	1.09	1.07
IV	24	——	2.76	3.90	3.86	1.09	1.16
V	24	2.29	2.50	3.28	3.20	1.14	1.12
VI	25	1.74	1.82	2.19	2.15	1.20	1.20
VII	8	2.50	2.90	2.15	4.30	1.04	1.04
VIII	—	2.60	3.00	6.20	4.31	1.29	1.24
IX	—	2.00	2.92	4.86	4.70	1.41	1.31
X	8	——	8.00	8.50	——	1.20	
n	—	8	10	10	9	10	9
TM	—	2,17	3.27	4.38	4.00	1.16	1.1
σ_M	—	0.15	0.53	0.60	0.30	0.03	0.0
CV	—	20	52	43	22.7	9.85	5.9

Los resultados obtenidos se encuentran en la Tabla Nº 1. Se observa que los factores de seguridad son muy variables de un diente a otro, pero que los términos medios demuestran claramente una diferencia notable entre la corriente farádica y alterna por una parte, con la galvánica y todas aquellas que se basan en la descarga de un condensador. La causa de esta diferencia reside en que las corrientes farádica y alterna, por la repetición de los estímulos, produce la estimulación iterativa de los nervios sensitivos. Este tipo de estimulación es particularmente apropiado para provocar dolor. El factor de seguridad en estos casos (farádica y alterna) osciló entre 4 y 41%, con un valor promedio de un 16%. Este estrecho margen nos indujo a eliminar definitivamente estas dos formas de corriente como procedimientos electrodiagnósticos. En cambio, todas las corrientes basadas en el estímulo único tienen un factor de seguridad promedio que oscila entre 200 y 400%, es decir, que sólo al duplicar o cuadruplicar la intensidad umbral se obtiene una estimulación que es desagradable o dolorosa para el paciente. Este amplio margen, especialmente notorio en las corrientes de ascenso exponencial, conjuntamente con las ventajas señaladas anterioremnte, han sido los motivos por los cuales utilizamos exclusivamente este tipo de corriente.

B) **Dientes normales.**—En primer lugar se trató de establecer cuales eran los cocientes de voltaje en los diferentes dientes normales. Los resultados obtenidos se encuentran en la Tabla Nº 2, en la cual se ha especificado además del término medio (T. M.), la desviación standard de dicho término medio (σ_M) y los coeficientes de variación (C. V.) correspondientes. Para mayores detalles acerca del cálculo estadístico véase **Günther** (3).

Se observa que lòs promedios de los cocientes de voltaje de los diferentes dientes son muy semejantes. El valor más bajo es 1,36 y el más alto 1,65. Estas cifras demuestran que las fibras nerviosas del diente normal presentan el fenómeno de la "acomodación" (4) o "reacción nerviosa" (5), ya que la característica de las relaciones de voltaje del aparato es de 1,33. Toda cifra superior indica cambio del umbral debido a la acomodación nerviosa.

TABLA Nº 2.—Cociente del voltaje de dientes
normales. Las abreviaciones son las mismas
de la Tabla Nº 1.

Nº del diente	COCIENTE DEL VOLTAJE			Nº de casos
	TM	σ_M	CV %	
2	1.52	0.038	4.4	3
3	1.36	0.081	10.3	3
4	1.54	0.070	7.8	3
5	1.38	0.145	21.0	4
6	1.41	0.042	8.5	8
7	1.53	0.072	12.4	7
8	1.45	0.031	10.4	23
9	1.44	0.031	7.6	19
10	1.46	0.039	8.9	11
11	1.40	0.022	4.5	8
12	1.37	0.055	5.7	2
13	1.48	0.050	6.7	4
14	1.37	0.040	6.5	5
15	1.52	0.075	9.8	4
17	1.39	——	——	1
18	1.59	——	——	1
19	1.43	0.061	7.4	3
20	1.60	0.130	16.2	4
21	1.50	0.098	16.0	6
22	1.47	0.041	7.6	7
23	1.40	0.044	9.0	8
24	1.53	0.044	9.1	10
25	1.43	0.031	6.1	8
26	1.40	0.090	1.7	7
27	1.44	0.033	6.9	9
28	1.60	0.160	17.5	3
29	1.39	0.056	7.2	3
30	1.53	0.033	3.7	3
31	1.65	0.057	7.8	3
Encía	1.50	0.044	14.7	24

Al final de la Tabla N⁰ 2 aparece el valor término medio encontrado para la encía. El cociente de voltaje promedio es de 1,50, o sea una cifra que no se diferencia en nada del valor encontrado para los dientes. La diferencia entre ambos tipos de estimulación —diente y encía— debe hacerse basándose en la sensación que experimenta el paciente, ya que los cocientes de voltaje son idénticos.

De especial interés metódico son los resultados obtenidos al determinar en forma repetida en un mismo diente los cocientes de voltaje. En la Tabla N⁰ 3 aparecen los términos medios de estas mediciones repetidas y el cálculo estadístico correspondiente. Los coeficientes de variación mayores que se han encontrado oscilan entre 10 y 13% lo que demuestra claramente que la variabilidad es muy escasa y que una técnica adecuada permite obtener cifras representativas del fenómeno en estudio.

TABLA N⁰ 3.—Mediciones repetidas en
dientes normales.

N⁰ del diente	Cociente de voltaje			N⁰ de mediciones
	TM	σ_M	CV %	
8	1.42	0.044	11.9	15
9	1.51	0.022	6.3	18
11	1.45	0.032	5.3	6
12	1.42	0.060	8.4	4
13	1.55	0.036	6.2	7
21	1.55	0.034	10.3	18
24	1.48	0.034	3.9	4
30	1.60	0.058	13.1	13

C) **Pulpitis.**—En la Tabla N⁰ 4 aparecen los valores encontrados en 11 casos de pulpitis cuyo diagnóstico se había hecho clínicamente. En dicha tabla aparece el número de determinaciones que se hicieron en cada caso. Los términos medios de estas mediciones repetidas oscilan entre 1,03 y 1,23, con una dispersión de los valores individuales muy escasa por cuanto el coeficiente de variación (C. V.) de las pulpitis fué inferior a un 10%. Estas cifras cercanas a 1,0 demuestran que en los casos de pulpitis hay un cambio fundamental en las propiedades de los filetes nerviosos afectados por este proceso. No existe una acomodación nerviosa, sino que por el contrario, estos nervios responden en forma óptima a las corrientes de ascenso exponencial más lento (E_1).

TABLA Nº 4.—Dientes con pulpitis. Mediciones repetidas.

Nº del diente	Cociente de voltaje			Nº de mediciones
	TM	σ_M	CV %	
3	1.23	0.005	1.39	10
3	1.17	0.038	9.39	8
5	1.03	0.020	5.23	8
12	1.06	0.007	1.79	7
12	1.05	0.006	1.81	10
16	1.19	0.006	1.51	10
17	1.01	0.025	7.03	8
17	1.11	0.027	7.48	9
17	1.12	0.004	1.07	8
20	1.08	0.025	9.05	15
25	1.13	0.005	1.59	11

Para estar seguro de la diferencia fundamental que hay entre un diente normal y un diente con pulpitis hemos hecho el cálculo estadístico de las diferencias encontradas en mediciones repetidas, según los procedimientos habituales (3). En la Tabla Nº 5 se especifican los dientes que se han comparado y el resultado del cálculo estadístico realizado en cada caso particular. Se observa que las diferencias (D) encontradas son altamente significativas en todos los casos por cuanto dan cifras superiores a 3,0.

TABLA Nº 5.—Cálculo estadístico de diferencias entre dientes normales y dientes con pulpitis.

Diente normal Nº	Diente con pulpitis Nº	Diferencia (D)
5	5	5.17
12	12	6.00
12	12	6.42
12	5	6.17
5	12	4.96
5	12	5.03
24	25	10.15
13	12	5.88
13	12	13.80
21	20	11.10

IV.—DISCUSION

La exploración de la excitabilidad de las fibras nerviosas dentarias por medio de estímulos eléctricos ha seguido la misma evolución que la electrofisiología en general. Desde los trabajos clásicos de **Galvani** y los primeros estudios electrofisiológicos de **DuBois-Reymond** han persistido como procedimientos de estimulación del nervio las corrientes galvánicas y farádicas. Más tarde se hicieron estudios con la corriente alterna.

Por razones fisiológicas debe desecharse la corriente galvánica; estimula solamente en el momento del cierre del circuito y a veces en la apertura de él —cuando la intensidad de la corriente es muy grande— siendo ineficaz como estímulo durante el pasaje de la corriente.

Los aparatos generadores de corriente farádica se caracterizan por producir piques de muy corta duración; por este motivo se requieren voltajes muy altos para excitar nervios de cronaxia larga. Por otra parte, los interruptores mecánicos de estos aparatos funcionan muy irregularmente. La graduación de la intensidad en la mayoría de los estimuladores de corriente farádica y alterna se consigue desplazando el núcleo en el interior de la bobina. Este desplazamiento está graduado en forma lineal —en centímetros— mientras que en el secundario la corriente varía de intensidad en forma exponencial. Esto explica por qué en la mayoría de los casos el estímulo pasa repentinamente de subumbral a supraumbral provocando un dolor intenso al paciente. En algunos de estos aparatos se ha evitado este inconveniente utilizando para la graduación un potenciómetro. Sin embargo, como hemos demostrado anteriormente, la corriente alterna tiene un factor de seguridad sumamente bajo —lo mismo que la farádica— de manera que aún con graduación lineal la intensidad del estímulo pasa repentinamente del umbral sensitivo al umbral doloroso.

Ziskin y Zegarelli (6) utilizan un método de electrodiagnóstico dental basado en la estimulación con corriente alterna de 60 ciclos, midiendo en cada caso el microamperaje umbral. Con este procedimiento trataron de excluir el factor "resistencia variable" que invalida todos los procedimientos basados en la medición del voltaje. La técnica preconizada por estos autores tiene dos inconvenientes: 1º—el empleo de la corriente alterna como estímulo y 2º—el umbral expresado en cifras absolutas (microamperes), por cuanto como se ha dicho anteriormente es imposible saber qué fracción de la corriente es utilizada en el proceso de la excitación nerviosa y cual es el microamperaje que ha circulado por los tejidos circundantes. Tan es así que **Ziskin y Zegarelli** (6) encuentran que los umbrales normales de los dientes anteriores con vitalidad varían entre 1 y 20 microamperes y para los posteriores encontraron cifras que oscilan entre 1 y 30 microamperes. Esta misma variabilidad la hemos encontrado nosotros en los dientes normales si se estudian los voltajes umbrales obtenidos con la corriente exponencial E_1 por ejemplo. La dispersión de los valores es extraordinaria, como ser: los dientes Nº 5 normales dieron valores 1,5 y 74; los dientes Nº 8 dieron umbrales entre 3 y 73. Esto explica por qué es muy difícil apreciar el límite que separa el diente normal del diente patológico.

Los estímulos únicos son los más adecuados ya que son incapaces de producir dolor, salvo que el voltaje empleado sea demasiado alto. Un método relativamente simple para obtener estos estímulos únicos es la descarga de condensador, fundamento de una de las técnicas más usuales en la determinación de la cronaxia. No hemos utilizado este procedimiento porque el factor de seguridad que hemos encontrado para este método de examen es inferior al de las corrientes de ascenso exponencial; además hay otras razones de orden técnico (características de los condensadores; deformación de las corrientes verticales al atravesar la piel).

Por las razones anteriormente expuestas hemos usado exclusivamente las corrientes de ascenso exponencial que excitan los nervios en idéntica forma y que sólo se diferencian entre sí por la inclinación del ascenso. Como no se miden valores absolutos sino que se determina la relación entre dos umbrales (E_1 y E_2) se excluyen todas las influencias que pueden hacer variar arbitrariamente los valores absolutos. El sólo hecho que nosotros hayamos encontrado en todos los dientes cocientes de voltaje (E_2/E_1) semejantes habla en favor de la constancia del método.

En las pulpitas las cifras cercanas a la unidad son significativamente diferentes de los valores encontrados en todos los dientes normales.

En mediciones repetidas, tanto en dientes normales como en aquellos con pulpitis, los cocientes de voltaje presentan coeficientes de variación de un 10 a 13% en el peor de los casos. Estas cifras son muy bajas si se considera que las mediciones se han realizado en material humano en el cual hubo que determinar umbrales sensitivos que dependen de múltiples factores de orden psíquico.

V. — RESUMEN

1º—Se hace un estudio comparativo de las diferentes formas de corriente que se utilizan en el electrodiagnóstico dentario y se llega a la conclusión que la corriente más apropiada es el estímulo único de ascenso exponencial.

2º—Se describen los detalles técnicos para obtener corrientes exponenciales de inclinación variable. Se preconiza un nuevo tipo de electrodo que permite obtener condiciones constantes de estimulación en el diente.

3º—Para caracterizar la excitabilidad de las fibras nerviosas dentarias se utiliza el cociente de voltajes que resulta de las cifras umbrales obtenidas con dos tipos de corriente exponencial.

4º—Se hace un estudio estadístico de los cocientes de voltaje de los dientes normales de distintos individuos y de las mediciones repetidas en un mismo diente. Los coeficientes de variación obtenidos demuestran la escasa variabilidad de los resultados.

5º—Con este procedimiento de exploración eléctrica se pueden diagnosticar con seguridad los casos de pulpitis. Hay una diferencia estadísticamente significativa entre los valores normales y las cifras encontradas en los casos de pulpitis.

6º—El método electrodiagnóstico descrito es técnicamente sencillo, el aparato es de fácil manejo, la medición se hace rápidamente y sin provocar dolor o molestias al paciente.

SUMMARY

The comparative study of the various forms of electric current used in dental electrodiagnosis has shown that the condenser discharges of instantaneous or exponential ascent are the most adecuate type of stimulus.

The small margin which exists between the sensitive and the pain thresholds of rhythmic stimuli (faradic or A. C.) makes these unsuitable.

A new method of electrodiagnosis with exponential increasing currents is discribed. The statistical analysis shows a significant difference between the values obtained in normal teeth and teeth with pulpitis.

BIBLIOGRAFIA

1.—LAPIQUE, L.—L'exitabilité en fonction du temps. La chronaxie, sa signification et sa mesure. París, Presses Univ. de France, 1926, Pág. 371.

2.—GÜNTHER, B.—Estimulación con corriente de ascenso exponencial. Bol. Soc. Biol., Concepción, 1941, 15, 115.

3.—GÜNTHER, B.—Cálculo de probabilidades en Biología y Medicina. Ciencia é Invest., 1945, 1, 407.

4.—NERNST, W.—Zur Theorie des elektrischen Reizes. Pflüg. Arch. ges. Physiol., 1908, 122, 280.

5.—LORENTE DE NO, R.—A Study of Nerve Physiology. New York. The Rockefeller Institute of Medical Research, 1947, 131, 435.

6.—ZISKIN, D. E., ZEGARELLI, E. V.—The pulp testing problem: The stimulus threshold of the dental pulp and the peridental membrane as indicated by electrical means. J. Amer. Dent. Ass., 1945, 32, 1439.

¿Es autóctono el Diphyllobotrium en Chile?

por

Kurt Wolffhügel

En la literatura, si se puede tomar como tal apuntes impresos del catedrático de Parasitología en Concepción, Dr. Ottmar Wilhelm se encuentra el dato que el Diphyllobotrium latum es indigeno en Chile, habiendo sido encontrado en un canino autopsiado en el Instituto de Biología de Santiago, a cargo del Profesor Juan Noé. Con excepticismo recibí la contestación de dicho Instituto que afirma que se trató de un perro de raza, importado, habiéndose perdido el material, no pude controlar si no podría haber confusión con un representante del Subgénero Spirometra.

En Argentina se considera el Diphyllobotrium latum como miembro de la fauna autóctona por una equivocación de Parodi y Widakowich (1917). Ellos describieron Diphyllobotrium (Spirometra decipiens (Dies 1850) de un jaguar, Felis onca de Corrientes, en la creencia de tener a mano D. latum del hombre. También las nuevas especies Bothriocerhalus longicollis Parodi y Widakowich (1917) de Felis yaguarundi pertenece al subgénero Spirometra Faust y probablemente a la misma especie decipiens, habiendo mucha variación según el tamaño del mesonero. La distinción de D. latum de las dos otras grandes tenías del hombre es muy fácil, de manera que a los dos médicos de las dos repúblicas vecinas, no hubiera escapado inadvertida la presencia de la tenia ancha del hombre.

El jaguar ya ha sido constatado entre otros felinos salvajes del Brasil, como mesonero de Spirometra decipiens.

El indigenato tiene Diphyllobotrium en Eurasia y Africa. En Norte América y Canadá fué introducido por colonos. En los U. S. A. se encontró pocas veces Spirometra pero quiero rectificar una equivocación mía, no se trata de Sp. decipiens, sino de

Diphyllobotrium (Spirometra) serratum (Dies) habiendo tomado ésta como sinónimo de D. decipiens. Diesing tenía razón de haber separado las dos especies que se distinguen poco morfológicamente, pero bien en forma biológica por desarrollarse D. decipiens en felinos, D. serratum en caninos.

Es fácil diferenciar morfológicamente el género Diphyllobotrium del subgénero Spirometra, por cuanto el primero tiene un útero en forma de roseta, y el otro ansas uterinas espirales, como lo mostró Lühe ya en 1899.

Sparganum se llama al estado larval de las especies del subgénero Spirometra que corresponde al plerocercoide de Braun en el desarrollo evolutivo de D. latum. De muchas especies de Spirometras se conoce el desarrollo que es igual al de D. latum descubierto por Braun, Janicki y Rosen. Sistemáticamente las especies de Spirometra son muy difícil de clasificar a base de su morfología y se trata entonces de indentificarlas biológicamente. Si esparganos han sido ingeridos junto con el segundo mesonero intermediario por una (o varias) especies de mesoneros definitivos, específicos, se desarrolla el estado adulto en el intestino, por el contrario, en otras especies de vertebrados son eliminados o atraviesan sus paredes y se enquistan en el cuerpo. Tragados en el último caso otra vez, el mismo proceso puede repetirse, si no se trata del mesonero específico. En los experimentos, criados los esparganos desde el huevo de una sola Spirometra, se los suministra a diferentes vertebrados y el reenquistamiento o la eliminación son caracteres biológicos para la determinación de la especie. Estos experimentos exigen mucho tiempo y trabajo ,sobre todo animales de los cuales existe la seguridad de no contener ya los referidos parásitos.

Creo que el estudio faunístico-estadístico en una región limitada, donde de los resultados se saca la deducción de tratarse de una sola especie, pueda permitir una segura determinación sin experimentos. En el valle Cayetue 41° l. s. en la costa del Lago de Todos los Santos, región de la selva valdiviana, he tenido durante dos decenios la ocasión de autopsiar 109 mamíferos, estudiando su fauna helmintológica. Entre los varios parásitos encontré Diphyllobotrium (Spirometra) decipiens (Dies) y su Sparganum. Poniendo los hallazgos de los últimos en orden, resulta la lista siguiente, que nos suministra datos por este método faunistico-estadístico que casi alcanzan el valor de las investigaciones experimentales de los tres eminentes helmintólogos: Yogens, Hondemer et Baer (1934).

Lista estadística faunística de Diphyllobotrium (Spirometra) decipiens de la Selva Valdiviana

	D. adulto	Sparga-num.	Animales experim.
Felidae			
Felis guigna guigna Molina	4	1!	8
Felis concolor araucanus Osg.	1		3
Felis domesticus	9		26
Canidae			
Dusicyon griseus maullinicus Phil.	1!	4	5
Canis familiaris		1	4
Mustelidae			
Lutra provocax Thomas		1	4
Grison (Grisonella) cuya Molina	1!	2	5
Conepatus chinga mendozus Thomas		4	5
Rodentia			
Akodon olivaceus brachyotis Water-house		1	4
Rattus rattus L.		5	16
Tattus norvegicus Erxleben		8	29
Pisces			
Salmo irideus Gibl.		1	gran cantidad
TOTALES:	16	28	109

Como lo muestra la lista hay tres excepciones de la distribución normal de la Spirometra y del espargano (marcadas con signo de exclamación). Entre los felinos encontramos un espargano en Fehs guigna, una chilla Dusicyon ha sido portadora del cestode adulto junto con espargano y en el quique Grisonella se encontró Spirometra adulta. ¿Habrá en Cayetue una segunda especie de Spirometra, Sp. serrata? Ciertamente se podría tomar estos casos, hablando contra la homogeneidad de esta fauna helmintológica. Pero es, en vista de la gran mayoría de casos normales, difícil de suponer que, existiendo D. (Sp.) serratum, se hubiera encontrado solamente tres veces este cestode. También Yogens, Hondemer y Baer observaron tal anomalia en una Viverra. La explicación se puede dar, mirando la selección de mesoneros específicos como no absoluta; se trata de una regla y no de una ley. Refiriéndose al caso de la chilla Dusicyon, es posible que comió el intestino con Spirometra adulta de un gato.

Por lo demás, la lista induce a varias otras reflexiones, las cuales deseamos postergar por tratarse de una publicación preliminar.

RESUMEN

1.—En Sudamérica no es autóctono el Diphyllobotrium latum.

2.—Pero son indígenas varias especies del subgénero Spirometra.

3.—En Chile encontró el autor Diphyllobotrium (Spirometra) decipiens (Dies) y se refiere con este nombre a especies encontradas en felinos del Brasil, material que servía sobre todo a Diesing creando los nombres específicos. No está resuelto que Sp. decipiens sea idéntica con la especie de Eurasia del mismo nombre.

4.—Todos los mesoneros del Diphyllobotrium (Spirometra) que figuran en la lista son, igual como Sp. decipiens, nuevos para la fauna chilena, dos son animales domésticos y dos selváticos (ratones) exóticos.

5.—El nombre Dibothriocephalus decipiens Diesing (1926) hay que reemplazar por Diphyllobotrium (Spirometra) serratum (Diesing) en la publicación Wolffhügel y Vogelsang (1926).

6.—En una región limitada de la selva Valdiviana (Valle Cayetue, Lago Todos los Santos, 41° l. s.) se busca, por investigación faunística-estadística, corroborar en la determinación del D. (Spirometra) decipiens, dejando dar a la naturaleza los argumentos biológicos.

SUMMARY

Diphyllobotrium latum no es authoctonous in South America, but several species of subgenus Spirometra are indigenous. The author found in Chile Diphyllobotrium (Spirometra) decipiens (Dies) and he refers by this name to feline species found in Brazil, material which served particularly to Diesing for creating the specific names. It is not resolved that Spirometra decipiens are identical to the specie of Eurasia or the same name. All the hosts of Diphyllobotrium (Spirometra) which figure in the list are —like Sp. decipiens— a novelty for the chilean fauna, two are domestic animals and two exotic forest-born animals (he-rats). The name Dibothriocephalus decipiens Diesing (1926) must be replaced by Diphyllobotrium (Spirometra) serratum (Diesing) in the publication of Wolffhuegel and Vogelsang (1926). In the region, limited by the forest near Valdivia (Valley Cayetue, Lake Todos los Santos, 41° L. s.), by means of the fauna-stadistics-investigation they look for corroborating the determination of D. (Spirometra) decipiens, letting to give the biological arguments to the nature.

DEL INSTITUTO DE BIOLOGIA GENERAL
de la
Universidad de Concepción (Chile)
Director: Prof. Dr. Ottmar Wilhelm

NOTAS SOBRE ICTIOLOGIA ANTARTICA
Investigaciones efectuadas en la tercera Expedición Antártica en 1949

(Con 5 figuras)

por

L. G. Beddings

En los primeros meses del presente año, me cupo la suerte de integrar como médico de la Flotilla, la 3ª Expedición Antártica. Aprovechando esta oportunidad que me ofreciera nuestra Armada, llevé el encargo de la Universidad de Concepción, por intermedio del director del Instituto de Biología General, profesor doctor Ottmar Wilhelm Grob, hacer algunas investigaciones sobre **Ictiología Antártica,** en las costas del Continente Antártico.

Premunido de los elementos necesarios; de los frascos y soluciones especiales para la conservación, de las probables piezas que pudiera obtener, llegamos a las Shetlands del Sur el 20 de Enero del presente año. Fondeamos por algún tiempo en bahía Chile, junto a Base Soberanía, en la isla Greenwich, donde inicié las investigaciones ictiológicas, que no fueron, en un principio muy fructíferas; exploramos, sin embargo, las costas de otras islas que constituyen este archipiélago y fué así como pude obtener algunos ejemplares de peces que se describirán más adelante. Fuera de ésto, pesquisé, en las costas de las islas: Roberts, Rey Jorge, Barrientos y Decepción, algunos ejemplares de tunicados, cefalópodos y perecípodos, que parecen abundar en esas costas. Posteriormente, la Fragata Covadonga, en la cual hacíamos la navegación, pudo llegar, después de numerosas tentativas, a las costas del Continente Antártico, siéndole preciso atravesar varias millas de pack-ice, en el mar de Bransfield. A pesar de las escasas horas que permaneció el buque fondeado frente a Base O'Higgins, a causa de los hielos que amenazaban bloquearlo en cualquier momento, logramos, con algunos ayudantes, y gracias a la colaboración entusiasta del 2º Comandante de la Fragata Covadonga, Capitán de Corbeta señor Roberto Bonnafos; obtener en más o menos una hora más de 40 ejemplares de peces, ayudados sencillamente de anzuelos de profundidad. Algunas de las piezas, así obtenidas se colocaron en solución de Keyserling, donde hemos podido conservarlas para su estudio en perfectas condiciones, a pesar de no haber logrado conservar el hermoso colorido, variable entre el anaranjado y el amarillo verdoso de muchos de ellos. Con estos ejemplares pesquisados y que corresponden a diversas especies del género **Notothenia,** hemos querido presentar estas breves notas de Ictiología Antártica, para dejar iniciado el estudio de esta parte de la Biología Marina, tan olvidada de los biólogos chilenos.

Con este trabajo queremos también demostrar, que las aguas de nuestro **Territorio Antártico** son abundantes en peces; puesto que no resulta una tarea fácil, ayudados sencillamente de unos anzuelos (3), obtener, en otras aguas 4 o más decenas de peces en unos 60 minutos.

Para iniciar este estudio, buscamos literatura y bibliografía chilena al respecto con este objeto, consultamos al Museo Nacional de Santiago, al Museo de los Salesianos en Punta Arenas, Museo que visité personalmente a mi paso por esa ciudad; pero no fué posible encontrar ninguna investigación anterior ni ningún estudio referente a este tema. Se consultó oportunamente al Director del Instituto de Biología Marina de Valparaíso, profesor Parmenio Yáñez, pero desgraciadamente no hemos obtenido de él ninguna respuesta. Continuando en nuestras investigaciones, consultamos al profesor señor Carlos Oliver Schneider, quien gentilmente nos prestó su colaboración y nos ayudó en la clasificación de los ejemplares obtenidos. Al mismo tiempo pudo informarnos que referente a Ictiología Antártica nada se había investigado ni nada había escrito en el país. Es ésta entonces la primera colección de peces antárticos que se ha traído al centro de nuestro territorio, y que sirve de base para hacer los primeros estudios chilenos sobre peces de la Antártica. Revisamos luego la bibliografía extranjera y hemos debido convencernos que toda investigación y estudio que se ha hecho en este sentido, se debe al esfuerzo y preocupación de investigadores británicos, algunos argentinos y norteamericanos.

En el libro del ictiólogo británico, J. R. Norman, titulado "Discovery Reports, Patagonian Fishes", encontramos una clasificación y descripción de las características de los peces de la **Familia Notothenides,** de la cual todos los géneros que a esta familia pertenecen son típicos en la fauna del continente antártico y varios de los cuales presentamos clasificados en este trabajo.

En la **Familia Notothenides,** se agrupan los géneros: Notothenia, Dissostichus, Eleginops y Harpagifer, todos habitantes habituales, según Norman, de las aguas antárticas. En los peces acá presentados, sólo tenemos ejemplares correspondientes al género **Notothenia y dissostichus.** A los primeros pertenecen

las especies siguientes: Notothenia macrophtalma, N. Tessella-
ta, N. Ramsayi, N. Cornucola, N. Macrocephala, N. Trigramma,
N. Canina, Jordani, Brevicauda, Guntheri, Wiltoni, Longipes,
Sima, Elegans, Squamiceps y Microlepidota.

De estas especies las cinco primeras están representadas
en los ejemplares traídos del continente antártico chileno, correspondiendo un ejemplar pequeño a la especie Dissostichus
eleginoides. El primer ejemplar aquí clasificado. Fig. 1 corresponde a la especie Notothenia Macrophthalma, sus características generales, como las de las demás especies de Notothenia según el libro de Norman, son las siguientes:

Notothenia macrophthalma, es. n.

St. WS. 840. 52′ Nutria de Mar Comercial raedera, 368-
463 m. 1 ejemplar 190 mm. Holotype.

Grueso del cuerpo 4½ veces en el largo, largo de la cabeza 3½. Hocico más o menos 3/4 del diámetro del ojo ,el cual
cabe 3 veces en el largo de la cebeza; ancho interorbital 9.
Mandíbulas igual a lo anterior; el maxilar extendiéndose 1/5
bajo la parte anterior del ojo; dientes en bandas, los caninos
pequeños; la superficie superior y los lados de la cabeza incluyendo el preorbital y parte del hocico escamoso: escamas en la
cabeza ectenoide y generalmente mucho más chicas que las del
cuerpo; 3 hileras de escamas entre los ojos; 12 branquias raederas en la parte baja del arco anterior. Escamas en el cuerpo
ectenoid, cerca de 58 en una serie longitudinal de la base pectoral superior a la caudal, 39 a 42 en la línea lateral superior,
bajo la cuarta antes de la última raya dorsal, de 4 a 8 en la raya
lateral inferior. Dorsal VI 34, la espina más larga más o menos 1/3 del largo de la cabeza. La anal 30. Pectoral aproximadamente 3/4 del largo de la cabeza, más o menos del largo de
las pélvicas que llegan al ano. Caudal aparentemente redondeada, el pedúnculo caudal poco más profundo que largo. El cuerpo con franjas cruzadas anchas e irregulares; cara con dos franjas oblicuas borrosas; las aletas dorsales negruzcas o plomizas.

Hab.—Cerca de lbanco de Burdwood, al Sur de las Islas
Falkland.

Están estrechamente relacionados con N. squamifrons,
Günther, de Kerguelen, pero con los ojos más grandes, con
escamas mayores en la región interorbital, menos branquias raederas, menor número de rayos dorsales y anales y una linet
lateral mucho más corta.

Notothenia guntheri, ep. n. (Pl. I, Fig. 1)

Grueso del cuerpo 4½ a 5½ el largo, largo de la cabeza 3½ a 3 2/3. Hocico más o menos del largo del ojo, cuyo diámetro es de 3 3/4 a 4½ (en especies de 120-190 mm.) o 3½ a 4
(en especies de 70 a 120 mm.) en el largo de la cabeza. Anchura
interorbital 6 a 8. Mandíbulas más o menos igual a lo anterior,

el maxilar extendiéndose hasta la cuarta parte anterior del ojo; dientes en bandas, los de la hilera externa un poco aumentados en la parte anterior; la parte superior de la cabeza (excepto el hocico y preorbitales), cara y opercles cubiertos de escamas parejas, generalmente no tienen escamas a través del occipucio como en las especies precedentes; pero a veces tienen en esta región en ejemplares mayores 19 a 23 branquias raederas en la parte baja del arco anterior. Las escamas del cuerpo ctenoid; 65 a 75 en series laterales longitudinales 45 a 49 tubulares en la línea lateral superior, que termina con 2 o 4 escamas delante de la caudal, 4 a 10 en la línea lateral inferior. Dorsal V (ocasionalmente IV) 34-37; la espina más larga es 2/5 del largo de la cabeza; las rayas posteriores dorsal y anal no sobrepasan la caudal cuando yacen de espaldas. Espina anal 32-35. Pectoral 2/5 a 2/3 del largo de la cabeza, tan largo como o más largo la pélvica, la que generalmente no alcanza al ano. Caudal redondeada; pedúnculo caudal 3/5 a 3/4 tan largo como hondo, su profundidad menor, menos de 1/3 del largo de la cabeza. Café o café plomizo, con bandas irregulares oscuras en la parte superior de los costados, extendiéndose hasta la base dorsal blanda, las espinas medianas más o menos oscuras, dorsal suave, la caudal y a veces la anal con bordes o márgenes pálidos y angostos, ano generalmente más oscuro, a menudo negruzco, pectorales amarillos, pélvicas más o menos oscura.

Hab.—En la región de las Falkland Patogónicas, en aguas profundas.

Esta especie que es muy diferente de la N. brevicauda de aguas bajas, debe su nombre al señor E. R. Günther de la expedición del Discovery.

El señor E. R. Günther afirma que en vida el cuerpo es plomo pizarra claro, más oscuro en la espalda, blanqueando en la parte ventral, no siendo el tono general nunca tan oscuro como el N. ramsayi. Las bandas cruzadas si existen, son débiles y son a veces verdes en lugar de plomas. Hay tres o cuatro bandas verdes en los costados de la cabeza, la primera descendiendo del maxilar, las otras irradiando del preorbital y del ojo, la tercera transformándose en un tono verdoso en el ángulo del operculum. El iris es de un tinte más pálido que el N. ramsayi. Las aletas dorsales son color verde esmeralda, ribeteadas con blanco y la aleta anal ploma oscura. La aleta caudal es olivácea con tonalidades de amarillo limón algunas veces ribeteado con naranja, otras veces con café y blanco. El pectoral es naranja pálido o rosado salmón, algunas veces amarillo limón, la base de la aleta, bien blanca. La pélvica es plomo oscura. El estómago que en la fotografía está sombreada debería ser blanco.

Notothenia cornucola, Richardson

Grueso del cuerpo 3 2/3 a 4½ en el largo, largo de la cabeza 3 a 3 2/3. Hocico tan largo o un poco más largo que el ojo, cuyo diámetro es de 3 3/4 a 6 en el largo de la cabeza, ancho interorbital 4 3/4 a 6. Mandíbulas igual a lo anterior; el maxi-

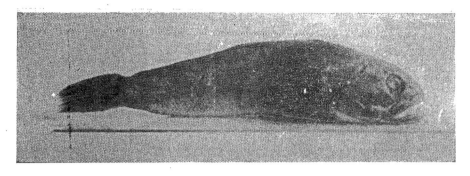

FIG. 1.—NOTOTHENIA MACROPHTHALMA

. **Ejemplar de 39 cms.** 1/3 de el tamaño natural. Obtenido en las costas de
el territorio antártico, frente a Base O'Higgins, a 35 mtrs. de profundidad.

FIG. 2.—N. GUNTHERI

Ejemplar de 30 cms. ½ de el tamaño natural obtenido en las costas de Tierra
de O'Higins a unos 35 mets. de profundidad.

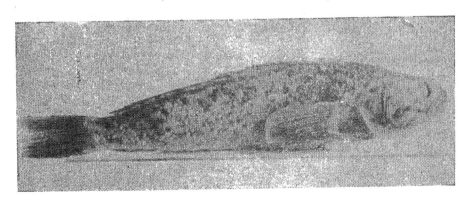

FIG. 3.—N. CORNUCOLA

Ejemplar de 32 cms. ½ de el tamaño natural según la fotografía. Obtenido
a 40 mts. de profundidad en las costas del continente antártico.

FIG. 4.—MACROCEPHALA

Ejemplar de 30 cms. ½ del tamaño natural según la fotografía. Obtenido a 40 mts. de profundidad en las costas de la tierra de O'Higgins.

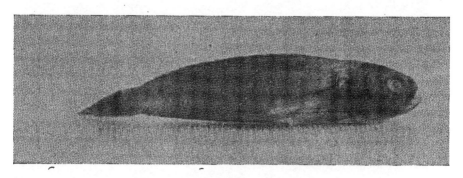

FIG. 5.—DISSOSTICHUS ELEGINOIDES

Ejemplar de 13 cms. La fotografía es de tamaño natural. Obtenido entre las piedras de la costa de la Isla Greenwich.

lar se extiende bajo la parte anterior o mitad del ojo, dientes en 2 o 4 hileras en cada mandíbula, por lo menos en la anterior; algunas veces uniserial; los dientes de la hilera anterior un poco aumentados anteriormente, algunas escamas detrás de los ojos y en la parte superior del opérculo; superficie superior de la cabeza sin escamas, escamas entre el accipucio y la aleta dorsal muy pequeña e incrustadas en la piel; 11 a 12 branquias raederas en la parte inferior del arco anterior. Las escamas del cuerpo ectenoides; 47 a 55 en las series longitudinal lateral; 36 a 42 escamas tubulares en la línea lateral superior, que termina bajo la última raya o últimas raays dorsales, 4 a 12 en la línea lateral inferior. Dorsal IV-V (generalmente V) 31-34; la espina más larga 1/3 a 2/5 del largo de la cabeza. Anal 27-31. Pectoral más o menos 2/3 del largo de la cabeza tan larga como o más larga que la pélvica que se extiende hasta el ano. La caudal redondeada, pedúnculo caudal mucho más hondo que largo. El colorido generalmente oscuro, estando el cuerpo con pintas o a veces con barras irregulares cruzadas; a veces con una banda lateral ancha de color blanco amarilloso, que es más pronunciado en la parte posterior del cuerpo, cheek con dos listas separadas por una raya oscura; la superior extendiéndose hacia atrás del preorbital, la inferior de la boca; una mancha oscura o raya negra, la dorsal suave y la anal generalmente oscura; pero en los jóvenes estas aletas son más pálidas y con puntos y rayas café, o con líneas oblicuas; ambas aletas con los márgenes pálidos; la caudal con barras cruzadas oscuras: siendo indistinguibles en los adultos y con el borde posterior más pálido; pectorales pálidas o terrozas con una banda vertical oscura a través de la base; pélvica oscura.

Hab.—En la Patogonia, Isla Falkland, Estrecho de Magallanes, Sur de Chile al N. de Chiloé.

Además de las anteriores, Mr. Bennett ha enviado varias especies (35-125 mm.) de Stanley, Islas Falkland, generalmente encontradas bajo las piedras entre las mareas o de las algas marinas en Marzo, Abril, Julio y Noviembre; junto con 6 más (1-5-13 mm.) encontradas cerca de la playa de New Island, Falklands del Este, por Mr. Hamilton en Febrero 1934. También hay 25 especies (90-140 mm.) en la colección del Museo Británico de las Falklands y Estrecho de Magallanes, incluyendo los tipos de las especies de N. virgata y N. marginata.

Hssakof presenta un ejemplar encontrado el 25 de Mayo de 1899, que estaba muy dilatado por los huevos, y Lomberg menciona una hembra madura pescada en Septiembre. Presumiendo que estas identificaciones fueran correctas, estas especies tendrían una estación de fecundidad muy extensa.

Notothenia macrocephala, Günther

Grueso del cuerpo 3 a 4 veces en el largo, largo de la cabeza 3 1/5 a 3 3/4. Hocico (excepto en los jóvenes) más largo que el ojo, cuyo diámetro es 3 (en los jóvenes) a veces 6 en el largo de la cabeza, ancho interorbital 2½ a 3½ Mandíbulas igual a lo anterior; maxilar extendiéndose bajo el anterior 3/4 o 1/3 del ojo; dientes anteriores en una o dos series en ambas mandíbulas, siempre uniseriales laterales, no hay caninos nítidos; unas pocas escamas sobrepuestas detrás de los ojos y en la parte superior del opérculo; parte inferior del arco anterior. Las escamas del cuerpo generalmente lisas. 50 a 60 en series laterales longitudinales; 36 a 46 escamas tubulares en la línea lateral inferior. Dorsal III a IV (de las 25 especies de la región Patagónica de las Falklands, 1 tiene 3 espinas, 16 tienen 4, 7 tienen 5 y 1 tiene 6). 29-31; la espina más larga 1/5 a 2/7 del largo de la cabeza. Anal 22-25, largo de la base 2 1/3 a 2 2/3 en los peces (sin la caudal. Pectoral 2/3 a 2/5 de largo de la cabeza, mucho más largo que la pélvica, que se extiende de 2/3 a 2/5 de largo en la distancia de la base al ano. Caudal recortada en los jóvenes, poniéndose trunca o a veces ligeramente redondeada en los adultos; el pedúnculo caudal generalmente más largo que grueso.

Plomo verdoso en la superficie y amarillento en la parte inferior; con bandas longitudinales más o menos distinguibles o series de puntos a los lados; vestigios de rayas oblicuas bajo los ojos ;espina dorsal oscura; dorsal suave oscura, a veces reticulada y con un margen pálido: la caudal, pectoral y pélvica generalmente más o menos oscura. Los jóvenes son más plateados, especialmente en las partes inferiores de la cabeza y cuerpo; y las aletas son mucho más pálidas.

Hab.—Patagonia, Islas Falklands, Estrecho de Magallanes, en la costa de Chile al N. de Talcahuano, Kerguelen, Nueva Zelandia, Islas Ancland, Islas Campbell e Isla Macaria.

Como complemento de lo anterior, Mr. Bennett ha enviado 8 especies (53-220 mm.) de Stanley e Islas Falklands pescados en aguas bajas con anzuelos o red. También hay 15 especies (40-350 mm.) en la colección del Museo Británico de las I. Falklands, Eetrecho de Magallanes, Nueva Zelandia e Isla Campbell, incluyendo el tipo de las especies y los tipos de N. arguta y N. angustata.

Gadus Magallanicus de Schneider está basado en el M. S. y dibujos de Foster (M. S. IV, 46). El último es una esquema en rústico pero parece representar una auténtica Notothenia. Puesto que el número de rayas anales dado por Schneider es 25, es probable que el pez de Forester perteneciera ya a esta especie o a la otra, como otras especies de Notothenia de la región Magallánica tienen de 27 a 35 rayas anales. Thompson está dudoso sobre la identidad de N. macrocephala con especies de Kerguelen y Nueva Zelanda particularmente debido al vasto grado de variación en el número de espinas de la espina dorsal (III-IV). La comparación entre el material de Magallanes y Nueva Zelanda no deja la menor duda sobre la existencia de las dos especies en las dos regiones, y dos ejemplares jóvenes encontrados por Challenger en Kerguelen coinciden con el de las Falklands. Parece probable que esto y las siguientes especies no son tan dimersales o litorales en sus hábitos como la mayoría de otras especies y que los peces jóvenes plateados son principalmente pelágicos.

Vivo este pez es azul plomizo o café dorado en la parte superior, tornándose amarillo dorado o crema en el abdomen, las membranas **erachiostegal** son amarillo anaranjadas, las aletas dorsales son azul plomizas, las otras son plomas, crece hasta un pie de largo y se conoce en las Falklands como abdomen amarillo. Mr. Bennett afirma que es un pez comestible, aunque se consume poco. Se queda más tiempo en las Falklands que otras especies de Notothenia y dura hasta el 25 de Abril.

Dissostichus eleginoides, Smitt.

Grueso del cuerpo 4 4/5, más de seis veces en el largo, largo de la cabeza 2 7/8 a 3. Hocico 1 1/5 veces hasta casi 2 veces el largo del ojo, cuyo diámetro es de 5½ a 6½ en el largo de la cabeza; ancho interorbital 4½ a 5. Mandíbula inferior fuertemente proyectada; maxilar extendiéndose hasta bajo la mitad o parte posterior del ojo, dientes biseriales en la mandíbula superior, los de la hilera exterior agrandados, espaciados tipo caninos; un grupo de dientes caninos fuertes en cada premaxilar, los dientes de mandíbula inferior uniserial espaciados, con aspecto de caninos, superficie superior de la cabeza (con excepción de la nariz y preorbital), mejillas y opercles cubiertos con pequeñas escamas, algunos de los poros mucosos de la cabeza aumentados, situados en los extremos de las áreas desnudas **elongatas** simétricamente arregladas en la superficie de la cabeza, en los preorbitales y suborbitales; más o menos 11 a 12 pequeñas branquias raederas en la parte inferior del arco anterior. Las escamas del cuerpo más o menos suaves; 110 a 120 en series longitudinales laterales; más o menos 95 escamas tubulares en la línea superior que se extiende hasta bajo la parte posterior de la parte dorsal o más allá, más o menos 64 en la línea lateral inferior, que se extiende hacia adelante, casi hasta la línea pectoral. Dorsal IX-X 25-29. Anal 26-30. Pectoral 3/5 a casi 3/4 del largo de la cabeza, mucho más larga que la pélvica, que no alcanza a llegar al ano. La caudal un poco triunca o enmarginada; pedúnculo caudal más largo que grueso. Más o menos uniformemente café o con manchas café indefinidas, espina dorsal oscura.

Hab.—En la costa de Argentina, región Patagónica y de las Falklands, Estrecho de Magallanes y Tierra de Graham.

Estas especies no fueron previamente representadas en la colección del Museo Británico. oY he disecado el unto del hombro en una de las especies anteriores; y he encontrado el arreglo del hipercoracoid, hipocoracoid y radiales muy similar a la Notothenia.

El cuadro ictiométrico nuestro, de estas especies, que omitimos en esta relación y cuyo interés es de toda la importancia de los especialistas, se presentará posteriormente, cuando se complete la colección de peces antárticos y se obtengan los métodos adecuados para hacer estas medidas. Serían éstas las primeras que se hacen en Chile, en estas especies con el método proporcional que es de uso en la ictiología moderna. Al respecto esperamos respuesta de ictiólogos argentinos a quienes se ha consultado sobre este tema.

En cuanto al **Dissostichus eleginoides,** representado aquí por un ejemplar joven, aún no totalmente desarrollado, tiene como características generales, ser de pequeño tamaño, no mayor que un pejerrey en su estado adulto, vive en aguas de superficie, encontrándosele muchas veces aislado entre las piedras. Sirve de alimento al Género Notothenia y es frecuente encontrar ejemplares jóvenes en el estómago de estos últimos.

Las especies aquí descritas en líneas generales, son sólo algunas de las que han sido halladas y estudiadas por los ictiólogos británicos, especialmente, ya que han sido ellos quienes desde el año 1927 y 28 y en el año 1931 y 32, en las Expediciones del "William Scoresby" y del "Discovery II" han podido obtener los ejemplares que forman sus colecciones en el Museo de Historia Natural de Inglaterra.

En la primera Expedición Antártica Chilena, efectuada en el verano de 1947, el Prof. Dr. Juan Lengerich, formó parte de la expedición como ictiólogo, encargado de obtener ejemplares de los peces antárticos; desgraciadamente sus esfuerzos no tuvieron resultados, a pesar de ir premunidos de diversos elementos de pesca y sólo pudo obtener un ejemplar correspondiente al Dissostichus eleginoides.

Para terminar estas breves notas, quiero insistir en que las aguas de los mares antárticos chilenos, son ricas en peces y tanto es así que en repetidas ocasiones, mientras navegábamos el mar Bransfield, el **Eco sonda,** instrumento de que están provistos los buques modernos para acusar la profundidad mientras navegan, hizo detener la Fragata, porque en forma repentina acusaba bajos de 3 y 2 metros de profundidad. Averiguado inmediatamente el serio problema que obligaba detener el buque, se pudo comprobar por medio del escandallo, que se trataba de cardúmenes numerosísimos de peces, probablemente del género Dissostichus, que pasaban bajo el buque y eran detectados por el instrumento, acusando bajos de pocos metros.

Es entonces el momento de que los ictiólogos chilenos continúen la investigación de esta especialidad en la Zona Antártica, por cuanto todo lo que hasta hoy día sabemos de ella ha sido preciso obtenerlo de investigadores extranjeros. Es necesario que se aprovechen las próximas expediciones que anualmente realizará nuestra Armada Nacional y la integren investigadores chilenos que se preocupen de la Biología Marina Antártica, ayudando al país y a nuestro Gobierno en la tarea en que se encuentra empeñado, de demostrar a los países extranjeros, derecho que tenemos a la soberanía de los territorios que reclamamos como nuestros y que tan poco conocemos.

RESUMEN

Logramos pesquisar 5 especies de peces. Cuatro de la familia Nothothenides y uno de la familia Dissostichus. Los Nothothenides son peces de profundidad, 30 a 40 mts., tamaño variable entre 30 y 40 cms. Color entre el gris oscuro y el anaranjado claro. Carne blanca, grasosa y de sabor muy agradable. El género Dissostichus de tamaño inferior (13 cms.), abunda en la superficie, sirve de alimento a las familias Nothothenides, encontrándose ejemplares muy a menudo en el estómago de estos últimos. Color gris claro. Abundan en las costas de las Shetland del Sur y Tierras de O'Higgins, donde se obtuvieron las especies que componen nuestra colección.

SUMMARY

We managed to catch 5 species of fish. Four belong to the Family Nothothenides and one to the Dissotichus family. The Nothothenides are depth fishes, 30 or 40 mts.; variable size 30 or 40 cms. of length. Their coloring is dark gray or light orange. White flesh, greasy and with a very good taste. The Dissostichus class, are smaller, (13 cms.). Abundant on the surface they serve as food for the Nothothenides, findding them very often in their bodies. Greyish color. They are found in the Southern Shetlands and the Coast of Tierra de O'Higgins, where we found the species that form our collection.

BIBLIOGRAFIA

L. PLATE.—"Fauna Chilensis". Band IV. 1913.

J. R. NORMAN.—"DISCOVERY REPORTS". Coast Fishes Part II. The Patagonian Region. 1937. Pág. 66-92.

C. OLIVER SCHNEIDER.—"Catálogo de los peces marinos del litoral de Concepción y Arauco". 1943. Pág. 39-40.

DEL INSTITUTO DE BIOLOGIA GENERAL
de la
Universidad de Concepción (Chile)
(LAB. DE PARASITOLOGIA HUMANA)
Director: Prof. Dr. Ottmar Wilhelm

Balantidiasis humana (Balantidium coli) en Concepción

(Con 13 figuras)

por

Ottmar Wilhelm

En la reunión clínica del Servicio de Medicina Interna de los Prof. Gmo. Grant e Ivar Hermansen que tuvo lugar el 6 de Agosto del pte. año (1949) en el Hospital Clínico Regional, me fué solicitado, presentar los resultados de nuestras observaciones acerca de Balantidiasis y de los exámenes parasitológicos realizados en nuestro laboratorio con motivo de un caso de Disentería Balantidiana crónica, que había fallecido en dicho servicio por un colapso cardiovascular.

Consideramos este caso mortal de gran interés, por cuanto las lesiones anátomo-patológicas, con sus úlceras típicas extendidas a todo el colon, presentaban un cuadro co nlesiones muy acentuadas en concordancia con la gravedad de la disentería que llegó a un estado de caquexia hasta el colapso y la muerte. Además, no sólo tuvimos la oportunidad de encontrar al Balantidium coli en el examen coprológico de esa enferma, sino realizar también con éxito cultivos de este parásito en el medio de Barret y Jarbourgh; de Boeck y Drbohlav y de Nelson.

Además hemos inoculado un cerdo de 2½ meses de edad con los Balantidios procedentes de estos cultivos.

Este caso mortal que mencionamos, era una mujer E. S. M. de 39 años de edad que ingresó el 23 de Julio al Hospital Clínico Regional por una colitis crónica reagudizada a la sala 46 (Dr. Fructuoso Biel), cama 339, Obs. 152915 y procedía del Fundo Pinares, ubicado en la ribera sur del río Bío-Bío, frente a Concepción.

Falleció el 1º de Agosto ppdo.

En el examen coprológico realizado en nuestro Instituto sé encontró: deposición muco-sanguinolento con abundantes Balantidium coli.

Autopsia en el Servicio del Prof. E. Herzog.

Coloproctitis ulcerosa a Balantidium coli.

De este interesante caso (E. S. M.) que fué estudiado y comentado en dicha reunión clínica, expusimos las preparaciones microscópicas del parásito, tanto a fresco como coloreados (Fig. 1 a 3); el colon con sus úlceras (Fig. 6); preparaciones de quistes y cultivos (Fig. 4 y 12), incluso microfotografías de la conjugación (Fig. 5) y fases de división binaria del Balantidium coli.

Sólo había quedado pendiente (el 6. VIII. 49) el resultado de la inoculación experimental y el estudio histopatológico de las úlceras, trabajos que estaban en curso y cuyos resultados tenemos el agrado de dar a conocer en la sesión de hoy (11. XI. 49).

Debo además dar cuenta que después de la citada reunión clínica en que se dijo que "afortunadamente estos enfermos son extremadamente escasos", se presentaron pocos días después dos casos más de disentería Balantidiana en el mismo Hospital y de procedencia diferentes, en que hemos encontrado en los exámenes coprológicos realizados en nuestro Instituto abundantes Balantidium coli.

Son las interesantes series clínicas. En efecto, el 12 de Agosto, sólo 6 días después de dicha reunión ingresó a la sala 35 del Dr. Mario del Pino, cama 240, Obs. 151950, un hombre H. A. G., de 34 años de edad, procedente de Lirquén, con una colitis aguda y cuyo examen coprológico realizado en nuestro Laboratorio reveló abundantes Balantidium coli.

Este enfermo fué dado de alta el 26 de Agosto y 6 días después, el 18 de Agosto, ingresó al Hospital, sala 40 (Dr. Heriberto Peña R.), cama 2, Obs. 154121 J. B. B. M., un hombre de 41 años de edad, procedente de Monte Aguila, también con una colitis y cuyo examen coprológico realizado en nuestro Instituto reveló igualmente numerosos Balantidium coli.

Este enfermo fué dado de alta el 8 de Septiembre ppdo.

No voy a hacer referencia de los casos clínicos, pues lo hará a continuación nuestro Jefe de Trabajos de Parasitología, Dr. Carlos Heinrich.

Sólo deseo dejar constancia de estos tres casos, que en su procedencia corresponden a tres lugares diferentes y distantes entre sí, como son Pinares, Lirquén y Monte Aguila.

A estos 3 casos debemos agregar otros 3 casos que ya mencionamos en esa reunión clínica, observados por nosotros anteriormente. Uno con abundantes Balantidium en un examen coprológico que realicé cuando era Jefe de Trabajos del Prof. J. Noé en Santiago en 1921 de un enfermo con colitis de la Clínica del Prof. García Guerrero del Hospital San Vicente y al que no se le dió importancia entonces, por tratarse de un parásito cosmopolita. Los otros dos corresponden a Concepción; uno en 1925, en un portador asintomático y otro en 1932 entre los numerosos exámenes coprológicos que realizamos en esos

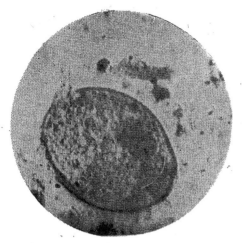

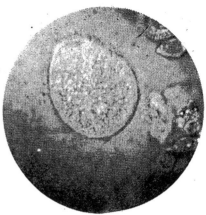

FIG. 1.—*Balantidium coli* (forma adulta) en observación directa a fresco en el respado de las úlceras del colon (sin tinción). Obsérvese los cilios y el cistostoma. Ejemplar que mide 120 micrones.

(**Microfotografía original**).

FIG. 2.—*Balantidium coli*, en frotis de la mucosa del colon; fijación húmeda y tinción con método de Heidenhain.

(Microfotografía original).

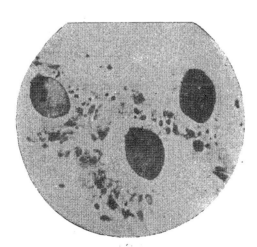

FIG. 3.—*Balantidium coli*, en frotis de la mucosa del colon; fijación húmeda y tinción con método de Heidenhain.

(Microfotografía original).

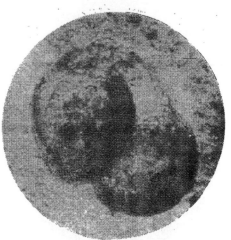

FIG. 4.—Quistes de *Balantidium coli*, en cultivo en el medio de Barret y Jarbourgh.

(Microfotografía original).

FIG. 5.—*Balantidium coli*, en estado de conjugación, procedente de los cultivos realizados en el medio de Barret y Jarbourgh.

(Microfotografía original).

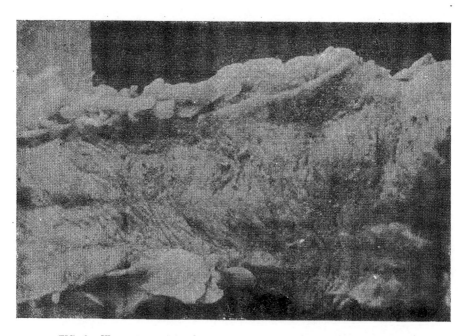

FIG. 6.—Ulceraciones del colon con mucosa normal entre las numerosas úlceras en un caso humano fallecido por disentería balantidiana crónica.

(Fotografía original)

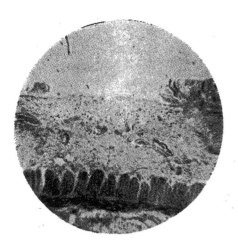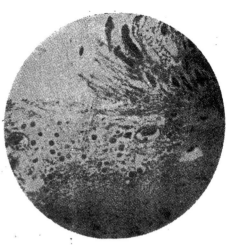

FIG. 7.—Microfotografía de un corte transversal de una úlcera del colon producida por Balantidium coli teñida con Hematoxilina férrica de Heidenhain. Obsérvese la destrucción de la mucosa y la penetración de los Balantidium coli en la submucosa. (O. C. O. Obj. 1).

FIG. 8.—Microfotografía del ángulo derecho de la misma úlcera (Fig.) con mayor aumento (OC. 3 Obj. 2). Obsérvese la gran cantidd de Balantidium coli en la submucosa. (Hematoxilina férrica de Heidenhaín).

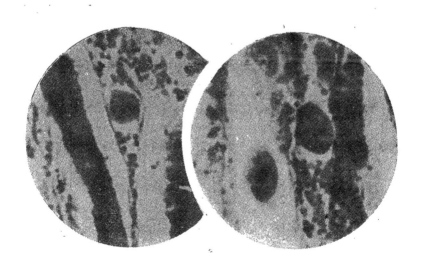

FIG. 9.—Balantidium coli en plena mucosa intestinal, la penetración se hace entre la membrana basal y el epitelio de la mucosa. (Hematoxilina férrica Heidenhaín).

(Microfotografía original).

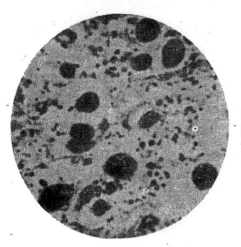

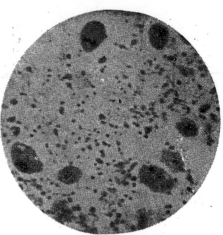

FIG. 10.—Gran cantidad de Balantidium coli en la submucosa inflamada
y con fibrosis. Hematoxilina férrica Heidenhain. Obj. 3. OC. 10.

(Microfotografía original).

FIG. 11.—Balantidium coli en la submucosa. Obsérvese en varios parásitos
los estados de división del núcleo que
corresponde a fases de la división binaria. Hematoxilina férrica. Obj. 3.
OC. 10.

(Microfotografía original).

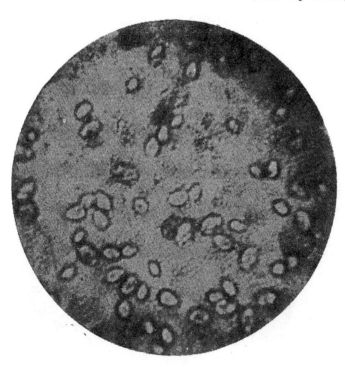

FIG. 12.—Cultivos de Balantidium coli, de procedencia humana, en el medio
de Boeck y Drbohlav, con los cuales se infestó un cerdo de 3 meses que a los seis
días presentaba abundantes Balantidium coli en su deposición y falleció con una
colitis ulcerosa 18 días después.

(Microfotografía original)

años con motivo de la Campaña Antiancylostomiasica en Lirquén.

Son estos 6 casos los únicos que hemos observado durante 30 años que realizamos exámenes coprológicos y los únicos que figuran en la literatura nacional; pues no hemos encontrado ninguna publicación ni referencia acerca de este parásito hasta la presente fecha en nuestro país.

Cultivos

Las siembras de Balantidium de procedencia humana se practicaron en los medios de Boeck y Drbohlav; de Barret y Jarbourgh y de Nelson (véase técnica: Wilhelm, Parasitología Clínica 1948, pág. 151 y 530). El método que mejores resultados nos ha dado es el de Nelson con su pH bien controlado. Con un pH de 8·se consiguió mantener los cultivos por 23 días. En algunos cultivos se pudo encontrar quistes y en otros, figuras de conjugación. Estos cultivos se prestan admirablemente bien para demostraciones y mantener el parásito vivo en el laboratorio. Con estos cultivos hemos realizado además la infestación experimental de un cerdo joven.

Infección experimental de un cerdo de 2½ meses de edad con Balantidium coli

El 17 de Agosto de 1949 infectamos un cerdo de 15 kgs. de peso y de 2½ meses de edad con Balantidium coli que habíamos cultivado en los medios de Boeck y Drbohlav, y de Barret y Jarbourgh (véase microfotografía N° 12).

La infestación se practicó per os junto con los alimentos (no se alcalinizó previamente el estómago del cerdo).

El día 18 y 23 de Agosto se le infectó con abundantes quistes procedentes de deposiciones humanas (empleamos estos diferentes medios para asegurar la infestación experimental de un animal y no para establecer un estudio diferencial en este caso).

El 23 de Agosto, es decir 6 días después de la primera infestación, se encontraron por primera vez algunos Balantidium coli en los exámenes coprológicos que aumentaron considerablemente los días siguientes, en que las deposiciones se hicieron muco-sanguinolentas. Desde el 27 de Agosto en adelante el animal enflaquece, finalmente presenta fiebre y muere el 3 de Septiembre de 1949, es decir 18 días después de la infestación.

Autopsia:

Colitis ulcerosa.

Contenido: muco-sanguinolento del colon, incluso focos hemorrágicos.

Grandes ganglios mesocólicos.

Las lesiones anátomo-patológicas han sido idénticas a las observadas en el caso humano (Fig. 7 a 11).

RESUMEN

Con motivo de un caso grave y mortal de disentería balantidiana, producido por Balantidium coli, del Hospital Clínico Regional, el autor hace un estudio del material parasitológicos, con demostración de preparaciones frescas y teñidas, cultivos del parásito e inoculación experimental en un cerdo joven de 2½ meses y estudio histopatológico del colon.

Refiere además otros casos de Balantidiasis humana observados, de los cuales 3 corresponden al pte. año (una mujer de 39 años de edad que fallece con grave disentería balantidiana por un colapso cardíaco; y dos hombres: uno de 35 años y otro de 41 años ,ambos con hipoclorhidria y disentería balantidiana muco-sanguinolenta).

Estos tres enfermos proceden de puntos diferentes y distantes entre sí en la provincia de Concepción.

Se cita además otros tres casos observados anteriormente cuyos exámenes coprológicos revelaron también abundantes Balantidium coli. (Dos de ellos asintomáticos).

Total 6 casos de Balantidiosis humana, 5 de ellos corresponden a la provincia de Concepción y uno a Santiago.

SUMMARY

Due to a serius and mortal case of Balantydyan dysentery caused by Balantidium coli, at the "Hospital Clínico Regional", the author utters a study of the parasithological material, with fresh and stained slides, cultures of the parasite and experimental inoculation on a young pig 2½ moths old, and a hysthopathological research of the colon. He also reports observations of other cases of human Balantydiosis; three of these correspond to the present year (a woman 39 years old who dies of a serioud Balantydian dysentery due to a heart fit; and two men: one 35 years old and the other one 41 years old, both with hypoclorhydria and Balantydian dysentery with sanguinolent-mucus).

These three patients proceed frow different spots of the province of Concepción.

There are also three other cases reported previously whose coprological exams revealed great abundance of Balantydian coli (Two of them asymtomatic).

In short six cases of human Balantydiosys, 5 of them corresponding to the province of Concepción and one to Santiago.

Publicaciones extranjeras sobre colecciones Ecológicas del Sur de Chile

Nos permitimos enumerar a continuación una serie de publicaciones, aparecidas en el extranjero durante los últimos diez años a base de observaciones y de material recolectado por el suscrito en el sur de Chile entre los años 1935 y 1938. Publicamos esta lista con el fin de facilitar, a los biólogos de nuestro país, la obtención de datos bibliográficos que han aparecido en forma bastante dispersa. Por dificultades, todavía insubsanables, del período de post-guerra, la presente lista no es, hasta el momento, completa.

1.—**M. Bernhauer.**—Neue Staphyliniden aus Chile. Arbeiten über morphologische und taxonomische Entomologie, **6**, pág. 12-15. Berlín 1939.
Descripción de cuatro especies nuevas coleccionadas en la Isla Calbuco y en Pto. Puyuhuapi. Prov. Aysén.

2.—**V. Brehm.**—Eine neue Boeckella aus Chile. Zoologischer Anzeiger, 118, pág. 304-307, 1937.
Descripción de una nueva especie de copépodo del Lago Mansa cerca de Pto. Montt y noticias biogeográficas al respecto.

3.—**V. Brehm.**—Eine neue Parathalestris aus Chile. ibidem, 123, pág. 200-206, 1938.
Descripción de una nueva especie de este género marino con una área al parecer pronunciadamente antártica. La especie se encontró en el litoral de la Isla Calbuco. La publicación contiene además algunas noticias sobre entomostracos del agua dulce de la misma isla.

4.—**V. Brehm.**—Zur Entomostrakenfauna der südlichen Halbklugel. ibidem **126**, pág. 33-40, 1939.
Entre otras novedades aparecen datos sobre una Bosmina del Lago Riso Patron (L. Roosevelt) Pto Puyuhuapi.

5.—**Th. Herzog, G. H. und E. Schwabe.**—Zur Bryophytenflora Südchiles. Beihefte zum Botanischen Centralblatt, **60 B,** pág. 1-51, 1939.
En la parte sistemática enumera Herzog con una serie de datos morfológicos 196 especies de hepáticas y musgos incluyendo descripciones originales de 12 especies nuevas. La segunda parte se refiere a la ecología del material y a las características de los lugares desde Chillán, Dichato y San Vicente en el Norte hasta Aysén y Magallanes.

6.—**G. Krasske.**—Zur Kieselalgenflora Südchiles. Archiv für Hydrobiologie, **35,** pág. 349-468, 1939.
El muy conocido especialista en la sistemática de las diatomeas presenta en la primera parte de esta publicación extensa 380 especies coleccionadas en 142 lugares no-marinos. De muchos lugares existen varios preparados. La enumeración incluye descripciones originales de 40 especies nuevas y de algunas variaciones y formas. La segunda parte comunica particularidades ecológicas de las regiones tratadas a mano de mapas, láminas, figuras y tablas. Lo expuesto se refiere preferentemente a Isla Calbuco, Pto. Puyuhuapi y sus alrededores, los Lagos Puyehue, Rupanco, Llanquihue y Mansa, varios pantanos y "Moore" y algunas termas (Puyehue, Rupanco, Río Puelo, Llancahúe). Esta publicación de Krasske representa la primera y más amplia obra sobre las diatomeas de Chile.

7.—**G. Krasske.**—Die Kieselalgen des chilenischen Küstenplanktons. ibidem, **38,** pág. 260-287, 1941.
El trabajo es basado en las colecciones marinas del Director de Pesca Dr. H. Lübbert del año 1929 (desde Arica hasta Chiloé) y de G. H. y E. Schwabe de los años 1935-1938 (Dichato hasta Aysén) y comunica datos sobre 129 especies, incluyendo 7 descripciones originales de especies nuevas.

8.—**B. J. Mannheims.**—Über das Vorkommen der Gattung Curupira in Manschukuo. Arbeiten über morphologische und taxonomische Entomologie, **5,** pág. 328-332, Berlín 1938.
La publicación contiene entre otros datos, observaciones sobre una larva y su crisálida de una especie de Edwardsina de Pto. Puyuhuapi.

9.—**M. Pic.**—Drei neue Coleópteren-Arten. ibidem, pág. 332-333.
Descripción original de una nueva especie del género Cyphon coleccionado en Pto. Puyuhuapi.

10.—**E. Schedl.**—Scolytidae und Platypodidae. ibidem, **6,** pág. 45-48, 1939.
Descripción original de una nueva especie del género Gnathotrichus de Pto. Puyuhuapi.

11.—**G. H. Schwabe.**—Über das Klima im Küstengebiet von Südchile. Annalen der Hydrographie und maritimen Meteorologie, pág. 30-38, Hamburg 1939.
La publicación contiene observaciones sobre el clima de Calbuco y de Pto. Puyuhuapi en general y sus efectos en procesos biológicos y en el hombre. Como suplemento ilustrativo la misma revista publica algunas descripciones climatológicas del tiempo en estas regiones.

12.—**G. H. Schwabe.**—Über die Mariscofischerei in Südchile. Monatshefte für Fischerei, pág. 129-134, 1939.
idem: Über Mariscos und Mariscofischerei. Zeitschrift für Fischerei und deren Hilfswissenschaften, **39,** pág. 313-347, 1941.
A mano de láminas, figuras y tablas y a base de experiencias prácticas se desarrolla una vista global de la pesca y de la industria calbucana. Además se comunican observaciones ecológicas y biológicas sobre centolla, cholga, chorito y erizo. Un apéndice se refiere a algunos peces de la Prov. Aysén.

13.—**G. H. Schwabe.**—Umraumfremde Quellen. (Beiträge zur Lebensraumkunde). Véase Boletín de la Soc. de Biol. X, 1936.

14.—**G. H. Schwabe.**—Über Temperaturverhältnisse einiger Gewässer in Westpatagonien. Archiv für Hydrobiologie, **35,** pág. 469-488, 1939.
Un ensayo de caracterizar a base de amplias series de mediciones las condiciones térmicas de algunas aguas en Calbuco y Pto. Puyuhuapi y sus relaciones con el clima y la ecología de la región.

15.—**K. W. Verhoeff.**—Von Dr. G. H. Schwabe gesammelte Isopoda terrestria, Diplopoda und Chilopoda. Archiv für Naturgeschichte, 1941.
Descripción morfológica y sistemática de 12 especies, entre ellas 6 especies nuevas (descripciones originales).

Dr. Helmut Schwabe.

INDICE:

BOLETIN DE LA SOCIEDAD DE BIOLOGIA
DE CONCEPCION (CHILE)

Bol. Soc. Biol. Concepción (Chile)

CANJE

Deséamos establecer **Canje** con todas
las Revistas similares.

We with to establish **exchange**
with all similar Reviews.

Wir wünschen den **Autausch** mit
allen ähnlichen Zeitschriften.

On désire établir **l'échange** avec toutes
les Revues similaires.

Dirigir correspondencia al BIBLIOTECARIO
Prof. Dr. Carlos Henckel, Concepción (Chile), Casilla 29

Boletín de la Sociedad de Biología de Concepción (Chile)

Filial de la Société de Biologie de Paris

Publicación auspiciada por la Universidad de Concepción

DIRECTORIO:

PROF. DR. F. BEHN
PROF. DR E. SOLERVICENS
PROF. DR. B. GÜNTHER

PROF. DR. G. GRANT
PROF. DR. C. HENCKEL
DR. R. MELO

REDACTOR DEL BOLETIN: PROF. DR. ERNESTO HERZOG

TOMO XXV — AÑO 1950

EDITADO EN DICIEMBRE DE 1950

SUMARIO

BOLETIN

DE LA

SOCIEDAD DE BIOLOGIA

DE

CONCEPCION

FILIAL DE LA SOCIETE DE BIOLOGIE DE PARIS

**PUBLICACION AUSPICIADA POR LA UNIVERSIDAD
DE CONCEPCION**

TOMO XXV

1950

CONCEPCION

Lit. Concepción, S. A.

Estudio sobre el mecanismo de acción de la papaverina en el intestino del conejo. Efectos de algunas condiciones metabólicas

por]

Lecannelier, S., Bardisa, L. y Pfister, I.

(Recibido por la Redacción el 1º–VI–1950)

INTRODUCCION

Desde el año 1941 se han realizado una serie de trabajos de los cuales se investigaban los factores metabólicos que influyen en el tonus y recuperación de la fibra muscular lisa (1-2-3-4-5-6-7).

Nos ha parecido conveniente utilizar efectores a base de fibra muscular lisa, como la preparación de intestino aislado de conejo, para investigar el mecanismo de acción de un fármaco cuya acción espasmolítica se considera típica, la papaverina, por ser éste uno de los primeros fármacos que poseía esta acción y ser empleada como referencia en estudios posteriores de nuevos fármacos espasmolíticos.

La acción de este fármaco sobre la fibra muscular lisa ha sido ampliamente estudiada (8-9-10-11-12-13-14-15-16-17-18-19-20-21-22) habiéndose demostrado que su acción se ejerce directamente sobre la fibra muscular lisa y no por intermedio del sistema neuro-vegetativo.

Hemos creído probable que este fármaco interfiere en alguna fase del metabolismo de la fibra muscular lisa, en una etapa que es necesario determinar, en forma semejante a las experiencias realizadas para determinar el mecanismo de acción de la morfina y de otros fármacos afines por acción en el metabolismo celular (23-24-25-26-27) y a los estudios de **Mardones** y colaboradores sobre el mecanismo de acción de la digital (28).

En el presente trabajo se estudia en forma cuantitativa la acción de la papaverina sobre la preparación de intestino aislado de conejo, su modificación por la presencia de metabolitos y del clorhidrato de tiamina.

METODICA

A. Preparación de intestino aislado.

Se utilizaron conejos adultos de ambos sexos y de peso variable entre 1200 a 1800 g.

Se sacrificó el animal por traumatismo craneano, se extrajo de la porción terminal del intestino varios trozos de tres a cuatro centímetros de largo. Estos trozos se lavaron con solución Tyrode a 38° y se mantuvieron en un matraz con dicha solución colocado en una estufa termo-regulada a 38° y con aereación permanente.

Para la inscripción del tonus y de los movimientos espontáneos se utilizó la técnica de **Magnus** (29) con las modificaciones ya descritas por nosotros (30-31-32) en trabajos anteriores.

Se estudió el efecto de distintas concentraciones de papaverina sobre los movimientos espontáneos, sobre el tonus y sobre la recuperación de una contracción producida por acetilcolina.

1.—Sobre los movimientos espontáneos

Se esperó que se normalizaran los movimientos espontáneos y se agregó papaverina en dosis de: 0.35 - 0.7 - 1.4 - 2.8 mg. por ml.

2.—Sobre el tonus

Una vez estabilizado el tonus se agregó al baño 28.6 microgramos de acetilcolina por 100 ml., alcanzado el nuevo tonus se colocó papaverina en las mismas dosis anteriores.

Se midió la magnitud de la relajación a los 30 segundos de adicionada la papaverina, expresándose en porcentaje de la altura de la contracción acetilcolínica.

3.—Efecto sobre la recuperación después de una contracción acetilcolínica

Se trabajó con trozos que presentaban pocos movimientos espontáneos y se agregó al baño 28.6 microgramos de acetilcolina. Obtenido el máximo de contracción se lavó dos veces, se agregó papaverina en las dosis mencionadas; se esperó sesenta segundos y se agregó nuevamente a la misma dosis de acetilcolina.

Se midieron ambas contracciones en milímetros; tomando la primera como referencia, se expresó la segunda en tanto por ciento de recuperación, haciendo el reposo en diferentes condiciones metabólicas.

B. Soluciones empleadas.

Solución Tyrode: fué preparada en la forma clásica (33) y con reactivos purísimos, siendo controlado en Ph periódicamente en un potenciómetro Beckman.

Según la modalidad de la experiencia, la solución Tyrode se preparó sin metabolitos, con glucosa, con acetato de sodio al 1‰ (en ácido acético), en algunos casos sé adicionó al Tyrode glucosado clorhidrato de tiamina en una concentración de 1 mg. por 100 ml.

Solución de acetilcolina: se usó Presicolina Petrizzio en solución de 0.1% que corresponde a 10 microgramos de acetilcolina por ml.

Solución de papaverina: se utilizó clorhidrato de papaverina Merck en concentración de 100 - 50 - 25 - 12.5 mg. % de las que se adicionó 1 ml. al baño de 34 ml. de capacidad, resultando concentraciones de 2.26 - 1.43 - 0.715 - 0.357 mg. %.

C. Cálculos estadísticos.

Se siguieron las indicaciones de **Günther, B.** y de **Pizzi, M.** (34-35).

RESULTADOS

A.—Acción de concentraciones crecientes de clorhidrato de papaverina sobre los movimientos espontáneos de la preparación de intestino aislado de conejo.

B.—Acción de concentraciones crecientes de clorhidrato de papaverina sobre el tonus aumentado por la acetilcolina de la preparación de intestino aislado de conejo.

C.—Acción de concentraciones crecientes de clorhidrato de papaverina sobre la recuperación entre dos estímulos acetilcolínicos en diferentes condiciones metabólicas.

R E S U L T A D O S

A.—Acción de concentraciones crecientes de clorhidrato de papaverina sobre los movimientos espontáneos

Se realizaron 50 protocolos con distintas concentraciones que se presentan en forma de un cuadro resumen.

CUADRO RESUMEN Nº 1

Concentración en mg. % (1)	Nº protocs. (2)	Sin efecto (3)	Inhibición parcial (4)	Inhibición total (5)
0.35	7	7	0	0
0.7	18	1	15	2
1.4	12	0	6	6
2.8	13	0	3	10

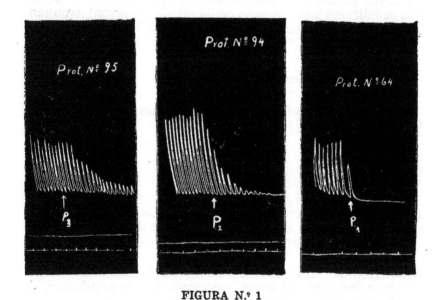

FIGURA N.º 1

Preparación del intestino aislado de conejo.
P_3 -P_2 -P_1 - corresponde a 0.7-1.4-2.8 mg. de papaverina %.
Tiempo: 30 seg.

B.—Acción de concentraciones crecientes de clorhidrato de papaverina sobre el tonus

Estos resultados fueron agrupados en forma de cuadros que por la limitación del espacio no se colocan, presentando sólo un cuadro resumen de los 73 protocolos realizados.

CUADRO RESUMEN Nº 2

Efecto del clorhidrato de papaverina sobre el tonus de la preparación de intestino aislado de conejo, aumentado por 28.6 microgramos de acetilcolina por 100 ml.

Concentración en mg. % (1)	Nº de protocolos (2)	Relajación media en % (3)	D. Standard del T. M. (4)
0.35	14	19.8	2.42
0.7	18	62.1	8.29
1.4	22	90.58	7.25
2.8	19	101.8	3.05

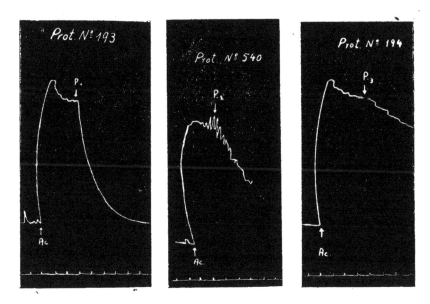

FIGURA N.º 2

Preparación de intestino aislado de conejo.
Ac - Acetilcolina 28.6 microgramos %. Tiempo: 30 seg.
P_1 -P_0 -P_9 corresponde a 2.8-1.4-0.35 mg. de papaverina %.

C.—Acción de concentraciones crecientes de clorhidrato de papaverina sobre la recuperación de intestino aislado de conejo

Estos resultados fueron agrupados en cuadros. Debido al reducido espacio, se confeccionaron cuadros resúmenes, en los cuales cada resultado corresponde a un cuadro semejante al Nº 16 que se presenta como ejemplo.

CUADRO Nº 16 (ejemplo)

Recuperación de la preparación de intestino aislado de conejo en Tyrode con glucosa y clorhidrato de tiamina, en una concentración de papaverina de 0.35 mg. %, a los sesenta segundos.

Estímulo acetilcolina 28.6 microgramos %.

	Nº de prot. (1)	1ª contracción (2)	2ª contracción (3)	% de recuperación (4)	Dif. (5)	(Dif.)² (6)
1	451	70	75	107.1	10.9	118.81
2	453	90	75	83.3	12.9	166.41
3	455	79	78	98.7	2.5	6.25
4	457	32	34	106.2	10.0	100.00
5	460	39	36	92.3	3.9	15.21
6	466	37	31	83.7	12.5	156.25
7	470	35	33	94.2	2.0	4.00
8	474	40	39	97.5	1.3	1.69
9	476	39	38	97.4	1.2	1.44
10	494	43	42	97.6	1.4	1.96
12	498	31	33	106.4	10.2	104.04
11	434	41	38	92.6	3.6	12.96
13	500	33	36	109.09	12.89	166.16
14	501	33	32	96.9	0.7	0.49
15	506	51	47	92.1	4.1	16.81
16	514	51	49	96.07	0.13	0.01
17	518	59	50	84.7	11.5	132.25

Recuperación media: 96.2.
Desviación standard del término medio: 1.92.

CUADRO RESUMEN Nº 3

Porcentaje de recuperación media en distintas concentraciones de clorhidrato de papaverina en Tyrode sin metabolitos a los sesenta segundos.
Estímulo acetilcolina 28.6 microgramos %.

Dosis de papaverina (1)	Nº de protocolos (2)	Recuperación media en % (3)	D. Standard del T. M. (4)
0.00	18	98.7	0.84
0.35	20	80.3	1.92
0.7	18	61.9	0.39
1.4	17	42.1	3.00
2.8	21	13.1	1.80

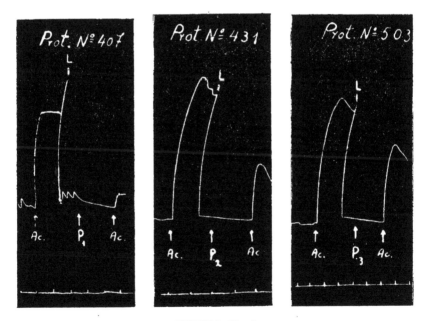

FIGURA N.º 3

Preparación de intestino aislado de conejo.
Ac - Acetilcolina 28.6 microgramos %. Tiempo: 30 seg.
P_1 P_2 -P_0 - corresponde a 2.8-1.4-0.7 mg. de papaverina %.

CUADRO RESUMEN Nº 4

Porcentaje de recuperación media en distintas concentraciones de clorhidrato de papaverina en Tyrode con acetato a los sesenta segundos. Estímulo acetilcolina 28.6 microgramos %.

Dosis de papaverina (1)	Nº de protocolos (2)	Recuperación media en % (3)	D. Standard del T. M. (4)
0.00	18	99.8	1.55
0.35	17	92.4	1.46
0.7	17	73.1	2.90
1.4	17	56.6	2.90
2.8	18	29.06	2.76

CUADRO RESUMEN Nº 5

Porcentaje de recuperación media en distintas concentraciones de clorhidrato de papaverina en Tyrode con glucosa a los sesenta segundos. Estímulo acetilcolina 28.6 microgramos %.

Dosis de papaverina (1)	Nº de protocolos (2)	Recuperación media en % (3)	D. Standard del T. M. (4)
0.00	18	101.3	1.65
0.35	18	93.5	2.15
0.7	19	89.4	2.29
1.4	19	67.5	3.22
2.8	20	40.5	3.40

Porcentaje de recuperación media en distintas concentraciones de clorhidrato de papaverina en Tyrode con glucosa y tiomina a los sesenta segundos.
Estímulo acetilcolina 28.6 microgramos %.

Dosis de papaverina (1)	Nº de protocolos (2)	Recuperación media en % (3)	D. Standard del T. M. (4)
0.00	18	98.5	1.95
0.35	17	96.2	1.92
0.7	19	85.3	1.48
1.4	20	68.2	3.31
2.8	19	36.4	3.67

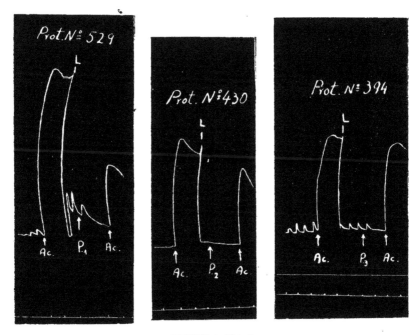

FIGURA N.º 6

Preparación de intestino aislado de conejo.
P_1 -P_2 -P_3 - corresponde a 2.8-1.4-0.7 mg. % de papaverina.
Ac - Acetilcolina 28.6 microgramos %. Tiempo· 30 seg.

CUADRO Nº 7

Resumen estadístico de los resultados anteriores. **Valores significativos entre la recuperación media a los sesenta segundos para distintas concentraciones de papaverina y en diversas condiciones metabólicas.**

Condiciones	Concentraciones de papaverina				
metabólicas	0.00	0.35	0.7	1.4	2.8
s. metb. - c. gluc.	1.84	4.59	2.34	5.57	3.85
s. metb. - c. acet.	0.62	5.45	3.95	2.80	3.29
c. gluc. - c. acet.	0.66	0.42	·4.42	3.47	2.61
c. gluc. - c. gluc. - tiam.	1.06	0.96	1.50	0.19	0.81

Recuperación de la preparación de intestino aislado de conejo en distintas condiciones metabólicas y en concentraciones creciente de papaverina

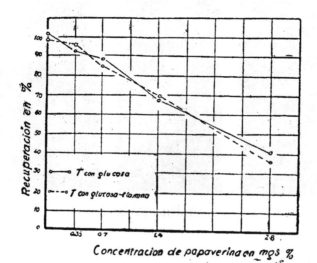

GRAFICO N.º 1

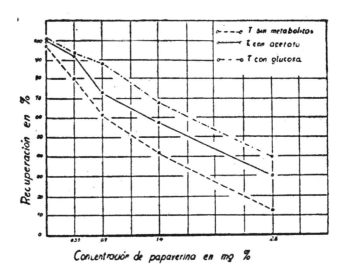

Concentración de papaverina en mg %

GRAFICO N.° 2

DISCUSION DE RESULTADOS

De los resultados expuestos se puede deducir que la acción de la papaverina sobre los movimientos espontáneos y sobre el tonus es función de la dosis.

La inhibición de una segunda contracción provocada por un estímulo fisiológico, cual es la acetilcolina, es también proporcional a la dosis y es disminuida por las condiciones metabólicas estudiadas, es decir, la adición al medio de acetato, glucosa-tiamina.

Es interesante hacer resaltar que la glucosa inhibe en mayor grado que el acetato la acción de la papaverina, siendo esta diferencia de acción metabólica estadísticamente significativa, excepto en la dosis más baja, en la cual el acetato y la glucosa producen el mismo efecto.

Otro hecho interesante es que la adición de tiamina al Tyrode glucosado, utilizado a la concentración óptima, que hemos encontrado para potenciar el efecto de la acetilcolina (36), no modifica en forma significativa la inhibición del efecto de la papaverina por la glucosa.

Queda de esta forma planteado el problema de buscar la etapa metabólica en la cual ejerce su acción la papaverina, siendo esto motivo de estudios en los cuales se investiga la acción de otros metabolitos y coenzimas

Otro motivo que nos hace pensar que nuestra hipótesis de trabajo es acertada, es el hecho de que se ha demostrado para otros fármacos como la morfina y el pentotal (23-27), una acción inhibidora sobre el metabolismo de los hidratos del carbono y aún precisado el lugar de su acción.

CONCLUSIONES

1.—El clorhidrato de papaverina inhibe los movimientos espontáneos y el tonus de la preparación de intestino aislado de conejo en proporción a la dosis.

2.—El clorhidrato de papaverina disminuye la recuperación a un estímulo acetilcolínico de la preparación de intestino aislado de conejo en proporción a la dosis.

3.—Esta inhibición es disminuida por el acetato de sodio y glucosa, adicionados al medio fisiológico.

4.—El clorhidrato de tiamina en una concentración de 1 mg. para 100 ml., no modifica la recuperación de esta preparación en Tyrode con glucosa.

5.—Se discuten estos resultados.

RESUMEN

Clorhidrato de Papaverina inhibe los movimientos espontáneos y el tonus de la preparación de intestino aislado de conejo proporcionalmente a la dosis. Disminuye también la recuperación a un estímulo acetilcolínico en proporción a la dosis. Esta inhibición es disminuida por el acetato de sodio y glucosa agregados al medio fisiológico.

SUMMARY

Papaverine chloride inhibits the spontaneous movements und tonus of isolated intestinal preparations of rabbits proportionally to the administered dosage. It also decreases recuperation to an acethylcholine stimulus in Proportion to the dosage.

The addition of Sodium Acetate and Glucose to the physiological medium diminishes the afore-mentioned inhibition.

BIBLIOGRAFIA

1.—LECANNELIER, S.—Influencia de algunas condiciones metabólicas sobre el tonus y velocidad de recuperación del músculo liso. Tesis Univ. de Chile (1941).

2.—MARDONES, J., LECANNELIER, S., TORRES, R. y VALDES, E.—Acción de algunos metabólitos en la velocidad de recuperación del músculo liso. Bol. Soc. Biol. Santiago. 2: 78-82 (1945).

3.—MARDONES, J., LECANNELIER, S., TORRES, R. y LARRAIN, S.—Estudio de la acción de algunos metabolitos sobre el tonus del músculo liso del intestino aislado de cuy. Bol. Soc. Biol 2: 57-61 (1945).

4.—TORRES, R.—Estudio de la influencia de la glucosa, ácido láctico y succínico sobre el tonus del músculo liso. Tesis Univ. de Chile (1943).

5.—LARRAIN, S.—Estudio de la acción de algunos metabolitos sobre el tonus del músculo liso de intestino aislado de cuy. Tesis Univ. de Chile (1944).

6.—CASTILLO, A.—Influencia de algunos metabolitos sobre el tonus del músculo aislado. Tesis Univ. de Chile (1946).

7.—VALDES, E.—Influencia de algunas condiciones metabólicas en la velocidad de recuperación de la excitabilidad del músculo liso del intestino aislado de cuy. Tesis Univ. de Chile (1944).

8.—SCHITTENHELN, A.—De la terapéutica de las alteraciones funcionales debidas a sobretensión por la papaverina y la eupapaverina. An. E. Merck. Págs. 360-364 (1937).

9.—MUSE, M. B.—Pharmacology & Therapeutics. Págs. 141-161. Philadelphia. W. B. Saundes Co. (1944).

10.—STARKENSTEIN, E.—Tratado de Farmacología, Toxicología y Arte de recetar. Pág. 181. Barcelona. Labor S. A. (1946).

11.—GUERRA, F.—Farmacología Experimental. Pág. 116. Méjico. Uteha (1946).

12.—POULSSON, E.—Farmacología. Págs. 92-96. Barcelona. Labor S. A. (1926).

13.—SOTO, M.—Farmacología y Terapéutica. Tomo 2. Págs. 1011, 1155, 1383. Buenos Aires. El Ateneo (1944).

14.—CLARK, A. J.—Applied Pharmacology. Pág. 444. Philadelphia. The Blakiston Co. (1949).

15.—GRAM, J. D. P.—A Comparison of Some Anti-histamine Sustances. J. Pharm. & Exp. Ther. 91: 103 (1947).

16.—PAL, J.—Papaverina y eupapaverina. An. E. Merck. Pág. 329 (1931).

17.—BLUMGARTEN, A. S.—Texbook of Materia Medica Pharmacology & Therapeutics. Págs, 531, 368, 420. New York. Macmillan Co. (1941).

18.—BLICKE, F. E.—Sytetic Drugs-Antispasmodics. Annual Rev. of Bioch. Vol. XIII. Págs. 552, 553, 557. Stanford University P. O. California. Annual Reviews Inc. (1944).

19.—LESPAGNOL, A.—Les Succédanés Synthetiques de L'Opium. Actualités Pharmacologiques. Págs. 145-161. París. Masson et Cie. (1949).

20.—ROSSELLO, H.—J. Terapéutica y Farmacodinamia. Tomo 2. Págs. 1108. Buenos Aires. Uteha. (1945).

21.—MILLER, L. G., BECKER, T. J. and TAINTER, M. L.—The Quantitative Evaluation of Spasmolitic Drugs in Vitro. J. Pharm. & Exp. Ther. *92:* 260-268 (1948).

22.—DAVISON, F. R.—Synopsis of Materia Medica Toxicology and Pharmacology. Págs. 309, 471. San Louis. The C. V. Mosby Co. (1944).

23.—WATTS, D. T.—Inhibition of Succinic Oxidase System by Meperidine, Methadon, Morfine and Codeine. J. Pharm. & Exp. Ther. *95:* 117 (1949).

24.—WOLLENSBERGER, A.—Action of Narcotics and Local Anesthetics on the respiration of Heart Muscle. J. Pharm. & Exp. Ther. *94:* 94, 444, 454 (1948).

26.—ELLIOTT, H. W., WARRENS, A. E. and JAMES, H. P.—Some effects of 1-Methyl -4-Phenyl - Ethyl - Isonipecotate (Demedone) and 6-Himetylamino 4-4-Diphenyl -3-Heptanone (Amidone) upon the Metabolism of rat brain tissue in vitro. J. Pharm. & Exp. Ther. *91:* 98 (1947).

27.—BOOKER, W. M., FRENCH, D. M. and MOLANO, P. A.—Further Observations on the effects of Prolonged Thiopental (Pentothal) Anesthesia on Metabolism of Carbohydrates and of Proteins in Dogs. J. Pharm. & Exp. Ther. *96:* 145 (1949).

28.—MARDONES, J.—Mecanismo de acción de los glucósidos cardíacos. Revista Médica de Chile. *Vol.* 76. Págs. 392-399. Santiago. Stanley (1948).

29.—MAGNUS, R.—Versuche am überlebenden Dünndarm von Säugetieren. I Mitt. Pflügers Arch. d. ges. Physiol. *102:* 123-151 (1904).

30.—CHEN, G., ENSOR, R. C. y CLARKE, J.—The Biological Assay of Histamine and Diphenyldramine Hydrocloride (Benadryl-Hidrocloride). J. Pharm. & Exp. Ther. *82:* 90 (1948).

31.—HEMPEL, C.—Influencia de la denervación sobre el aprovechamiento de metabolitos en el tonus y velocidad de recuperación del intestino aislado de conejo. Tesis Q. Farm. Univ. de Concepción (1949).

32.—PARDO, P.—Estudio sobre la propiedad de Taquifilaxia de la histamina en intestino aislado de cobayo. Tesis Q. Farm. Univ. de Concepción (1949).

33.—SOLLMANN, T. y HANZLIK, P.—Fundamentals of Experimental Pharmacology. Pág. 134. San Francisco J. W. Stacey Inc. (1940).

34.—GÜNTHER, B.—Cálculo de probabilidades en biología y medicina. Ciencia e Investigación. *1:* 407-414 (1945).

35.—PIZZI, M.—Los métodos estadísticos. Págs. 137-171. Santiago. Im. Univ. de Chile (1947).

36.—TORRES, F.—Influencia de la tiamina sobre el tonus y recuperación del intestino aislado de conejo. Tesis Q. Farm. Univ. de Concepción (1949).

UNIVERSIDAD DE CONCEPCION
Instituto de Farmacología
Director: Prof. Dr. Sergio Lecannelier Rivas

Influencia de las gónadas femeninas y el benzoato de estradiol sobre la sensibilidad de la preparación intestino aislado de rata

por

Bardisa, L., Olmos, A. y Acuña, J.

(Recibido por la Redacción el 1º—VI—1950)

INTRODUCCION

En los últimos años diferentes autores han comunicado estudios sobre la influencia de los factores metabólicos en la musculatura lisa, tanto en lo que se refiere al tonus (1-2-3-4-5-6-7-8), como a la velocidad de recuperación después de un estímulo acetilcolínico (9-10).

Conociendo los trabajos de **Thales Martin** y colaboradores (11-12-13-14-15), que han demostrado la influencia de las gónadas en la sensibilidad de la preparación de algunos órganos lisos como vesículas seminales y conductos deferentes, nos ha interesado estudiar estas influencias gonadales en la musculatura lisa intestinal, que no ha sido objeto de estos estudios.

Los trabajos de **Thales Martin** concluyen que las substancias andrógenas inhiben la sensibilidad de la musculatura lisa de algunos órganos como los conductos deferentes y vesículas seminales; y que, por el contrario, las substancias estrógenas aumentan la sensibilidad de estos órganos a estímulos fisiológicos, especialmente parasimpático-mimético; efecto, este último, también comprobado por otros autores (16-17-18-19-20).

Posteriormente en el Laboratorio de Farmacología Experimental de la Universidad de Chile, se realizaron estudios semejantes; utilizando como efector el intestino aislado de cobayo, en relación a la respuesta cuantitativa ante un estímulo acetilcolínico, no encontrando entre machos normales y castrados diferencias significativas (21).

Nosotros hemos pensado que para dilucidar esta influencia de las gónadas, sería mejor utilizar en la preparación de intestino aislado de rata las variaciones de la dosis umbral de acetilcolina y adrenalina en diferentes condiciones hormonales.

En ratas machos hemos comprobado que las gónadas masculinas inhiben la sensibilidad de la preparación de intestino a la acetilcolina y la aumentan para la adrenalina, y que las substancias andrógenas inyectadas producen este mismo efecto en el animal castrado (22).

En el presente trabajo hemos abordado el problema en ratas hembras, estudiando las variaciones de la dosis umbral de acetilcolina y de adrenalina en ratas castradas, castradas inyectadas con estrógenos y en ratas normales.

Los resultados del presente trabajo se refieren a nuestras experiencias en estas condiciones.

METODICA

A.—TECNICA DE CASTRACION

Se usaron ratas de sexo femenino, de peso comprendido entre 160 y 220 gramos, mantenidos en igualdad de condiciones de alimentación.

Se sometía previamente el animal a un ayuno de 24 horas y luego, bajo anestesia etérea, se operaba por vía abdominal, utilizando material quirúrgico esterilizado. Se pincelaba la zona con tintura de yodo; mediante una incisión longitudinal de 3 a 4 centímetros se disecaba los cuernos uterinos y los ovarios, se hacía una ligadura de estos últimos y se extraían por sección; se suturaba y pincelaba con tintura de yodo. Se inyectaba 50,000 U. I. de penicilina en dosis fraccionadas durante 48 horas.

Como control del efecto de las gónadas, la mitad de los animales castrados se inyectaron con 40 U. B. I. de estradiol, día por medio, por vía intramuscular (23-24), contralándose el estro periódicamente.

Para controlar el efecto de las manipulaciones quirúrgicas, cierto número de animales fué sometido a una intervención semejante a la anterior, con la salvedad que no se ligaron ni se extirparon los ovarios.

Todos los animales operados se utilizaron entre los 28 y los 32 días después de la intervención.

B.—TECNICA DE INTESTINO AISLADO

Previo ayuno de 24 horas, se sacrificaba el animal por traumatismo craneano, seguido de sección de las carótidas. Se disecaba la porción terminal del intestino delgado y se extraían trozos de 3 a 4 centímetros de longitud; previo lavado, se conservaban en un depósito con solución Tyrode termorregulado 38° y con aireación permanente.

Utilizando la técnica de **Magnus** (25), ligeramente modificada por nosotros (26-27-28), se procedía a determinar la dosis umbral del estímulo fisiológico utilizado.

Se emplea 4 trozos de intestino por animal.

C.—SOLUCIONES UTILIZADAS

SOLUCION TYRODE.—Preparado con reactivos purísimos y glucosa (29-30); su pH se controlaba periódicamente.

SOLUCION DE ACETILCOLINA.—Se utilizó Presicolina Petrizzio. Se pesaba 100 miligramos y se enteraba a 100 ml. con solución Tyrode; esta solución se diluía al 1:10 y 1:100. Con estas diluciones se determinaba la dosis umbral, buscando la menor dosis de acetilcolina capaz de producir una contracción.

Se utilizaba siempre Presicolina de la misma partida, ampolletas recién abiertas y soluciones preparadas en el momento de usarse.

SOLUCION DE ADRENALINA.—Se utilizó Adrenalina "Clin" (clorhidrato) diluída al 1: 100; 1:500 y 1:1000; tomando las mismas precauciones que con la Presocolina y buscando la menor dosis de adrenalina capaz de producir una relación.

SOLUCION DE BENZOATO DE ESTRADIOL.—Se utilizó Foliculina Massone de 1 mg. de benzoato de estradiol por ml., diluida en aceite de oliva al 1:50 en el momento de usarse; se inyectaba 0.2 ml. de esta dilución que equivale a 40 U. B. I.

D.—CALCULOS ESTADISTICOS

Para nuestros cálculos estadísticos seguimos las indicaciones de **Günther, B.** y **Pizzi, M.** (31-32).

R E S U L T A D O S

1.—DETERMINACION DE LA DOSIS
UMBRAL DE ACETILCOLINA

a) Ratas hembras normales.
b) Ratas hembras castradas.
c) Ratas hembras controles de las manipulaciones quirúrgicas.
d) Ratas hembras castradas e inyectadas con benzoato de estradiol.

2.—DETERMINACION DE LA DOSIS
    UMBRAL DE ADRENALINA

   a) Ratas hembras normales.
   b) Ratas hembras castradas.
   c) Ratas hembras controles de las manipulaciones quirúr-
      gicas.
   d) Ratas hembras castradas e inyectadas con benzoato de
      estradiol.

RESULTADOS

A.—DETERMINACION DE LA DOSIS UMBRAL
    MEDIA DE ACETILCOLINA

   Los resultados obtenidos fueron agrupados en forma de
cuadros; en los cuales, cada determinación corresponde a un
protocolo semejante al número 90 que aparece en la Fig. Nº 1.

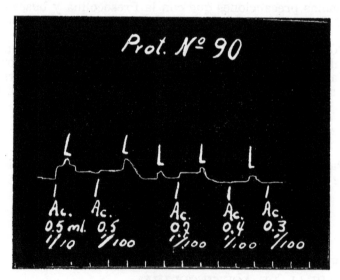

FIGURA N.º 1

   Preparación de intestino aislado de rata.
   "Ac": indica las dosis variables de acetilcolina agregadas
al baño.
   "L": lavado.
   Tiempo, cada 30 segundos.

CUADRO Nº 1

Dosis umbral de acetilcolina en ratas hembras normales

Protocolos Nº (1)	Dosis umbral microgramos % (2)	Diferencias (3)	(diferencias)^2 (4)
1	0.572	0.095	0.009025
2	0.430	0.763	0.582169
3	1.430	0.763	0.582169
4	1.144	0.477	0.227529
5	0.858	0.191	0.036481
6	0.572	0.095	0.009025
7	1.144	0.477	0.227529
8	0.858	0.191	0.036481
9	0.572	0.095	0.009025
10	0.286	0.381	0.145161
11	0.572	0.095	0.009025
12	0.572	0.095	0.009025
13	0.858	0.191	0.036481
14	0.572	0.095	0.009025
15	0.572	0.095	0.009025
16	1.144	0.477	0.227529
17	0.572	0.095	0.009025
18	1.144	0.477	0.227529
19	0.572	0.095	0.009025
20	0.286	0.381	0.145161
21	0.572	0.095	0.009025
22	0.143	0.524	0.274576
23	0.572	0.095	0.009025
24	0.286	0.381	0.145161
25	0.143	0.524	0.274576
26	0.286	0.381	0.145161
27	0.286	0.381	0.145161

Dosis umbral media : 0.667

D. Standard del T. M. ± 0.0713

CUADRO Nº 2

Dosis umbral de acetilcolina en ratas hembras castradas

Protocolos Nº (1)	Dosis umbral microgramos % (2)	Diferencias (3)	(diferencias)^2 (4)
1	1.716	0.316	0.099856
2	2.574	1.174	1.378276
3	1.430	0.030	0.000900
4	2.002	0.602	0.362404
5	1.430	0.030	0.000900
6	2.288	0.888	0.788544
7	0.572	0.828	0.685584
8	2.288	0.888	0.788544
9	0.858	0.542	0.293764
10	0.572	0.828	0.685584
11	1.716	0.316	0.099856
12	1.144	0.256	0.065536
13	1.716	0.316	0.099856
14	0.858	0.542	0.293764
15	1.716	0.316	0.099856
16	1.716	0.316	0.099856
17	1.716	0.316	0.099856
18	1.144	0.256	0.065536
19	1.430	0.030	0.000900
20	0.572	0.828	0.685584
21	1.716	0.316	0.099856
22	1.144	0.256	0.065536
23	0.858	0.542	0.293764
24	1.716	0.316	0.099856
25	0.572	0.828	0.685584
26	0.858	0.542	0.293764
27	0.572	0.828	0.685584
28	1.716	0.316	0.099856
29	2.002	0.602	0.362404

Dosis umbral media : 1.400
D. Standard del T. M. ± 0.107

CUADRO Nº 3

Dosis umbral de acetilcolina en ratas hembras controles
de las manippuplapppciones quirúrgicas

Protocolos Nº (1)	Dosis umbral microgramos % (2)	Diferencias (3)	(diferencias)^2 (4)
1	0.286	0.398	0.158404
2	0.572	0.112	0.012544
3	0.572	0.112	0.012544
4	0.285	0.398	0.158404
5	0.572	0.112	0.012544
6	1.114	0.460	0.021160
7	0.572	0.112	0.012544
8	0.286	0.398	0.158404
9	0.858	0.174	0.030276
10	0.286	0.398	0.158404
11	0.858	0.174	0.030276
12	0.572	0.112	0.012544
13	0.858	0.174	0.030276
14	0.572	0.112	0.012544
15	0.858	0.174	0.030276
16	0.858	0.174	0.030276
17	1.144	0.460	0.021160
18	0.858	0.174	0.030276
19	0.572	0.112	0.012544
20	0.858	0.174	0.030276
21	0.572	0.112	0.012544
22	1.144	0.460	0.021160
23	0.858	0.174	0.030276
24	0.572	0.112	0.012544
25	0.572	0.112	0.012544
26	0.858	0.174	0.030276
27	0.572	0.112	0.012544
28	0.572	0.112	0.012544

Dosis umbral media : 0.684

S. Standard del T. M. ± 0.038

CUADRO Nº 4

Dosis umbral de acetilcolina en ratas hembras castradas e inyectadas con benzoato de estradiol

Protocolos Nº (1)	Dosis umbral microgramos % (2)	Diferencias (3)	(diferencias)^2 (4)
1	0.572	0.125	0.015625
2	0.858	0.161	0.025921
3	0.572	0.125	0.015625
4	0.572	0.125	0.015625
5	0.858	0.161	0.025921
6	0.572	0.125	0.015625
7	0.858	0.161	0.025921
8	0.572	0.125	0.015625
9	1.144	0.447	0.199809
10	0.858	0.161	0.025921
11	0.572	0.125	0.015625
12	0.858	0.161	0.025921
13	0.858	0.161	0.025921
14	0.572	0.125	0.015625
15	0.858	0.161	0.025921
16	0.572	0.125	0.015625
17	0.858	0.161	0.025921
18	0.085	0.612	0.374544
19	0.572	0.125	0.015625
20	0.858	0.161	0.025921
21	0.572	0125	0.015625
22	0.858	0.161	0.025921
23	0.572	0.125	0.015625
24	0.858	0.161	0.025921
25	0.286	0.409	0.167281
26	0.858	0.161	0.025921
27	0.572	0.125	0.015625
28	0.858	0.161	0.025921

Dosis umbral media   :   0.697
D. Standard del T. M.   ±   0.0407

CUADRO Nº 5

Resumen de las dosis umbrales medias de acetilcolina obtenidos con los distintos grupos de ratas

Tipo de Ratas (1)	Número de protocolos (2)	Dosis U. medias (3)	D. Standard del T. M. (4)
Normales	27	0.667	0.0713
Castradas	29	1.400	0.107
Contr. Manip. Quirúrg.	28	0.684	0.038
Castr. Inyect. B. Estr.	28	0.697	0.040

CUADRO Nº 6

Valores significativos entre las dosis umbrales de acetil colina para los distintos grupos de ratas

Grupos comparados	Valores significativos
Normales-Castradas	**5.72**
Contr. M. Quirúrg.-Castradas	**6.30**
Castr. Inyect. B. Estr.-Castradas	**6.15**
Normales-Contr. Manip. Quirúrg.	0.21
Normales-Castr. Inyect. B. Estradiol	0.36
Contr. Manip. Quir.-Castr. Inyect. B. Estr.	0.23

B.—DETERMINACION DE LA DOSIS UMBRAL DE ADRENALINA

Los resultados obtenidos fueron agrupados en forma de cuadros, en los cuales, cada determinación corresponde a un protocolo semejante al número 161 que aparece en la Fig. N9 2.

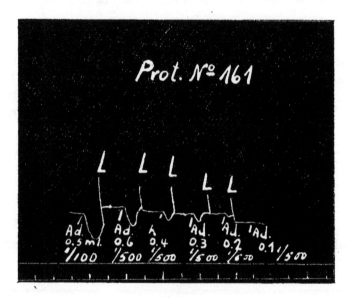

FIGURA N.º 2

Preparación de intestino aislado de rata.
"A": indica las dosis variables de adrenalina.
"L": lavado.
Tiempo, cada 30 segundos.

CUADRO N⁰ 7

Dosis umbral de adrenalina en ratas hembras normales

Protocolos N⁰ (1)	Dosis umbral microgramos % (2)	Diferencias (3)	(diferencias)^2 (4)
1	1.713	0.429	0.184041
2	1.142	0.142	0.020164
3	1.713	0.429	0.184041
4	1.142	0.142	0.020164
5	0.571	0.713	0.508369
6	0.571	0.713	0.508369
7	1.713	0.429	0.184041
8	1.142	0.142	0.020164
9	0.571	0.713	0.508369
10	1.142	0.142	0.020164
11	1.142	0.142	0.020164
12	1.713	0.429	0.184041
13	0.571	0.713	0.508369
14	1.713	0.429	0.184041
15	1.142	0.142	0.020164
16	0.571	0.713	0.508369
17	1.142	0.142	0.020164
18	1.142	0.142	0.020164
19	1.713	0.429	0.184041
20	2.855	1.571	2.468041
21	1.142	0.142	0.020164
22	0.571	0.713	0.508369
23	1.142	0.142	0.020164
24	1.713	0.429	0.184041
25	1.142	0.142	0.020164
26	2.855	1.571	2.468041
27	1.142	0.142	0.020164
28	1.142	0.142	0.020164

Dosis umbral media   : 1.284

D. Standard del T. M. + 0.112

CUADRO N° 8

Dosis umbral de adrenalina en ratas hembras castradas

Protocolos N° (1)	Dosis umbral microgramos % (2)	Diferencias (3)	(diferencias)² (4)
1	2.855	1.530	2.340900
2	0.571	0.754	0.568516
3	1.142	0.183	0.033489
4	1.142	0.183	0.033489
5	1.713	0.388	0.150544
6	1.142	0.183	0.033489
7	0.571	0.754	0.568516
8	1.142	0.183	0.033489
9	1.713	0.388	0.150544
10	1.142	0.183	0.033489
11	0.571	0.754	0.568516
12	1.142	0.183	0.033489
13	0.571	0.754	0.568516
14	0.571	0.754	0.568516
15	2.284	0.959	0.919681
16	0.571	0.754	0.568516
17	1.713	0.388	0.150544
18	2.855	1.530	2.340900
19	1.142	0.183	0.033489
20	1.142	0.183	0.033489
21	1.713	0.388	0.150544
22	1.713	0.388	0.150544
23	2.855	1.530	2.340900
24	1.142	0.183	0.033489
25	1.142	0.183	0.033489
26	0.571	0.754	0.568516
27	1.142	0.183	0.033489
28	1.142	0.183	0.033489

Dosis umbral media : 1.325
D. Standard del T. M. ± 0.131

CUADRO N° 9

Dosis umbral de adrenalina en ratas hembras controles de las manipulaciones quirúrgicas

Protocolos N° (1)	Dosis umbral microgramos % (2)	Diferencias (3)	(diferencias)² (4)
1	1.713	0.530	0.280900
2	0.571	0.612	0.374544
3	1.142	0.041	0.001681
4	1.142	0.041	0.001681
5	2.855	1.672	2.795584
6	0.571	0.612	0.374544
7	1.713	0.530	0.280900
8	1.142	0.041	0.001681
9	0.571	0.612	0.374544
10	0.571	0.612	0.374544
11	2.284	1.101	1.212201
12	1.713	0.530	0.280900
13	1.142	0.041	0.001681
14	0.571	0.612	0.374544
15	0.571	0.612	0.374544
16	1.142	0.041	0.001681
17	2.855	1.672	2.795584
18	0.571	0.612	0.374544
19	0.571	0.612	0.374544
20	1.713	0.530	0.280900
21	0.571	0.612	0.374544
22	0.571	0.612	0.374544
23	1.142	0.041	0.001681
24	0.571	0.612	0.374544
25	1.142	0.041	0.001681
26	1.142	0.041	0.001681
27	1.713	0.530	0.280900

Dosis umbral media : 1.183

D. Standard. del T. M. ± 0.132

CUADRO Nº 10

Dosis umbral de ácetilcolina en ratas castradas e inyectadas con benzoato de estradiol

Protocolos Nº (1)	Dosis umbral microgramos % (2)	Diferencias (3)	(diferencias)^2 (4)
1	0.571	0.693	0.480249
2	1.142	0.122	0.014884
3	1.142	0.122	0.014884
4	1.713	0.449	0.201601
5	1.142	0.122	0.014884
6	1.713	0.449	0.201601
7	1.142	0.122	0.014884
8	1.713	0.449	0.201601
9	0.285	0.979	0.951371
10	1.142	0.122	0.014884
11	1.713	0.449	0.201601
12	1.142	0.122	0.014884
13	0.571	0.693	0.480249
14	1.713	0.449	0.201601
15	1.713	0.449	0.201601
16	1.142	0.122	0.014884
17	1.713	0.449	0.201601
18	0.285	0.979	0.951371
19	0.571	0.693	0.480249
20	0.571	0.693	0.480249
21	1.142	0.122	0.014884
22	1.713	0.449	0.201601
23	1.142	0.122	0.014884
24	1.713	0.449	0.201601
25	1.142	0.122	0.014884
26	2.284	1.020	1.040400
27	1.142	0.122	0.014884
28	2.284	1.020	1.040400

Dosis umbral media : 1.264

D. Standard del T. M. ± 0.101

CUADRO Nº 11

Resumen de las dosis umbrales medias de adrenalina obtenidas
con los distintos grupos de ratas

Tipo de Ratas (1)	Número de protocolos (2)	Dosis U. medias (3)	D. Standard del T. M. (4)
Normales	28	1.284	0.112
Castradas	28	1.325	0.131
Contr. Manip. Quirúrg.	27	1.183	0.132
Castr. Inyect. B. Estr.	28	1.264	0.101

CUADRO Nº 12

Valores significativos entre las dosis umbrales de adrenalina
para los distintos grupos de ratas

Grupos comparados	Valores significativos
Normales-Castradas	0.234
Contr. Manip. Quirúrg.-Castradas	0.763
Castr. Inyect. B. Estr.-Castradas	0.375
Normales-Contr. Manip. Quirúrg.	0.589
Normales-Castr. Inyect. B. Estr.	0.133
Contr. Manip. Quirúrg.-Castr. Inyect. B. Estr.	0.488

DISCUSION DE RESULTADOS

En los resultados expuestos se observa que existen variaciones significativas de la dosis umbral de acetilcolina por acción de las gónadas, en el sentido que la castración produce
una disminución de la sensibilidad a dicho estímulo, que no
se debe a la manipulación quirúrgica y que es corregido por la
inyección de benzoato de estradiol a estas ratas castradas.

Están de acuerdo estos resultados con lo observado por
Thales Martin y colaboradores, en el sentido que las gónadas
femeninas aumentan la sensibilidad de las formaciones musculares lisas a estímulos para-simpático-mimético.

Nuestros resultados, en lo que se refiere a las variaciones
de las dosis umbral de adrenalina en las distintas condiciones
hormonales estudiadas, no son estadísticamente significativos.

Por otra parte, las dosis umbrales de acetilcolina y adrenalina encontrada por nosotros en ratas hembras, son diferentes a las encontradas para ratas de sexo masculino.

Otro hecho especialmente notorio es que nuestras experiencia, así como las de **Capponi** (22), indican trastornos en la sensibilidad de la musculatura de órganos extragenitales, como la preparación de intestino aislado, y no sólo a los de la esfera genital a que hacen referencia los trabajos de **Thales Martin y** colaboradores.

Así también, es interesante destacar que las alteraciones de la sensibilidad al estímulo acetilcolínico se realiza en forma significativa en un período relativamente corto, como es el utilizado por nosotros, 28 a 32 días.

Respecto al mecanismo de producción de este fenómeno, no estamos en condiciones de aclararlo y él puede deberse a trastornos de la fibra muscular misma o bien de las formaciones nerviosas, que la preparación de intestino aislado posee.

Por otra parte, tampoco podemos precisar si las sustancias estrógenas actúan por sí mismas o bien estimulan la producción de otras hormonas que actuarían en este sentido. Ambos puntos constituyen trabajos que se realizan actualmente en este laboratorio.

CONCLUSIONES

1.—Se estudia la influencia de las gónadas femeninas sobre la sensibilidad de la fibra muscular lisa intestinal, a la acetilcolina y adrenalina.

2.—Se demuestra que la castración aumenta la dosis umbral de acetilcolina y no modifica la de adrenalina.

3.—La inyección de benzoato de estradiol en ratas castradas, vuelve la dosis umbral de acetil colina a un valor semejante al encontrado en ratas normales.

4.—Se discuten estos resultados.

SUMMARY

Influence of female gonade on intestinal unstriated muscular sensibility with acetylcholine und adrenaline, is studied.

Evidence is given that castration increases the threshold dosage of acetylcholine without modifying that of adrenaline.

The inyection of estradiol benzoate in castrated rats makes the threshold dosage of acetylcholine equivalent to the dosage enesuntered for normal rats.

BIBLIOGRAFIA

1.—FELDBERG, W. y SOLANDT, O. M.—The stimulating a effects of glucose and pyruvate en the rabbits gut. J. Physiol. *98*, 22-38 (1940).

2.—FELDBERG, W. y SOLANDT, O. M.—Effects of drugs, sugars and allied substances on the isolated small intestine of the rabbit. J. Physiol. *101*, 137-171 (1942).

3.—FALDBERG, W.—Effects of iodoacetic acid, glyceraldehyde and phosphorylated compound on the small intestine of the rabbit. J. Physiol. *102*, 108-114 (1943).

4.—TORRES, R.—Estudio de la influencia de la glucosa, ácido láctico y succínico sobre el tonus del músculo liso. Tesis Univ. de Chile (1943).

5.—MARDONES, J., LECANNELIER, S., TORRES, R. y LARRAIN, S.—Estudio de la acción de algunos metabolitos sobre el tonus del músculo liso de intestino aislado de cuy. Bol. Soc. Biol. Santiago, 2, 57-61 (1945).

6.—LARRAIN, S.—Estudio de la acción de algunos metabolitos sobre el tonus del músculo liso de intestino aislado de cuy. Tesis Univ. de Chile (1946).

7.—CASTILLO, A.—Influencia de algunos metabolitos sobre el tonus del músculo liso aislado. Tesis Univ. de Chile (1946).

8.—LECANNELIER, S.—Influencia de algunas condiciones metabólicas sobre el tonus y velocidad de recuperación del músculo liso. Tesis Univ. de Chile (1941).

9.—MARDONES, J., LECANNELIER, S., TORRES, R. y VALDES, E.—Acción de algunos metabolitos en la velocidad de recuperación del músculo liso. Bol. Soc. Biol. Santiago, 2, 78-82 (1945).

10.—VALDES, E.—Influencia de algunas condiciones metabólicas en la velocidad de recuperación de la excitabilidad del músculo liso de intestino aislado de cuy. Tesis Univ. de Chile (1944).

11.—MARTIN, TH. y VALLE, J.—Influence de la castration sur le motilité des caneaux déferents en rats. Soc. Biol., *127*, 464-466 (1938).

12.—MARTIN, TH. y VALLE, J. R.—Farmacologie comparée des caneaux-déferents et des vésicules séminales, in vitro des rats normaux et des rats castrés. Soc. Biol., *127*, 1381-1384 (1938).

13.—MARTIN, TH., VALLE, J. R. y PORTO ANANIAS.—Contractibilité et reactions pharmacologiques des caneaux et des vésicules séminales in vitro, de rats castrés et traités par les hormones sexuelles. Soc. Biol., *127*, 1385-1388 (1938).

14.—MARTIN, TH. y PORTO ANANIAS.—Contractibilité et reactions pharmacologíque des caneaux déferents et des vésicules séminales aprés conservations a basse température, des rats normaux castrés et tratés par les hormones sexuales. Soc. Biol., *127*, 1389-1392 (1938).

15.—MARTIN, TH., VALLE, J. R. y PORTO ANANIAS.—Pharmacology in vitro of the human vasa deferentia and epididymis; the question of the endocrine control of the motility of the male accesory genitals. J. of Urology, 44, 682-697 (1940).

16.—VALLE, J. R. y PORTO, A.—Gonadal Hormones and the contractility in vitro of the vas deferents of the dog. Endocrinology, *40*, 308-315 (1947).

17.—VALLE, J. R. and JUNQUEIRA, L. C. U.—Motility and Farmacological Reativity of Genitals of Vitamin E. Deficient Rats. Endocrinology, *40*, 306-321 (1947).

18.—HOUSSAY, A. B. y colaboradores.—Fisiología Humana 1004. B. Aires. "El Ateneo" (1946).

19.—WICK, J. H. y POWEL, E. C.—Estrone and Stilvestrol on the response of rabbits uterus to ergonovine. J. A. Pharm. Asooc. *31* (1942).

20.—HUNDLEY, J. M., DHIEL, W. K. y DIGGS, E. S.—Influencias hormonales sobre el uréter. A. Jour. Of. Obstr. and. Gynec. *44* (858) (1942). Abstr. de Rev. Med. de Chile, *71*, 299-300 (1943).

21.—JIMENEZ, P. O.—Influencia de las hormonas sexuales sobre la sensibilidad de la fibra lisa intestinal ante los estímulos químicos-fisiológicos. Tesis Med. Circ. U. de Chile (1940).

22.—CAPPONI, G. E.—Influencia de gónadas masculinas y el propionato de testosterona sobre la sensibilidad de la preparación de intestino aislado de rata. Tesis Q. Farm. Univ. de Concepción (1949).

23.—WEILAND, H. y GRAS, W.—A propósito de la titulación biológica de la hormona sexual femenina. Medicina y Química "Bayer", *3*, 174-183 (1937).

24.—CURTIS, JACK, M., ERNEST, J. UNBERGER and LILA F. KNUDSEN.—The Interpretation of Estrogenio Assys. Endocrinology, *40*, 231-250 (1947).

25.—MAGNUS, R.—Versuche am ueberlebenden Duendarm von Saeugetieren. Pfuegers Archs. ges. Physiol. *102*, 1023-1051 (1904).

26.—CHEN, G., ENSOR, R., CH. CLARK.—J. Pharm and Exp. Ther., *92*-90 (1948).

27.—PARDO, PILAR.—Estudio sobre la propiedad de taquifilaxia de la histamina en intestino aislado de cobayo. Tesis Q. Farm. Univ. de Concepción (1949).

28.—HEMPEL, H. C.—Influencia de la denervación en el aprovechamiento de metabolitos en el tonus y velocidad de recuperación del intestino aislado de conejo. Tesis Q. Farm. Universidad de Concepción (1949).

29.—GUERRA, F.—Farmacología experimental. Pág. 474. Méjico. UTEHA (1946).

30.—SOLLMANN, T. y HANSLIK, P.—Fundamentals of Experimental pharmacology. Pág. *134*, San Francisco. J. W. Stacey Inc. (1940).

31.—GÜNTHER, B.—Cálculos de probabilidades en biología y medicina. Ciencia e investigación, *1*, 407-414 (1945).

32.—PIZZI, M.—Los métodos estadísticos. Imp. Univ. Santiago de Chile, 137-171 (1947).

UNIVERSIDAD DE CONCEPCION
Instituto de Farmacología
Director: Prof. Dr. Sergio Lecannelier Rivas

Influencia de las gónadas masculinas y el propionato de testosterona sobre la sensibilidad de la preparación de intestino aislado de rata

por

Vivaldi, E., Bardisa, L. y Capponi, E.

(Recibido por la Redacción el 1º–VI–1950)

INTRODUCCION

Los trabajos realizados en el Laboratorio de Farmacología Experimental de la Universidad de Chile sobre la influencia que tienen algunas condiciones metabólicas sobre el tonus y velocidad de recuperación de la fibra muscular lisa (1-2-3-4-5-6-7), nos han llevado a estudiar otros factores. En el presente trabajo estudiamos la influencia de las gónadas masculinas sobre la preparación de intestino aislado de rata.

Sobre este tema existen varias comunicaciones entre las cuales las más importantes son las de **Thales Martin** y colaboradores, quien han estudiado extensamente el efecto de las gónadas sobre efectores lisos como el conducto deferente y las vesículas seminales de ratas y de perros (8-9-10-11-12-13-14). Estos autores concluyen que las sustancias andrógenas inhiben la sensibilidad de estos órganos ante estímulos fisiológicos, especialmente parasimpático-miméticos, siendo la acción de las sustancias estrógenas capaces de producir un aumento de la sensibilidad de dichos órganos; hecho este último señalado como general por **Houssay** (15).

Posteriormente en el Laboratorio de Farmacología Experimental de la Universidad de Chile, **Jiménez** realiza experiencias semejantes, utilizando como efector el intestino aislado de cobayo, en relación a la respuesta cuantitativa ante un estímulo fisiológico como la acetilcolina, no encontrando diferencias significativas entre los machos normales y los castrados (16).

Nos ha parecido mejor técnica de trabajo, el estudio de las variaciones de la dosis umbral de acetilcolina y adrenalina, que hemos comprobado ser más precisa en la preparación de intestino aislado de rata, para estudios comparativos.

En el presente trabajo comunicamos las variaciones de la dosis umbral en intestino aislado de ratas sometidas a la castración y a la administración de sustancias andrógenas.

METODICA

A.—Técnica de castración

Se utilizaron ratas de sexo masculino, cuyo peso fluctuaba entre 100 y 120 gramos. Se mantenían en ayunas 24 horas antes de la operación. Previa antisepsia de la zona a intervenir, y bajo anestesia etérea, se hacía una incisión en la piel del escroto y en las túnicas siguientes, utilizando material esterilizado, se disecaba el testículo, se ligaban los vasos y conducto deferente, se extirpaba el testículo y luego se saturaba por planos. Se aplicaba esta técnica para ambos testículos.

Se inyectaban al animal 50.000 U. de Penicilina en dosis fraccionada durante 48 horas y se inyectaban treinta milígramos de Efedrina por kilógramo de peso, diluidos en ocho a diez cc. de solución fisiológica, por vía subcutánea. Esta medida se tomó en vista de la mortalidad que producía la intervención; ella fué prácticamente suprimida con la administración de Efedrina y suero fisiológico.

Se dividió a los animales castrados en dos grupos:

1.—Sin tratamiento.

2.—Inyectados con 0.2 mg. de propionato de testosterona, por vía intramuscular, día por medio.

Los animales de ambos grupos se utilizaron entre los treinta a treinta y cinco días después de la intervención.

B.—Técnica de intestino aislado

Se mataba al animal por traumatismo craneano y luego se seccionaban ambas carótidas. Se extraían de la porción terminal del intestino delgado cuatro o cinco trozos de tres a cuatro centímetros de longitud. Se lavaban con solución Tyrode a 38°, se colocaban en un depósito con esta misma solución, en una estufa termorregulada y provisto de aireación permanente; renovándose periódicamente la solución fisiológica.

Seguidamente un trozo se colocaba en un depósito graduado entre treinta y cuatro y treinta y cinco ml. con solución Tyride, exigenación constante y con un 5% de CO_2 aproximadamente (17) y colocado en un baño termorregulado a 38°, se unía este trozo a una palanca inscriptora de presión constante sobre el quimógrafo utilizado, según las indicaciones de **Magnus** (18) ligeramente modificadas en nuestro Laboratorio (19-20-21).

Una vez estabilizado el tonus de la preparación se adicionaba la acetilcolina o la adrenalina, en dosis decrecientes para determinar la dosis umbral.

Se hacía una determinación con cada trozo, utilizando cuatro de ellos por animal.

C.—Soluciones utilizadas

Solución Tyrode: preparada en el día, con reactivos de calidad purisima, adicionada de glucosa al 1% (22-23), siendo su pH 7.3 controlado periódicamente en un potenciómetro Beckman.

Solución de Acetilcolina: se preparaba una solución al 0.1% Presicolina Petrizzio, que corresponde a 100 microgramos por ml. De esta solución se hicieron diluciones al 5:10, 1:100 y 1:1000.

Estas soluciones se preparaban siempre en el momento de ser utilizadas, tomando ampolletas de Presicolina recién abiertas y procedentes de una misma partida.

Solución de Adrenalina: preparada a partir de "Adrenalina Clin" (clorhidrato) al 1%; se diluía ésta al 1:500 y al 1:1000, tomando en su preparación las precauciones indicadas para la solución de Acetilcolina.

Solución de Propionato de Testosterona: se utilizó "Perandren" Ciba de 5 mg. por ml.; diluído al 20% en aceite de olivas en el momento de la inyección; e inyectando siempre 0.2 ml. que corresponden a 0.2 mg. de propionato de testosterona (24).

D.—Cálculos estadísticos

Para nuestros cálculos estadísticos seguimos las indicaciones de **Günther, B. y Pizzi, M.** (25-26).

RESULTADOS

1.—Determinación de dosis umbral de acetilcolina

a) Ratas machos normales.
b) Ratas machos castrados.
c) Ratas machos castrados inyectados con propionato de testosterona.

2.—Determinación de las dosis umbral de adrenalina

a) Ratas machos normales.
b) Ratas machos castrados.
c) Ratas machos castrados inyectados con propionato de testosterona.

RESULTADOS

A.—Determinación de la dosis umbral media de acetilcolina

Estos resultados fueron agrupados en forma de cuadros, en los cuales, cada determinación corresponde a un protocolo semejante al Nº 117 que se coloca como ejemplo. Ver Fig. Nº 1.

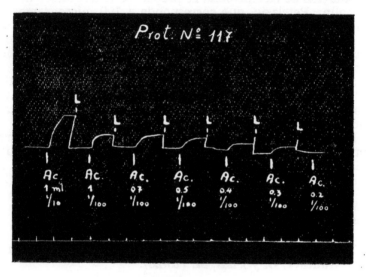

FIGURA N.º 1

Preparación de intestino aislado de rata.
"Ac": indica dosis variable de acetilcolina.
"L": lavado.
Tiempo, cada treinta segundos.

CUADRO Nº 1

Dosis umbral de acetilcolina en ratas machos normales

Protocolo Nº (1)	Dosis umbral microgramos % (2)	Diferencias (3)	(diferencias)² (4)
1	0.858	0.009	0.000081
2	0.858	0.009	0.000081
3	0.572	0.277	0.076729
4	0.858	0.009	0.000081
5	1.144	0.295	0.087025
6	0.858	0.009	0.000081
7	0.858	0.009	0.000081
8	1.430	0.581	0.337561
9	1.430	0.581	0.337561
10	0.286	0.563	0.316969
11	0.572	0.277	0.076729
12	0.572	0.277	0.076729
13	0.572	0.277	0.076729
14	1.144	0.295	0.087025
15	0.572	0.277	0.076729
16	0.858	0.009	0.000081
17	0.572	0.277	0.076729
18	0.572	0.277	0.076729
19	0.858	0.009	0.000081
20	1.430	0.581	0.337561
21	0.572	0.277	0.076729
22	1.144	0.295	0.087025
23	0.858	0.009	0.000081
24	0.572	0.277	0.076729
25	0.858	0.009	0.000081
26	0.572	0.277	0.076729
27	0.858	0.009	0.000081
28	0.858	0.009	0.000081
29	0.572	0.277	0.076729
30	1.144	0.295	0.087025
31	0.858	0.009	0.000081
32	1.430	0.581	0.337561

Dosis umbral media : 0.849
D. Standard del T. M. ± 0.0529

CUADRO No 2

Dosis umbral de acetilcolina en ratas machos castrados

Protocolo No (1)	Dosis umbral microgramos % (2)	Diferencias (3)	(diferencias)² (4)
1	0.286	0.083	0.006889
2	0.572	0.369	0.136161
3	0.286	0.083	0.006889
4	0.114	0.089	0.007921
5	0.057	0.146	0.021316
6	0.286	0.083	0.006889
7	0.114	0.089	0.007921
8	0.057	0.146	0.021316
9	0.286	0.083	0.006889
10	0.286	0.083	0.006889
11	0.114	0.089	0.007921
12	0.296	0.083	0.006889
13	0.171	0.032	0.001024
14	0.286	0.083	0.006889
15	0.057	0.146	0.021316
16	0.114	0.089	0.007921
17	0114	0.089	0.007921
18	0.057	0.146	0.021316
19	0.114	0.089	0.007921
20	0.228	0.025	0.000625
21	0.171	0.031	0.001024
22	0.228	0.025	0.000625
23	0.228	0.025	0.000625
24	0.171	0.031	0.001024
25	0.286	0.083	0.006889
26	0.228	0.025	0.000625
27	0.171	0.032	0.001024
28	0.286	0.083	0.006889
29	0.114	0.089	0.007921
30	0.286	0.083	0.006889
31	0.286	0.083	0.006889
32	0.171	0.032	0.001024

Dosis umbral media : 0.203

D. Standard del T. M. ± 0.0188

CUADRO N⁰ 3

Dosis umbral de acetilcolina en ratas machos castrados,
inyectados con propionato de testosterona

Protocolo N⁰ (1)	Dosis umbral microgramos % (2)	Diferencias (3)	(diferencias)² (4)
1	0.858	0.008	0.000064
2	1.430	0.564	0.318096
3	1.144	0.278	0.077284
4	0.858	0.008	0.000064
5	0.858	0.008	0.000064
6	0.572	0.294	0.086436
7	0.858	0.008	0.000064
8	0.572	0.294	0.086436
9	0.858	0.008	0.000064
10	1.430	0.564	0.318096
11	1.144	0.278	0.077284
12	1.144	0.278	0.077284
13	0.858	0.008	0.000064
14	1.430	0.564	0.318096
15	0.858	0.008	0.000064
16	1.430	0.564	0.318096
17	0.858	0.008	0.000064
18	0.572	0.294	0.086436
19	0.858	0.008	0.000064
20	0.286	0.580	0.336400
21	0.572	0.294	0.086436
22	0.858	0.008	0.000064
23	0.858	0.008	0.000064
24	0.572	0.294	0.086436
25	0.858	0.008	0.000064
26	0.858	0.008	0.000064
27	0.572	0.294	0.086436
28	0.858	0.008	0.000064
29	0.858	0.008	0.000064
30	0.572	0.294	0.086436
31	0.858	0.008	0.000064
32	0.572	0.294	0.086436

Dosis umbral media : 0.866

D Standard del T. M. ± 0.0498

CUADRO Nº 4

Cuadro resumen de las dosis umbral medias de acetilcolina encontradas

Grupos de ratas (1)	Número de protocolos (2)	Dosis umbral M. microgramos % (3)	D. Standard del T. M. (4)
Ratas normales	32	0.849	0.0529
„ castradas	32	0.203	0.0188
„ inyectadas	32	0.866	0.0498

CUADRO Nº 5

Valores significativos entre las dosis umbral de acetilcolina en los diferentes grupos de ratas

Grupos comparados	Valores significativos
Ratas normales y ratas castradas	11.47
„ inyectadas y ratas castradas	12.46
„ normales y ratas inyectadas	0.25

B.—Determinación de la dosis umbral media de adrenalina

Estos resultados fueron agrupados en cuadros, en los cuales, cada determinación corresponde a un protocolo semejante al Nºº 171 que se coloca como ejemplo. Ver Fig. Nº 2.

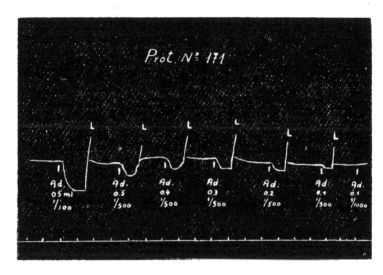

FIGURA N.º 2

Preparación de intestino aislado de rata.
"A": indica dosis variable de adrenalina.
"L": lavado.
Tiempo, cada treinta segundos.

CUADRO Nº 6

Dosis umbral de adrenalina en ratas machos normales

Protocolo Nº (1)	Dosis umbral microgramos % (2)	Diferencias (3)	(diferencias)² (4)
1	1.142	0.429	0.184041
2	1.142	0.429	0.184041
3	0.571	0.142	0.020164
4	0.571	0.142	0.020164
5	1.124	0.429	0.184041
6	0.571	0.142	0.020164
7	1.142	0.429	0.184041
8	0.571	0.142	0.020164
9	0.571	0.142	0.020164
10	0.571	0.142	0.020164
11	0.571	0.142	0.020164
12	0.285	0.428	0.183184
13	1.142	0.429	0.184041
14	0.285	0.428	0.183184
15	0.571	0.142	0.020164
16	0.571	0.142	0.020164
17	0.571	0.142	0.020164
18	0.285	0.428	0.183184
19	0.571	0.142	0.020164
20	0.285	0.428	0.183184
21	0.571	0.142	0.020164
22	0.285	0.428	0.183184
23	0.285	0.428	0.183184
24	0.571	0.142	0.020164
25	1.142	0.429	0.184041
26	0.571	0.142	0.020164
27	1.713	1.000	1.000000
28	1.142	0.429	0.184041
29	0.571	0.142	0.020164
30	1.142	0.429	0.184041
31	0.571	0.142	0.020164
32	1.142	0.429	0.184041

Dosis umbral media : 0.713
D. Standard del T. M. ± 0.0631

CUADRO Nº 7

Dosis umbral de adrenalina en ratas machos castrados

Protocolo Nº (1)	Dosis umbral microgramos % (2)	Diferencias (3)	(diferencias)² (4)
1	1.142	0.161	0.025921
2	0.571	0.410	0.168100
3	0.571	0.410	0.168100
4	1.142	0.161	0.025921
5	1.142	0.161	0.025921
6	0.571	0.410	0.168100
7	1.142	0.161	0.025921
8	1.142	0.161	0.025921
9	0.571	0.410	0.168100
10	1.142	0.161	0.025921
11	0.571	0.410	0.168100
12	1.142	0.161	0.025921
13	1.713	0.732	0.535824
14	1.142	0.161	0.025921
15	0.571	0.410	0.168100
16	1.142	0.161	0.025921
17	1.142	0.161	0.025921
18	0.571	0.410	0.168100
19	1.142	0.161	0.025921
20	0.571	0.410	0.168100
21	1.142	0.161	0.025921
22	1.142	0.161	0.025921
23	1.142	0.161	0.025921
24	0.571	0.410	0.168100
25	1.142	0.161	0.025921
26	1.142	0.161	0.025921
27	1.713	0.732	0.535824
28	1.142	0.161	0.025921
29	1.142	0.161	0.025921
30	0.571	0.410	0.168100
31	1.142	0.161	0.025921
32	0.571	0.410	0.168100

Dosis umbral media   :   0.981

D. Standard del T. M.   ±   0.0577

CUADRO Nº 8

Dosis umbral de adrenalina en ratas machos castrados,
inyectados con propionato de testosterona

Protocolo Nº (1)	Dosis umbral microgramos % (2)	Diferencias (3)	(diferencias)² (4)
1	1.142	0.366	0.133956
2	0.571	0.205	0.042025
3	0.571	0.205	0.042025
4	0.571	0.205	0.042025
5	0.571	0.205	0.042025
6	1.142	0.366	0.133956
7	0.571	0.205	0.042025
8	0.571	0.205	0.042025
9	0.571	0.205	0.042025
10	0.571	0.205	0.042025
11	0.285	0.491	0.241081
12	0.571	0.205	0.042025
13	1.142	0.366	0.133956
14	1.142	0.366	0.133956
15	0.571	0.205	0.042025
16	0571	0.205	0.042025
17	0.285	0.491	0.241081
18	0,571	0.205	0.042025
19	0.571	0.205	0.042025
20	0.571	0.205	0.042025
21	1.142	0.366	0.133956
22	1.142	0.366	0.133956
23	0.571	0.205	0.042025
24	1.142	0.366	0.133956
25	0.285	0.491	0.241081
26	0.571	0.205	0.042025
27	0.571	0.205	0.042025
28	1.142	0.366	0.133956
29	0.571	0.205	0.042025
30	1.142	0.366	0.133956
31	1.713	0.937	0.877969
32	1.713	0.937	0.877969

Dosis umbral media   :   0.776

D. Standard del T. M.   ±   0.0659

CUADRO Nº 9

Cuadro resumen de las dosis umbral medias de
adrenalina encontradas

Grupos de ratas (1)	Número de protocolos (2)	Dosis umbral M. microgramos % (3)	D. Standard del T. M. (4)
Ratas normales	32	0.713	0.0631
„ castradas	32	0.981	0.0577
„ inyectadas	32	0.776	0.0659

CUADRO Nº 10

Valores significativos entre las dosis umbral de adrenalina
encontradas en los diferentes grupos de ratas

Grupos comparados	Valores significativos
Ratas normales y ratas castradas	**3.14**
„ inyectadas y ratas castradas	**2.25**
„ normales y ratas inyectadas	0.719

DISCUSION DE RESULTADOS

8

En los resultados expuestos se demuestra el mismo hecho observado por **Thales Martin** y colaboradores (8-9-10-11-12) en vesículas seminales y conductos deferentes en la preparación de intestino aislado de rata, es decir, que la sensibilidad de la preparación de intestino aumenta con la supresión de las gónadas masculinas ante estímulos fisiológicos como acetilcolina, observándose el fenómeno inverso cuando se estimula la preparación con adrenalina.

Por otro lado, la administración de sustancias andrógenas en animales castrados hace volver la sensibilidad de la preparación a los mismos niveles que las ratas normales.

Nuestros resultados nos parecen precisos por cuanto las diferencias son significativas en lo que se refiere especialmente al estímulo acetilcolínico.

En relación al mecanismo por el cual actuarían las sustancias andrógenas sobre la preparación de intestino aislado, representa un nuevo camino de investigación, por cuanto, habiendo precisado la influencia de las condiciones metabólicas sobre la preparación de intestino, creemos tener los elementos de juicio necesario para interpretar su mecanismo de acción.

En la literatura existen algunos hechos que permiten relacionar las sustancias andrógenas, como el propionato de testosterona, con el metabolismo de los hidratos de carbono (27).

Fuera de haber precisado la influencia de las hormonas masculinas sobre la sensibilidad de una preparación de órgano muscular liso, la presente tesis demuestra lo observado por algunos autores como **Thales Martin** y colaboradores, no sólo para musculatura lisa de la zona genital, sino también para un órgano muscular extra-genital como es la preparación de intestino aislado.

RESUMEN

Se demuestra que la castración de las gónadas masculinas disminuye la dosis umbral de la Acetilcolina y aumenta la de la Adrenalina. La inyección de Propionato Testosterona en ratas castradas producen dosis umbrales de Acetilcolina y de Adrenalina semejante a las ratas normales. Estos estudios han sido realizados en la preparación de intestino aislado de ratas.

SUMMARY

The present study demostrates the increase and decrease of Adrenaline and Acethylcholine threshold dosages, respectively, induced by castration of the male gonads.

Inyection of Testosterone Propianate in castrated rats produces Acethylcholine and Adrenaline threshold dosages similar to those of normal rats.

These studies have been realized on isolated intestine preparations of rats.

CONCLUSIONES

1.—Se estudia la influencia de las gónadas masculinas sobre la dosis umbral de acetilcolina y de adrenalina en la preparación de intestino aislado de rata.

2.—Se demuestra que la castración disminuye la dosis umbral de la acetilcolina y aumenta la de la adrenalina.

3.—La inyección de propionato de testosterona en ratas castradas produce una dosis umbral de acetilcolina y de adrenalina semejante a las de las ratas normales.

4.—Se discuten estos resultados.

BIBLIOGRAFIA

1.—LECANNELIER, S.—Influencia de algunas condiciones metabólicas sobre el tonus y velocidad de recuperación del músculo liso. Tesis Univ. de Chile (1943).

2.—TORRES, R.—Estudio de la influencia de la glucosa, ácido láctico y succínico sobre el tonus del músculo liso. Tesis Univ. de Chile (1943).

3.—MARDONES, J., LECANNELIER, S., TORRES, R. y VALDES, E.—Acción de algunos metabolitos en la velocidad de recuperación del músculo liso. Soc. Biol. Santiago, 2, 78-82 (1945).

4.—VALDES, E.—Influencia de algunas condiciones metabólicas en la velocidad de recuperación de la excitabilidad del músculo liso de intestino aislado de cuy. Tesis Univ. de Chile (1944).

5.—MARDONES, J., LECANNELIER, S., TORRES, R. y LARRAIN, S.—Estudio de la acción de algunos metabolitos sobre el tonus del músculo liso del intestino aislado de cuy. Bol. Soc. Biol. Santiago, 2: 57-61 (1945).

6.—CASTILLO, A.—Influencia de algunos metabolitos sobre el tonus del músculo liso aislado. Tesis Univ. de Chile (1946).

7.—LARRAIN, S.—Estudio de la acción de algunos metabolitos sobre el tonus del músculo liso de intestino aislado de cuy. Tesis Univ. de Chile (1946).

8.—MARTIN, TH. y VALLE, J. R.—Influence de la castration sur la motilité des canaux déferents en rats. Soc. Biol., 127: 464-466 (1938).

9.—MARTIN, TH. y VALLE, J. R.—Farmacologie comparée des canaux déferents et des vésicule seminales, in vitro des rats normaux et des rats castrés. Soc. de Biol., 127: 1381-1384 (1938).

10.—MARTIN, TH. y PORTO, A.—Contractibilité et reactions pharmacologique des canaux déferents et des vesicules seminales apréz se concervation a basse température, des rats normaux, castrés et traités par les hormones sexuales. Soc. de Biol., 127: 1389-1392 (1938).

11.—MARTIN, TH., VALLE, J. R. y PORTO, A.—Contractibilité et reactions pharmacologiques des canaux déferents et des vesicules seminales in vitro, des rats castrés et traités par les hormones sexuales. Soc. de Biol., 127: 1385-1388 (1936).

12.—MARTIN, TH., VALLE, J. R. y PORTO, A.—Pharmacology in vitro of the human vasa deferentia and epididymis; the question of the endocrine control of the accesory genitals. J. of Urology, 44: 682-697 (1940).

13.—VALLE, J. R. y PORTO, A.—Gonodal hormones and contractility in vitro of the vas deferens of the dog. Endocrinology, 40: 308-315 (1947).

14.—VALLE, J. R. and JUNQUEIRA, L. C. U.—Motility and pharmacological reactivity of genitals of vitamin E deficient rats. Endocrinilogy, 40: 316-321 (1947).

15.—HOUSSAY, A. B. y col.—Fisiología Humana. Pág. 1004. B. Aires. "El Ateneo" (1946).

16.—JIMENEZ, P. O.—Influencia de las hormonas sexuales sobre la sensibilidad de la fibra intestinal ante estímulos químicos fisiológicos. Tesis Med. Univ. de Chile (1940).

17.—KWIATKOWSKY, H.—Histamine in nervous tissue. J. of Phisiol., 102: 32-41 (1943).

18.—MAGNUS, R.—Versuche am überlebenden Dünndarm von Säugetieren. 1. Mtt. Pflügers Arch. f. ges. Physiol., *102*: 123-151 (1940).

19.—CHEN, G., ENSON, C. y CLARK, I.—The biological assay of histamine and diphenydramine hydrochloride (benadril hydrochloride). J. Pharm. Exp. Ther,. *92*: 90-97 (1948).

20.—PARDO, P.—Estudio sobre la propiedad de taquifilaxia de la histamina en intestino aislado de cobayo. Tesis Q. Farm. Univ. de Concepción (1949).

21.—HEMPEL, H. C.—Influencia de la denervación en el aprovechamiento de metabolitos en el tonus y en la velocidad de recuperación del intestino aislado de conejo. Tesis Q. Farm. Univ. de Concepción (1949).

22.—SOLLMANN, T. y HANZLIK, P.—Fundamentals of experimental pharmacology. Pág. 295. San Francisco. J. W. Stancey Inc. (1940).

23.—GUERRA, F.—Farmacología experimental. Pág. 474. Méjico, UTEHA (1946).

24.—HOLCK, H., MATHIESON, R. D., SMITH, E. L., FINK, D. L.—Effects of testosterone acetato and propionate and of estradiol dipropionate upon the resistance of the rat to Evipal sodium, Nostal, Pernostón and Pentobarbital Sodium. J. A. Pharm. Assoc., *31*: 116-123 (1942).

25.—GÜNTHER, B.—Cálculos de probabilidades en biología y medicina. Ciencia e Invest., *1*: 407-414 (1945).

26.—PIZZI, M.—Los métodos estadísticos. Imp. Univ. Santiago de Chile. 137.171 (1947).

27.—EISENBERG, E., GORDAN, S. G., ELLIOTT, W. H.—The effects of castration and to testosterone upon the respiration of rat brain. Science, *109*: 337-338 (1949).

CLINOCA DE PSIQUIATRIA
de la
Universidad de Concepción (Chile)
Director: Prof. Dr. A. Auersperg

Consideraciones sobre la psicofisiología del dolor visceral

por

Alfred Auersperg

(Recibido por la Redacción el 20–VII–1950)

Cuando encontré por primera vez los archivos de la Socie-dad de Biología en la biblioteca de la Universidad de Sao Paulo, nunca pensé que tendría el honor y el agrado de hablar en esta ilustre Sociedad. Lo que me fascinaba en la lectura de los archivos era tanto la composición del programa, como el modo magistral de la representación de los asuntos. Temo que mi charla sobre la psicofisiología del dolor visceral no corresponde bien a estas distinguidas tradiciones de la Sociedad, pues el esquema que presentaré es más un plano táctico como se podría abordar tal problema psicofisiológico que un sistema de hechos comprobados. Pero tengo por consuelo el argumento atenuante que casi todos los asuntos psicosomáticos quedan hasta ahora en esta fase inmadura de hipótesis de trabajo.

Las consideraciones psicofisiológicas a presentar se radican por un lado en los conceptos fundamentales de la escuela neuropsiquiástrica de Viena y por el otro lado en las ideas psicosomáticas de la escuela Heidelbergense de Víctor **von Weizsaecker**. Entramos ahora en nuestro asunto y tratamos de abordar el problema ·de la psicofisiologia del dolor visceral enfocándolo del punto de vista psicosomático.

Los factores psicógenos que condicionan perturbaciones funcionales y hasta enfermedades orgánicas, pertenecen exclusivamente a la esfera emotiva. Estas influencias emotivas sobre el estado funcional y vasomotor de las vísceras, se realizan por intermedio del sistema neurovegetativo. Ya **Winslow** llamaba "sistema simpático" al sistema neurovegetativo. Este autor se refiere con esto no sólo a dicha excitabilidad emotiva del sistema neurovegetativo, sino que designa a la vez la influencia opuesta; esto es, la influencia del estado funcional del sistema neurovegetativo sobre el estado emocional del individuo ,evidente en los "sentimientos sensibles" (Gemeingefühle, feeling states or sensefellings) que corresponden a la actividad reguladora de los centros neurovegetativos. Tales sentimientos vegetativos son por ejemplo: el hambre, la sed, el frío, el calor, etc.

Nos preguntamos ahora si también el dolor visceral se podria considerar como "sentimiento sensible" y, por lo tanto, como reacción del sistema vegetativo. La afirmación de esta pregunta tendría —según lo ya expuesto— la siguiente importante consecuencia:

Considerando el dolor visceral como sentimiento sensible, habría que admitir que éste no solamente se origina en el sistema vegetativo, sino que también opera sobre las organizaciones efectoras del sistema autónomo. Se agregaría así el dolor visceral a los demás factores psicógenos de perturbaciones vegetativas que, a su vez, producen dolor visceral, estableciéndose de este modo algo semejante a un círculo vicioso.

El médico recordará muchos casos de dolencias imaginarias y otros dolores de origen orgánico que muestren aperentemente cierta influencia psíquica. Además, se acordará de los efectos vasomotores que se producen bajo la sugestión de estados dolorosos en histéricos y en hipnotizados.

El clínico podrá considerar, por eso, nuestra afirmación como hecho evidente. Pero no es así desde el punto de vista fisiológico. Al contrario, nuestra calificación del dolor visceral como sentimiento sensible, se considera por la doctrina clásica como una afirmación sumamente herética y revolucionaria, o mejor dicho reaccionaria. Pues, la fisiología de los sentidos iba reemplazando en el siglo pasado, poco a poco este concepto ingenuo por la afirmación que el dolor en general, al igual que los rendimientos de los otros sentidos exteroceptivos, debe considerarse como sensación.

Son principalmente las escuelas anglo-sajonas, como la escuela de Sir Thomas Lewis en Inglaterra y de Harald Wolff en Estados Unidos, que mantienen este concepto aplicando a la psicofisiologia del dolor en general la ley de la especificidad de la energía de los sentidos.

Según la ley de la especificidad de la energía de los sentidos, el dolor, en general, como sensación, se basaría en receptores, conductores y centros perceptores específicos y bien distintos. Este concepto implicaría que el dolor visceral es un mero epifenómeno, una consecuencia secundaria del proceso patológico, sobre el cual no tendría ninguna influencia. Se comprende así que toda terapia dirigida contra el dolor propiamente tal, sea cirúrgica, con medicamentos o psíquica, se designa como simtomática.

Esta idea de la naturaleza del dolor en general, se hizo amoldando el concepto del dolor visceral a los hallazgos en el campo exteroceptivo del dolor. Esta generalización parece en desacuerdo con el concepto ingenuo, con las experiencias clínicas y estéril del punto de vista psicosomático. Proponemos por esto otra disposición táctica para abordar el problema.

Separamos el dolor interoceptivo del dolor exteroceptivo. Este último se considera, de acuerdo con el concepto clásico, como sensación, y por lo tanto, de tipo animal sensorial. Entre los dolores interoceptivos se destaca el dolor visceral, considerado por nosotros como sentimiento sensible, y por consecuencia, de tipo vegetativo. Nos corresponde ahora comprobar sistemáticamente la exactitud de esta división. Tomamos como ejemplo para el dolor exteroceptivo un pinchazo; para el tipo intermediario, el dolor que se produce de modo crítico en la serosa parietal, y para el tipo visceral, el dolor que acompaña la úlcera duodenal.

El estímulo del dolor exteroceptivo, por ejemplo el pinchazo, se caracteriza por una acción física o químicamente determinada. **Sherrington** junta estos estímulos bajo la designación de "estímulos nociceptivos". Tales estímulos producen también dolor intermediario;. un pinchazo en la serosa parietal, por ejemplo, despierta dolor.

El dolor de tipo visceral, en cambio, no se puede excitar con estímulos nociceptivos. Se sabe desde los tiempos de **Harwey** que los intestinos, por ejemplo, se pueden pinchar, cortar, quemar, sin producir dolor. Basta recordar la cauterización del Colon, haciendo una abertura preternatural. ¿Qué sería entonces el estímulo adecuado del dolor visceral? En la úlcera gástrica se conocen tres causas del dolor:

1º—la hiperacidez,
2º—el espasmo, y
3º—la inflamación.

Todos estos estados indican una perturbación de la regulación vegetativa. Para precisar mejor el carácter de tales perturbaciones que generan dolor, agregaremos el siguiente experimento de **Poulton:** si se dilata el esófago con un globito que se infla, no se siente dolor, mientras el esófago se relaja cediendo a la dilatación. Tampoco se produce dolor, si la contracción del esófago consigue vencer al obstáculo. Pero cuando las contracciones se oponen a la dilatación sin vencerla, entonces hay dolor.

Nos parece que los demás sentimientos comunes son causados por perturbaciones análogas: El fin de las regulaciones vegetativas es —según **Dubois Remond**— el equilibrio del ambiente interno. Las regulaciones vegetativas realizan esta función en el silencio inconsciente. Pero si una circunstancia cualquiera se opone a tal realización, las tendencias reguladoras pueden pasar como sentimiento común por el umbral del conocimiento. Así, por ejemplo, el hombre siente frío cuando la temperatura de la sangre desciende bajo lo normal, etc., etc.

Se justifica así en cuanto al estímulo, la distinción de los caracteres psicofisiológicos del dolor exteroceptivo y del dolor visceral.

En segundo término está el análisis de las características de las reacciones dolorosas. Partimos del concepto clásico que considera el dolor en general como sensación. La sensación como elemento de la apercepción realiza dentro de los sentidos de contacto — su función biológica, al representar el estímulo. Condición fundamental de tal representación es el significado objetivo de la sensación. Así, el individuo señala como doloroso el pinchazo de la aguja y no el dedo pinchado, distingue por el campo exteroceptivo de la piel el pinchazo, el pellizcón y la quemazón.

La facultad de distinguir diversos estímulos dolorosos es un privilegio del dolor exteroceptivo. Mostrábamos con el **Dr. Silvio de Barros,** que por la serosa parietal no se puede distinguir entre estímulos dolorosos mecánicos y térmicos. La respuesta es en ambos casos: una punzada. Llamamos de "tipo predilectivo" tales modos uniformes de reaccionar. Vale lo mismo para el dolor visceral en un grado aún más pronunciado.

El dolor visceral se une tan íntimamente al malestar general que, al igual que los demás sentimientos sensibles, no se le puede aislar del estado emocional del sujeto.

En cuanto a las facultades localizadoras, se debe distinguir entre la facultad de trazar la huella del estímulo y la facultad de indicar la región estimulada. Se comprende de lo ya dicho que también la facultad de trazar la huella del estímulo, por ejemplo, de un arañazo, es una facultad propia del campo exteroceptivo; pues la serosa parietal reaccionando siempre de tipo predilectivo, responde también al arañazo con una punzada.

El dolor visceral no entra en discusión, porque ni siquiera responde a estímulos mecánicos.

La facultad de indicar la región estimulada no es propia del dolor exteroceptivo, pues la sensación de punzada por estimulación de la serosa parietal se localiza generalmente bien, como pudimos comprobar usando el peritonioscopio. Estos hallazgos experimentales concuerdan bien con las siguientes experiencias clínicas: la ubicación de la punzada de la pleuritis seca indica la región de la afección de la pleura parietal, la punzada que señala la ruptura de una úlcera intestinal por afección del peritoneo parietal, también corresponde a menudo aproximadamente al lugar de la perforación.

Leriche afirma, al criticar el concepto corriente, que también el dolor visceral se localiza, aunque difusamente, a menudo en la región del proceso provocador. Pero, además de la localización más o menos acertada, se observa tanto en las formas intermediarias como en el dolor de origen visceral, un tipo de localización diferente, llamado por **Haed** "referred pain" — dolor trasladado. Recordamos como ejemplo del dolor trasladado de origen parietal, el dolor en el hombro causado por irritación de la pleura diafragmática, caso frecuentemente observado en el absceso sufrénico. Como ejemplo del dolor trasladado de origen visceral tenemos el dolor estenocárdico en el brazo izquierdo.

Si, según **Leriche,** el dolor trasladado es la excepción, el dolor visceral, en lo que se refiere a localización, se comportaría, en la mayoría de los casos, igual al dolor exteroceptivo. Pero esta analogía es sólo aparente. Tomamos nuestro caso de úlcera duodenal, por ejemplo. El enfermo acusa un dolor de localización profunda en la región epigástrica. Esta indicación parece corresponder a la localización de la úlcera duodenal. Determinamos ahora el punto máximo de dolor por palpitación y lo marcamos con un perdigón. Se muestra radioscópicamente, de acuerdo con hallazgos de **Morley,** que la sombra del perdigón no coincide con el nicho de **Haudeck.** Pero hay más: si infiltramos ahora, como ya lo hicieron **Lamaire, Weiss** y **Davis,** la región dolorosa de la pared abdominal con novocaína, desaparece —según **Pickering** en el 90 % de los casos— no sólo la sensibilidad a la presión, sino también el dolor espontáneo.

Nos parece que, además de la escuela francesa, las escuelas anglo-sajonas tampoco consideran bastante el importante **papel** que desempeñan estos focos secundarios en el dolor trasladado de origen visceral. Me permito agregar un ejemplo de mi especialidad. **H. Wolff,** convencido por los efectos de la estimulación y de anestesia de la arteria temporalis externa, admite que la jaqueca se debe a la dilatación de este ramo de la arteria carotis externa, **Penfield,** al emplear los mismos métodos, admite la tracción de las venas que desembocan en el seno como causa de diversos dolores de cabeza. Ambos autores rechazan el concepto antiguo que considera las alteraciones de la presión intracraneana como causa de dolores de cabeza. Es cierto que un enfermo, al sufrir dolores de cabeza evita movimientos bruscos que podrían provocar una tracción de las venas. Pero al registrar el nivel del enapso en heridos de cráneo pudimos demostrar que, en los días sin molestias, aun traslaciones mucho mayores no producían dolor.

La sensibilidad dolorosa de las embocaduras venosas se presenta así como síntoma dependiente y secundario, semejante a la sensibilidad dolorosa de la pared abdominal en el caso de úlcera duodenal. Lo mismo vale del razonamiento de **H. Wolff.** Es cierto que en algunos casos de jaqueca, la anestesia de la arteria temporal puede aliviar y aun anular los dolores, pero pudimos demostrar también en casos crónicos de dolor de cabeza de indudable origen intracraniano, que la mera infiltración de los nervios frontales y supraorbitales puede cortar el dolor.

Estamos por eso dispuestos a identificar los efectos de anestesia superficial en los casos de dolor de cabeza con los ya referidos de una anestesia de la pared abdominal, según **Lamaire, Weiss** y **Davis.** Y sostenemos la antigua hipótesis, tomando el desequilibrio entre la presión intracraneana y la presión intravascular como causa primaria de tipo visceral de todas las formas de dolores de cabeza mencionados anteriormente.

Se comprende que la admisión de tal desequilibrio como causa de dolores de cabeza corresponde exactamente al tipo de los procesos provocadores del dolor visceral como lo expusimos bajo el parafo, que trata de la diferencia entre el carácter nociceptivo de la estimulación del dolor exteroceptivo y el carácter neurorregulativo de la provocación del dolor visceral.

En cuanto a los caracteres temporales de las diversas formas del dolor, señalaremos sólo el carácter crítico del pinchazo, mientras que el dolor visceral muestra la misma tendencia a la "sumación" y al descargo posterior (afterdischarge) que muestran a menudo las reacciones de tipo vegetativo.

Para completar nuestra argumentación agregaremos algunas palabras sobre las diferentes influencias que ejercen las condiciones humorales en las diversas formas del dolor.

La función informativa de la sensación presupone constancia de los umbrales. Así, la influencia de las condiciones humorales sobre los umbrales del dolor exteroceptivo es relativamente pequeño. A su vez, el sentimiento sensible, ligado estrechamente a la función de los centros vegetativos, reacciona bajo la influencia de los humores. Los centros vegetativos que regulan el ambiente interno, pueden considerarse al mismo tiempo como regulado por el ambiente humoral. Lo mismo vale, mutatis mutandis, de la influencia humoral sobre los efectores vegetativos. En cuanto a la influenciabilidad central del dolor visceral por medios humorales, basta recordar, que las formas determinadas de este dolor responden, por el ejemplo, tan pronto a remedios correspondientes como la fiebre. Esta influenciabilidad farmacológica del dolor patógeno por anódinas es según nuestro concepto un atributo específico del dolor visceral basado en la estructura análoga de los demás desequilibrios de las regulaciones vegetativas. No sorprende, de nuestro punto de vista, que las pruebas farmacológicas aplicadas en el dolor exteroceptivo salen tan insatisfactorias.

Pero esta influenciabilidad humoral no se limita a los centros del dolor visceral.

Si se bloquea con Novocaína, por ejemplo, el nervio Suralis en un caso de Mialgia, ésta desaparece antes que los campos receptores de ese nervio muestren alguna elevación de los umbrales.

La influencia de la psiquis sobre el dolor visceral fué el punto de partida de nuestra discusión. Quisiera agregar un hecho cirúrgico que también muestra el carácter especial del dolor visceral: el efecto de la lobotomia sobre el dolor. Los umbrales del dolor exteroceptivo al igual que los de las demás sensaciones no parecen prácticamente alterados. Según **Chapmann** la reacción motora al dolor extroceptivo parece aún más viva en algunos lobotomizados, mientras que estos mismos se muestran indiferentes al dolor de origen visceral.

Volviendo a nuestro punto de partida, nos preguntamos, finalmente, por las diferentes funciones biológicas del dolor interoceptivo y del dolor exteroceptivo.

El dolor exteroceptivo informa según **Sherrington** al sujeto sobre el carácter nocivo de un estímulo y tiene así una función importante en las reacciones de autoconversación del individuo.

Se admite la misma función informativa en el dolor visceral, cuando, por ejemplo, el médico extraña la falta de dolores para señalar el desarrollo incipiente de un tumor maligno. La función informativa del dolor visceral no se puede admitir en todos los seres vivientes por la falta de remedios.

No hay otro remedio para el ratoncito inválido sino el gato.

El animal con dolor, fácilmente llega a ser presa de los animales feroces por falta de iniciativa vital, inhibición y cambio del tipo motor. Desaparecen así, los animales enfermos, a favor de los animales sanos, apaciguando las necesidades de los animales feroces.

Así de acuerdo con la diferencia psicofisiológica divergen también los fines biológicos, al servir el dolor exteroceptivo mediante la información a la conversación del individuo y el dolor visceral, mediante la inhibición, a su sacrificio.

Terminamos con esto nuestros argumentos sobre las diferentes estructuras psicofisiológicas del dolor exteroceptivo e interoceptivo y llegamos con el último argumento hasta los límites de la biología general tratando el dolor visceral como factor conservador de la comunidad de los seres vivientes que tienen por finalidad el sacrificio del individuo enfermo en favor del bienestar de la comunidad. El médico que acepta nuestra idea no tratará más el dolor visceral como epifenómeno del proceso orgánico sino como factor de un círculo vicioso destructivo destinado a sacrificar al individuo. La importancia del dolor visceral dentro del conjunto de los factores patógenos depende primeramente de la enfermedad y también de la estructura del enfermo.

LOS CARACTERES PSICOFISIOLOGICOS EN LAS DIVERSAS FORMAS DEL DOLOR:

FORMA EXTERO-CEPTIVA DEL DOLOR.	FORMA INTER-MEDIARIA DEL DOLOR.	FORMA VISCE-RAL DEL DOLOR.
Reacción de tipo animal sensorial. Sensación.		Reacción sensible de tipo vegetativo. *Sentimiento sensible.*
	CAMPO RECEPTOR	
La piel.	La serosa parietal, la fascia muscular, algunos vasos determinados.	Las vísceras, el sistema vascular (músculos estriados determinados).
	ESTIMULO	
Estímulo nociceptivo.	Estímulo nociceptivo.	Estímulo nociceptivo sin efecto. Provocación por intervención contraria a la realización de fines determinados de la regulación vegetativa.

ANALISIS DEL TIPO DE REACCION

1.—En cuanto al modo

Representación precisa del estímulo.	Reacción idéntica a diversos estímulos(tipo predilectivo).	Difuso ,malestar general.

2.—En cuanto al espacio

A.—Huella

Representación aproximada de la huella trazada por el estímulo.	Representación uniforme (tipo predilectivo).	Carácter difuso.

B.—Localización

Localización aproximadamente exacta.	1.—Aproximadamente exacta. 2.—Dolor trasladado o referido. a) en el esquema del cuerpo. b) en los campos receptores. (Umstimmung).	1.—Localización aproximadamente exacta (Leriche). 2.—Dolor trasladado o referido. a) en el esquema del cuerpo. b) en los campos receptores. (Umstimmung).

3.—En cuanto a los caracteres temporales

Respuesta pronta vuelta al estado receptor normal.	Pinchazo, tipo predilectivo.	Sumación, descarga posterior.

INFLUENCIA HUMORAL

Poco pronunciada.		Muy pronunciada. a) en la periferia. b) en los centros.

INFLUENCIA PSICOGENA

Poco influenciable.		Muy influenciable.

FIN TELEOLOGICO

Información conservación.		Inhibición sacrificio.

INSTITUTO DE BIOLOGIA
de la
Universidad de Concepción (Chile)
Sección Hidrobiología

Chilenismos de la naturaleza

por

G. Helmut Schwabe

(Recibido por la Redacción el 15–X–1950)

En Julio de 1943 hemos encontrado por primera vez en la ciudad china Tsingtau (Shantung) un estrato frondoso de una Oscillatoria (Schizophyceae, Hormogonales) que mostró una seric de cualidades valiosas (21) como indicador ecológico. Desde este tiempo hemos estudiado experimentalmente esta especie. Aunque nuestros trabajos fueron interrumpidos varias veces por fuerza mayor, se logró finalmente, hace casi un año, cultivar el material original de Tsingtau en el Instituto de Biología General de la Universidad de Concepción (Chile). Antes de alcanzar este fin había que superar una serie de obstáculos graves, que, por otra parte, nos facilitaron las primeras impresiones del balance de elementos menores en aguas y suelos de nuestra región. Partiendo de esto, nos convencimos, que extensas regiones de nuestro país ofrecen un aspecto muy especial en lo que se refiere a su balance mineral.

A base de estos resultados preliminares de laboratorio se pudo observar en realidad bastantes síntomas específicos y bien conocidos, de deficiencias minerales en plantas de cultivo agrícola, como también fenómenos biológicos regionales, probablemente causados por empobrecimientos simultáneos en varios elementos. Aunque hasta la fecha no se puede constatar más que una serie de peculiaridades ecológicas regionales, parece conveniente, dedicar más atención a estos "chilenismos de la naturaleza" que en su mayoría, probablemente están —por lo menos en forma indirecta— relacionados con el balance mineral. Merecen tal atención, como indicios inmediatos del carácter ecológico y biogeográfico del país, y además, por su importancia económica, preferentemente en la producción agrícola.

Antes de entrar en detalles, se agregará una breve descripción de la Oscilatoria TS, que condujo directamente al problema ecológico de los elementos menores en suelos y aguas.

OSCILLATORIA TS

Lugar de hallazgo: Tsingtau, Colina de la Aduana ("Zollhügel"), en el distrito urbano (desenvolvimiento más exuberante); disperso entre otras algas en la región.

Estrato: cubriendo granito sano y por fisuras finas en él, aprovisionado por desagües de casas, que filtran a través de la roca; la cantidad de líquido no alcanza a formar un chorro, sino solamente a mojar continuamente la roca. Efectos capilares permiten extender el estrato membranoso y aprovechar la escasa cantidad del agua casi totalmente. El estrato frondoso es liso, muy blando, de color oliváceo negruzco. Observando el lugar en el curso de dos años (1943-1945) nunca desapareció el estrato totalmente, aunque en los meses más fríos del invierno permaneció únicamente un resto central. El estrato que cubrió en el mejor estado de desarrollo (Junio hasta Septiembre), una superficie de casi un metro cuadrado en su periferia es deslindado por una zona de Ulothrix sp. En el estrato mismo se encuentran, en primer lugar, numerosas diatomeas, euglenas, tecamebas, rotatorios y larvas de una psicodida. Cultivos primitivos en Tsingtau demostraron que la presencia de las larvas mencionadas, posiblemente también de rotatorios, favorece el crecimiento de tricomas nuevos (ciclo metabólico).

El estrato, como la suspensión viva de los tricomas de Oscillatoria TS, presenta una fluorescencia intensa de un color violeta-púrpuro a castaño, claramente diferente de la fluorescencia típica de la clorofila.

Tricomas de color pardo oliváceo a oliváceo-verde con variaciones casi iguales como O. nigra; diámetros 5.5µ a 6.5µ (a 7µ) y no tan variable como por ejemplo en O. terebriformis. Los tricomas avanzan con una velocidad de 1 a 1.5µ/sec y con una velocidad máxima de 2.0µ/sec, tienen una rotación derecha (en el sentido de los índices del reloj). Como en la mayoría de las otras especies Oscillatoria, la estructura espiral correspondiente de los tricomas se puede constatar en material vivo por observación microscópica, siempre que sus diámetros sobrepasen 4 a 5 µ. La espiral de expansión, que permite la observación macroscópica, naturalmente, está dirigida en sentido opuesto. Los extremos de los tricomas generalmente son reducidos, poco inclinados y terminan a veces en una caliptra redonda, hasta triangular, redondeada, con una membrana final engrosada. Las células son de una longitud de un medio hasta uno y un cuarto del diámetro, generalmente poco más anchas que largas (casi cuadradas). El endoplasma aparece pálido en comparación con el ectoplasma, que muestra una coloración mucho más intensa. Según nuestras experiencias, tales diferencias en la distribución intracelular del pigmento, pueden ser valiosas como indicador fisiológico y posiblemente también sistemático.

El medio de cultivo influye mucho en la formación del conjunto de los tricomas y en el estrato, como también en las características microscópicas. Tricomas de cultivos en agua pura de pozo, generalmente son relajado-helicoidales, relativamente pálidos, homogéneos en el color, y presentan los diámetros indicados. Las gránulas en las membranas transversales faltan o son escasas. En algunas soluciones, químicamente no definidas, se obtuvieron cambios morfológicos que refleja la siguiente tabla (Tabla 1). Es notable en qué grado varía el diámetro de los tricomas en los diferentes medios. Además, es evidente que la variabilidad experimentalmente provocada en cultivos de mejor desenvolvimiento, impide una determinación sistemática de esta Oscillatoria, pues el sistema en vigor no coincide de ninguna manera con su variabilidad. Es sólo un argumento más en contra de un orden artificial y forzoso.

Características	A	B	C	D
Número de mediciones:	160	184	115	389
Diámetro del tricoma, T. M.	7.8μ	6.0μ	5.9μ	5.6μ
Varía de	6.2-9.0μ	5.2-7.1μ	5.6-6.3μ	4.9-6.4μ
Membranas transversales:	bien marcadas, con gránulos	marcadas, con gránulos	en parte apretadas, con gránulos	sin gránulos
Ectoplasma:	intensamente pigmentado	intensamente pigmentado	intensamente pigmentado	ligeramente pigmentado
Diferencia de color entre ecto- y endopl.:	muy marcada	poca	poca	generalmente poca
Movimiento:	muy oscilante, parecido a Oscill. splendida	normal	normal	normal

TABLA Nº 1.—Influencia del medio de cultivo en las características morfológicas de Oscillatoria TS; Junio 1945:

A: en agua rica en substancias orgánicas, sobre un sapropel;
B: en agua de pozo + 50% de una decocción filtrada del mismo sapropel;
C: en agua de pozo sobre un sapropel más mineralizado;
D: en agua de pozo ("Iltisbrunnen") + 0.5% orina humana.

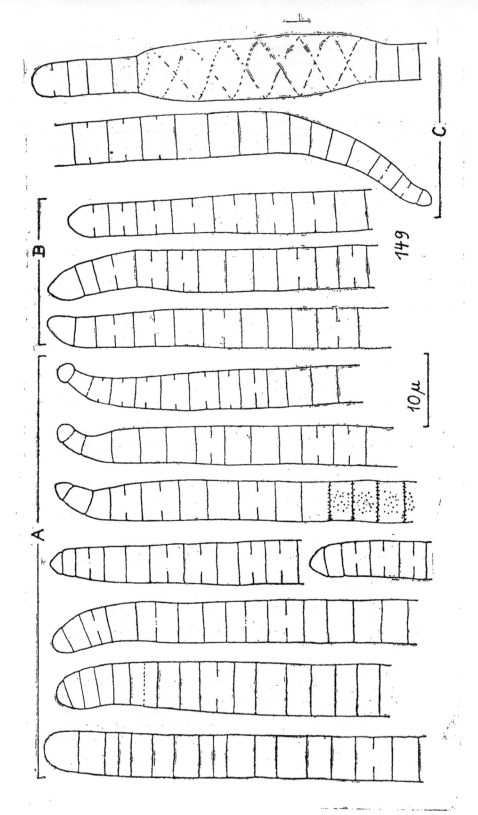

149

10μ

El material en cultivo reacciona de manera sumamente sensible a influencias de una serie de elementos menores, sobre todo metálicos. Los iones de cobre y plata provocan una estimulación marcada de la asimilación ya en concentraciones menores que 10 a 1000 millones y afectan morfológicamente el conjunto de tricomas en concentraciones de 1 a 100 millones. La sensibilidad a manganeso, zinc y cromo es casi diez veces menor, pero zinc, yodo y cobalto influyen profundamente en el color de los tricomas y en la intensidad de éste.

A ciertas cualidades de la orina humana (alimentación, edad, sexo, factores personales de una naturaleza todavía no determinada, etc.), corresponden características morfológicas -como longitud de los tricomas, formación de sus extremos, sobre todo de las células terminales y fisiológicas como la intensidad del movimiento y de la asimilación y el comportamiento del conjunto. Por ejemplo, en cultivos con 0.5% de orina humana influye el sexo del donador en la morfología de los tricomas de la manera siguiente:

Proporción numérica entre
tricomas reducidas y no reducidas:

$\male\ \male$:   1.2 a 1.4

$\female\ \female$:   0.6 a 0.7

Aumentando la concentración de orina gradualmente de 0.2 a 2.0% disminuye de manera correspondiente la expansión del conjunto, y en menor escala también la intensidad de la asimilación. Finalmente la espiral de expansión es substituída por un conjunto ± concentrado con mechones radiales, cortos e irregulares. A concentraciones bajas de orina el movimiento fototáctico es muy marcado. Agua destilada inhibe la asimilación y estimula el movimiento de expansión helicoidal en tal forma, que en el transcurso de pocas horas, el conjunto pierde totalmente su centro, formando un anillo ancho y relajado alrededor del centro original. En agua pura de pozo, la espiral de expansión crece lentamente y en general no muy regulada. Cantidades pequeñas de ácido sulfhídrico (H_2S) originan las concentraciones típicas, que se pueden observar también en muchas especies termales, y que hemos descrito anteriormente (20, 21). Al mismo tiempo disminuye la asimilación y cambia el color de los tricomas y de su conjunto o estrato, hacia un matiz azulado.

En medios empobrecidos se producen paulatinamente otros cambios morfológicos muy profundos. Un cultivo acuoso no abastecido por 6 meses, en Noviembre de 1944 ofreció el siguiente cuadro: Estratos membranosos de una estructura irregular, radial, y de diámetros de 5 a 15 mm. en la superficie del agua. En la periferie, el estrato consiste en una sola capa de tricomas. En su mayoría los tricomas formaron vaginas incoloras, pero tan resistentes que los tricomas se han dislocado por su crecimiento (Stauchungen) y resultan formas muy parecidas a las de Hapalosiphon. Secciones dislocadas aparentan tricomas primarios, células suprimidas y muertas en ellos, fingen heteroquistes. Las vaginas alcanzan un grosor de 1.5 µ y no dan reacciones de celulosa. Los tricomas secundarios falsos, aunque ofrecen todavía una estructura oscilatoriforme, varían mucho en su diámetro (4.5 hasta 9.4 µ) y alcanzan una longitud de más de 300 µ. Su coloración es aún bastante intensa y casi azul grisáceo hasta verde azulado.

Es evidente que el sistema vigente de las oscilatorias no corresponde de ninguna manera a tales características biológicas y tiene, al contrario, cualidades sin valor específico y netamente variables, según las condiciones ecológicas.

Fuera de esto se logró demostrar experimentalmente que existen cepas morfológicamente idénticas, pero fisiológicamente muy diferentes. Desde hace un año hemos cultivado morfológicamente la misma especie, proveniente de diferentes lugares, a saber:

a) De las cercanías de Sao Pablo, Brasil, del fondo de un "açude" (represa de regadío), suelo de color café, relativamente pobre en substancias orgánicas. Agradecemos en este lugar la amabilidad que tuvo la Dra. I. de Auersperg al conseguirnos las muestras correspondientes.

b) De una muestra de las cercanías de Río de Janeiro, Brasil. Expresamos nuestra gratitud hacia nuestro estimado colega Dr. Lejeune de Oliveira del Instituto Osvaldo Cruz a quien debemos una colección de muestras sumamente interesantes.

c) De musgos de Isla Soberanía, Antártida Chilena (gracias a una gentileza del Prof. F. Behn K. de nuestra Universidad que obtuvo personalmente este material en su última expedición).

d) De un desagüe en las cercanías de la Estación de Biología Marina en Montemar, Chile.

e) De acequias y murallas de casas en Concepción, Chile.

En algunos cultivos primitivos, provenientes de otros lugares, ya se observan tricomas dispersos del mismo tipo, pero la escasez del material hasta ahora obtenido, no permite todavía la investigación detallada. Todo este material será analizado en una forma más completa en trabajos futuros.

A pesar de que los hallazgos a) - e) muestran el mismo carácter morfológico, fisiológicamente presentan cualidades muy diferentes, y no hay entre ellos, dos fisiológicamente idénticos. Se entiende también por eso, que determinaciones sistemáticas a base de material fijado, son de muy poco valor biológico.

Además resulta claramente las especies de este grupo de Oscillatoria aparentemente no son cosmopolitas. Una publicación posterior tratará sobre los detalles al respecto y especialmente sobre nuestros ensayos de cultivo y sus resultados.

En relación al tema presente hay que agregar sólo algunas observaciones más generales. Los materiales a base de los cuales se desarrollaron los cultivos consisten en muestras secas de polvo, de tierra, de musgos o algas de los lugares mencionados. Observando las precauciones adecuadas se conserva la vitalidad de tales oscilatorias en una forma sorprendente. Ya los primeros ensayos de cultivo realizados en 1946 en cooperación con mi muy estimado colega y amigo Prof. Dr. **T. Soma** en el Instituto Botánico de la Universidad Nacional **China de Taiwan** (Formosa) demostraron perfectamente esta potencia de revivencia en la especie original TS partiendo de una muestra de polvo coleccionado dos años antes en Tsingtau. Estas investigaciones fueron interrumpidos bruscamente por consecuencia de los acontecimientos generales en el Lejano Oriente y cesaron forzosamente por más de dos años. Sin embargo fué posible obtener de nuevo material original y reanudar tales trabajos.

El material original de Tsingtau, ahora en cultivo, es coleccionado por nuestro amigo Dr. **K. Ludwig** el 5 de Agosto de 1947 en forma de migajones de tierra arenosa cubiertos con una capa muy delgada del estrato. Protegido contra temperaturas elevadas y contra insolación directa la secó en papel de filtro. Incluído debidamente en una bolsa de celofana lo recibí por correo en el mismo mes. Recién en Julio de 1949 en Concepción, Chile nos encontramos en la posibilidad de examinar prácticamente la reviviscencia de la muestra con esperanza a un éxito.

Todos los ensayos en medios tanto de agar como de soluciones acuosas resultaron sólo en parte: En medios apropiados se manifestó claramente la reviviscencia ya conocida, pero los pocos tricomas una vez desarrollados cesaron siempre en su crecimiento y en su aumento quedando por muchas semanas aparentemente en buen estado. En tales ensayos los diferentes medios empleados se comportan de manera distinta. En general, en más de ochenta cultivos iniciales hechos en el material de Tsingtau y en concordancia con algunos cientos con muestras parecidas de otra proveniencia se observa lo siguiente:

1.—Cultivos acuosos en medios químicamente definidos (según **Benecke, Wettstein, Beyerinck** y otros) en distintas diluciones: exclusivamente negativos.

2.—Reemplazando el agua destilada por agua de lluvia: a veces se desarrollan muy pocos tricomas, pero son rápidamente suprimidos por Ulothrichales u otras algas. Prácticamente el mismo resultado se obtiene con aguas de pozos.

3.—Agua destilada con 0.5% de orina humana matutina: desarrollo inicial aparentemente mejor, pero suprimido por un desarrollo correspondiente de algas asociadas. Agua de lluvia o de pozo prácticamente no cambia los resultados.

4.—Medios como Nº 1 con ± 1% de agar bacteriológico lavado debidamente: excepcionalmente muy pocos tricomas que dejan de crecer. Una concentración mayor de 1.5% de agar inhibe el desarrollo intensamente.

5.—Como Nº 4, pero con agar técnico nacional (Watt y Cía., Santiago): desarrollo inicial visiblemente mejor pero sin evitar la cesación siguiente del crecimiento.

6.—Como Nº 3, con ± 1% de agar: ofrece las condiciones más favorables de todos los medios examinados en el sentido que se resenvuelven más tricomas y en un mayor número de cultivos. Sin embargo, los medios de este tipo no satisfacen en lo que se refiere a un aumento continuado de la Oscillatoria, pues cesa también en ellos a crecer y aumentarse. La calidad del agar y de su tratamiento previo influyen de manera bastante compleja. El empleo de agua de lluvia o, todavía más, de pozo mejora eficazmente las cualidades del cultivo sin permitir un aumento continuado.

Resultados similares se obtiene en ensayos paralelos con los otros tipos mencionados de oscilatoria fuera del material e (pág. 5) que crece más o menos bien, aunque lentamente. Las exigencias de este hallazgo de Concepción aparentemente son menores. Resumiendo las experiencias en cultivos primitivos basados en nuestras secadas experiencias que fueron coleccionadas durante más de siete años en la China continental, en Formosa y en la Provincia de Concepción, parecen notables los siguientes hechos:

1.—La orina humana como base de un medio acuoso estimula la revivencia justamente de Hormogonales más que todo otro medio controlado. Tanto el número de especies desarrolladas como su cantidad obtenida son superiores. Naturalmente, se observa también en medios de orina efectos selectivos de manera que favorecen ciertas especies y —probablemente— suprimen otras. Además se presentan pronunciadas diferencias fisiológicas entre las orinas según su proveniencia (pág. 3).

2.—En la China y en Formosa prevalecen en general cuantitativamente esquizoficeas en tales cultivos (21), siguen diastomeas y algas verdes y por último —no tomando en cuenta los bacterios— hongos en cantidades relativamente pequeñas. Mientras tanto, en la Provincia de Concepción y en sus regiones vecinas casi siempre son los hongos los que se desenvuelven mejor y muchas veces de tal manera que suprimen todo desarrollo autotrófico. Este fenómeno es tan frecuente y marcado que representa indudablemente un característico microbiológico fundamental de nuestras regiones. Las causas residen principalmente en factores químicos de las aguas y de los suelos regionales (pág. 9). Sin embargo, fuera de ellos podrían influir factores físicos, talvez del tipo de radiaciones meteorológicas recientemente descritas por **Bortels** (5).

3.—En cultivos a base de orina humana la potencia de revivir es normalmente mayor en oscilatorias y en algunas otras Hormogonales que en diatomeas. Sólo Hormogonales y algunas unicelulares verdes a menudo ganan la superioridad, si no son suprimidos por hongos competentes. En todo caso, la afinidad de muchas oscilatorias a la orina humana es muy marcada.

4.—Para las especies en investigación la orina humana en China y en Formosa presenta un medio de cultivo casi completo, mientras tanto dicha substancia, insuperable por medios químicamente definidos, falla en nuestra región frecuentemente. Otra vez tropezamos con factores ecológicos aparentemente de naturaleza química o bioquímica.

FACTORES MINERALES

Con este breve resumen ya nos encontramos profundamente en el problema de los "chilenismos de la naturaleza": Suelos y aguas son la base de la producción orgánica y en ellos residen los factores que inhiben el crecimiento de la especie en discusión. Durante meses parecía imposible aumentar los tricomas de la Oscillatoria TS y de algunas otras Hormogonales en cultivos de revivencia. Tales estados de estagnación del crecimiento son perfectamente conocidos a los experimentadores en este campo. Sólo observaciones casuales nos condujeron finalmente a una posibilidad de superar las dificultades descritas. Investigaciones ecológicas enseñan que las Hormogonales y en primer orden las oscilatorias en el sur de Chile presentan una distribución natural muy característica, prefiriendo marcadamente ciertos espacios vitales y evitando otros casi en total. Enumeramos en seguida los lugares de mayor población de las Nostocales en orden decreciente, no tomando en cuenta lugares netamente marinos:

1.—Aguas termales y minerales, alcalinas y neutras, excluyendo las que contengan ácidos minerales libres. Casi todas las aguas de tal tipo y en todo el país son muy ricas en estos organismos. Aparentemente prevalecen en general formas del grupo O. brevis y terebriformis.

2.—Aguas salobres en la cercanía de la costa y en el interior (p. ej. Río Loa); muchas vertientes y riachuelos en la región central y, todavía más, en el Norte Chico.

3.—Ciertos desagües y sus bordes. La observación de la distribución en estas aguas coincide perfectamente con las hechas en otros países.

4.—Canteras y rocas magmáticas vivas, siempre que haya la suficiente cantidad de agua.

5.—Murallas de piedras y paredes de casas relativamente recientes que se encuentran a la sombra y tienen cierta humedad.

6.—Al pie de árboles solitarios o en el interior de bosques; en troncos recientes de árboles y en la savia de ellos.

7.—Canales de regadío. El Río Bío-Bío parece marcar un límite entre una zona norte de abundante flora y una zona sur más escasa en algas. En general se puede afirmar que la riqueza en oscilatorias aumenta hacia el norte.—Las diferencias entre las zonas sur y norte entorpecen mucho este esquema.

Por supuesto que el orden probablemente es semejante en otros países, pero la riqueza de la flora contrasta tanto con la de otros espacios vitales, que este hecho debe considerarse típico para Chile y sobre todo para las zonas al sur del Río Bío-Bío. Vale esta observación para los puntos 4 a 7 mucho más que para los restantes. Insistimos que las aguas superficiales y en especial los terrenos cultivados son extraordinariamente pobres en oscilatorias y en Hormogonales en general, comparando con otros países. Solamente por esta razón salta al ojo la riqueza relativa de los lugares mencionados.

Supongamos que la característica común de los espacios vitales preferidos es el abastecimiento más variado y más completo de minerales. Nos inclinamos a decir que el árbol desempeña el papel de motor en la circulación de los bioelementos, hipótesis que es apoyada por la rica flora al pie de ellos.

Tomando como base todas estas observaciones ecológicas llegamos a la conclusión de que ciertas deficiencias minerales son responsables de la inhibición del crecimiento en nuestros cultivos. Fundándonos en varias centenas de cultivos aislados de oscilatorias, hemos desarrollado una solución adicional a los medios de cultivo. Esta solución provisoria contiene los siguientes iones: fierro ,manganeso, zinc, molibdeno, cobalto, cromo, iodo, plomo, wolframio, antimonio litio, bario, titanio y aluminio. Dichos iones se adicionan al medio de cultivo en cantidades que varían entre 10 y 400 γ/l). Esta solución se basa sobre observaciones netamente empíricas en cultivos aislados. El resultado ha sido satisfactorio por cuanto ha salvado la inhibición arriba detallada, empleándose orina humana como base del medio. La solución es deficiente, si se utiliza medios sintéticos bien definidos. Estamos seguros que la composición debe sufrir cambios cualitativos y cuantitativos antes de adquirir su forma definitiva. Decociones de polvos de piedras magmáticas preparadas de maneras diferentes mejoran también los medios de cultivo, pero en general no son tan eficaces como la solución mencionada. Hasta hoy las observaciones sólo nos permiten afirmar que hay una serie de deficiencias minerales en vastas regiones del país, deficiencias que se evidencian en sentido biológico y ecológico. En primer término hay que estudiar la distribución de elementos contenidos en la solución adicional y además la de cobre y boro. Estos dos iones se han excluído a propósito por dañar los cultivos en discusión.

Si determinadas deficiencias significan tales cambios en la ecología de las Hormogonales, debe haber atipías considerables en otros terrenos de la biología. Sobre el respecto, especialmente en sus relaciones prácticas, versa un trabajo actualmente en imprenta (25). Esto nos permite limitarnos a una breve enumeración. Analizando el carácter ecológico del país debemos excluir para el propósito las influencias climáticas directas que significan por un lado la corriente Humboldt y por otro la cordillera como obstáculo termodinámico. Además hay que excluir todos los efectos que tiene la cordillera como límite biogeográfico (disjunción chilena-nuevaselandés). La gran mayoría de las peculiaridades biológicas de Chile, tan impresionantes y muchas veces descritas (3, 9), son determinadas por los factores climáticos y biohistóricos recién excluídos. Pero queda un gran número de **"chilenismos de la naturaleza"** que resisten a tal explicación. Creemos poder afirmar que por lo menos un alto porcentaje de ellos tiene sus causas en los empobrecimientos minerales. Sin perdernos en detalles enumeramos algunos hechos bien conocidos al respecto:

1.—Con la riqueza extraordinaria de la flora espermatófita endémica contrasta en forma grosera la pobreza de la fauna tanto en especies como en individuos, especialmente de los homiotermos. Este contraste alcanza su máximo en las selvas del sur.

2.—Los zoólogos acentúan la alta frecuencia de variaciones en las especies animales en Chile sin encontrar una causa satisfactoria del fenómeno (9).

3.—Animales domésticos importados se inclinan casi en su totalidad a una decadencia en el rendimiento de todos los aspectos (tanto dinámicos como genéticos).

Es muy probable que los primeros tres puntos están íntimamente relacionados con deficiencias en zinc, manganeso y cobre y otros que pudimos demostrar en nuestros objetos de investigación. Fuera de los efectos directos de tales deficiencias en el animal hay que considerar los indirectos, pues la producción de vitaminas en la planta y por lo tanto de la alimentación del animal depende absolutamente de su abastecimiento adecuado con manganeso, cobre y otros iones.

4.—Plantas de cultivo muestran fenómenos correspondientes de decadencia. Investigaciones recientes hechas en el Instituto Bacteriológico de Chile por **A. Henríquez U.** y otros (10) demuestran una composición química inferior en el trigo chileno. Los datos comunicados nos indican que se deben a las consecuencias de deficiencias minerales, preferentemente de manganeso adquirible (25).

5.—Algunas otras plantas importadas muestran un desarrollo exhuberante. En el caso de la zarzamora (Rubus ulmifolia y otras) pudimos demostrar experimentalmente que la plaga causada por esta planta se debe primordialmente a la falta de inhibición reguladora por bien determinadas minerales muy pobres en nuestros suelos. Probablemente el crecimiento excesivo de algunas otras malezas reside también en estos factores.

6.—La distribución precolonial de la población humana es muy inhomogénea y tiene claramente su mayor densidad en la costa y en el área de crecimiento de la araucaria (Araucaria imbricata) y del avellano. La base alimenticia de los habitantes primitivos eran mariscos y productos marinos en general y el fruto de estos dos árboles, francamente ricos en minerales.

7.—Los suelos cultivados son notoriamente pobres en humus y exigen muchas veces cantidades excesivas de abonos para producir cosechas satisfactorias. Tanto los microorganismos que producen y conservan el humus como las plantas de cultivo necesitan un abastecimiento adecuado en minerales. En la agricultura, seguramente en muchos casos las impurezas de los abonos no representan un lastre inevitable si no, al contrario, los factores eficaces y valiosos en el abastecimiento mineral. Por experiencia conoce la agricultura en todo el mundo el valor de los elementos menores contenidos en el salitre de Chile. Pero en el sur del país aparentemente su cantidad no es suficiente para satisfacer las exigencias de los suelos.

8.—Es bien conocido el gran éxito terapéutico de las termas chilenas. En su mayoría son químicamente pobres considerando los análisis hechos hasta hoy. Todos los intentos para deducir los efectos terapéuticos comprobados de los elementos analizados no resisten una crítica científica. Sin lugar a duda el valor médico está preferentemente en su contenido en elementos menores. Su existencia la hemos podido demostrar biológicamente por investigaciones en esquizofíceas termales. El valor terapéutico de tales elementos debe ser tanto mayor cuanto más pronunciadas son las deficiencias del balance mineral en el hombre (20, 21, 24, 25, 28).

9.—En el hombre de las generaciones actuales se observan una serie de atipías que se pueden en parte incluir en el capítulo "chilenismos". Recalcamos las investigaciones efectuadas por el Prof. Dr. **E. Herzog** de la Universidad de Concepción sobre la trombosis, la embolia y el amiloide y del Prof Dr. **G. Giron** de la Universidad de Chile, quien hizo notar el tamaño infranormal del bazo (8). Además hay que recordar en la existencia del bocio en Chile (7) íntimamente relacionado con peculiaridades en el ciclo del iodo del país. Al fin son conocidos fenómenos todavía no bien esclarecidos. Vale mencionar las dificultades de aclimatación, una mayor necesidad de sueño, el elevado consumo de hidratos de carbono (pan, azúcar y vino). El balance mineral influye seguramente en forma marcada también en el hombre. Las causas inmediatas de "chilenismos" en el hombre probablemente no van a indicar hacia una deficiencia mineral, pero a través del ciclo agua-suelo-vegetal-animal-hombre se llega, mirando hacia atrás, a las causas primitivas de muchos fenómenos discutidos. Tenemos presente que las influencias directas e indirectas que tiene el balance mineral de aguas y suelos en el hombre son numerosas y muy variadas. De todos modos se hace imperioso orientar la atención de la medicina hacia los factores de insuficiencias minerales y hacia la importancia fisiológica de cada disarmonia en estos factores complejos. En los últimos años se han publicado en el extranjero trabajos que acentúan el papel decisivo que desempeñan en la fisiología y patología humana bioelementos comprobadamente escasos en nuestros suelos. El espacio vital en su totalidad, incluso el hombre y sus parásitos, están subordinados al balance mineral, tanto en sus efectos inhibidores como exaltadores.

Nos limitamos a esta enumeración, aunque sería posible agregar varios chilenismos más. Una vez fijada la atención sobre el problema del abastecimiento mineral del país es fácil evidenciar numerosos signos de deficiencia específica en la flora rural. En las plantaciones de citrus es frecuente la observación de clorosis debido a deficiencias en magnesio, zinc, hierro y posiblemente manganeso. Las naranjas muestran muchas veces claramente consecuencias de la falta de cobre que por otro lado se hace notar en cereales. Manzanales sufren a menudo de deficiencias de boro como indican los signos típicos. No es este el lugar para seguir enumerando síntomas típicos y bien conocidos de deficiencias en plantas. Las hay numerosas en las zonas central y sur del país. Frecuentemente no son tan marcadas como sería de esperar por nuestros resultados microbiológicos.

Por otro lado las observaciones hechas por **Henríquez** (10) en el trigo evidencian los profundos trastornos fisiológicos causados por deficiencias.

El conjunto de nuestras investigaciones de laboratorio y observaciones de los chilenismos de la naturaleza nos conduce a la siguiente hipótesis como base de la continuación de los trabajos. Lo característico del balance mineral del sur de Chile consiste principalmente en un empobrecimiento simultáneo en varios bioelementos. La distribución regional de los fenómenos tratados hace suponer que una de las causas principales de las pérdidas en minerales reside en el clima actual y pasado. En el sur los signos de deficiencias son más frecuentes y más marcadas que en la zona central. Coincide esto bien con la distribución de las precipitaciones. Tratamientos inadecuados de los suelos y pérdidas en minerales por las cosechas aceleran el proceso del empobrecimiento en terrenos cultivados. La disminución simultánea en varios bioelementos tiene por consecuencia que los síntomas inmediatos de deficiencias específicas no son tan marcados como desde un principio se podría esperar. No es tanto una disarmonia mineral la que se produce, sino un empobrecimiento general en elementos menores muy solubles o que pueden ser fijados fácilmente en el suelo. Por eso se observan sobre todo perturbaciones difusas de la vitalidad: disminución del rendimiento agrícola de los suelos, proliferación de ciertas malezas, enfermedades animales atípicas, restricción del rendimiento biológico, preferentemente en animales y plantas de cultivo, empobrecimiento extremo en algas del suelo combinado con una riqueza extraordinaria en hongos, etc.

Las consecuencias de tales empobrecimientos en el balance mineral deben extenderse prácticamente a través de toda la existencia y salud humana.

RESUMEN

Una Oscillatoria **sp.**, hallazgo de Tsingtau, China, presenta una serie de cualidades de indicador ecológico. Reacciona con extrema sensibilidad a una serie de elementos menores en muy altas diluciones y a diferentes factores de la orina humana que sirve como base del medio de cultivo. Dificultades en su cultivo experimentadas en Concepción y su vencimiento conducen finalmente a la comprensión de muy marcadas características del balance mineral en el país. Por medio de experimentos de cultivo resulta que aguas, suelos y la orina humana de aparentemente extensas regiones presentan empobrecimientos en una serie de bioelementos indispensables. Entre ellos se encuentran preferentemente magnesio, zinc, manganeso, cobalto y iodo. (Además se observan en plantas superiores signos de deficiencia en cobre y boro, elementos que quedan fuera de ellos que indica la especie en discusión). Al fin se enumera una serie de fenómenos regionales tanto en vegetales y animales como en el hombre, fenómenos que son probablemente relacionados con perturbaciones del balance mineral.

SUMMARY

An Oscillatoria sp. found near Tsingtau/North China, presents various qualities of an ecological indicator. The species reacts sensitively on some minor elements in very high dilutions and on different factors of the human urine, which is used as a base of cultura medium. Difficulties in cultivation of this original material observed in Concepción/Chile and their overcoming leads to the conclusion, that the mineral balance of this region has some peculiar characteristics. In culture experiments we see, that waters, soils and humane urine present an effective lack of some indispensable bio-elements in vast regions of Chile. Among these elements are especially magnesium, zinc, manganese, cobalt and iodine. (Moreover superior plants of these regions sometimes show deficiency of two more elements, which the Oscillatoria under investigation does not indicate: copper and boron).

Plants, animals and human population present some regional pecularities, which probably are related with alterations of our mineral balance. These observations lead to the hypothesis that the decrease in several bio-elements at the same time —apparently typical for the southern parts of Chile— causes disturbances of the vitality often without showing characteristical symptons of a specific lack. Tiese diffused alterations are for example: disminution of the agricultural productivity, propagation of certain weeds, an untypical course of animal deseases, an extreme poverty of algues in the soils.

LITERATURA CONSULTADA

1.—ANONIMO.—Bibliography of the Literature on the Minor Elements. 4th ed., vol. I, comp. and publ. by Chil. Nitr. Educ. Bur., Inc., New York, 1948.

2.—ANONIMO.—El Yodo. La vida de las plantas. Corp. Venta de Salitre y Yodo de Chile, Santiago 1950.

3.—BERNINGER, O.—Wald und offenes Land in Südchile seit der spanischen Eroberung. Geogr. Abh. III/1, 1929.

4.—BOAS, FR.—Dynamische Botanik. 2 Aufl., München 1942.

5.—BORTELS, H.—Mikrobiologie und Witterungsablauf. Zbl. Bakt., Paras., Infekt. u. Hyg., I Orig., 155: 160-170, 1950.

6.—BRÜGGEN, J.—El origen de las aguas minerales de Chile. Rev. Chil. Hist. Geogr., 109: 1-40, 1947.

7.—FRIEDRICHS, K.—Ökologie als Wissenschaft von der Natur oder biologische Raumforschung. Bios VII, Leipzig 1937.

8.—GIRON, G.—Los cuadros anatómicos clásicos y sus variaciones. Arch Chil. Morf. VI, 47-51, 1942.

9.—HELLMICH, W.—Die biogeographischen Grundlagen Chiles. Fauna Chilensis, Pars secunda, Zool. Jahrb., 64, Syst. 165-226, 1933.

10.—HENRIQUEZ, A.—Composición química de trigos chilenos. 4. Congr. Sudam. Quím. I, 2, 240-244, Santiago 1948.

11.—HERZOG, E.—Trombosis y embolía en Chile. Rev. Sudam. Morf., *1*, 1, 1943.

11α.—HERZOG, E.—Das Problem des Amyloids in Chile. (XI. Beitr. z. geogr. Pathol. Chiles). Zbl. Allg. Path. u. Path. Anat., *84*, 1948.

12.—HERZOG, TH, G. H. u. E. SCHWABE.—Zur Bryophytenflora Südchiles. Beih. Bot. Cbl., LX, B, 1-51, 1939.

13.—KRASSKE, G.—Zur Kieselalgenflora Südchiles. Arch Hydrob., XXXV, 348-468, 1939.

14.—MARULL, J.—Estudio sobre deficiencia de manganeso en la Provincia de Santiago. Copia, Apartado.

15.—RIPPEL-BALDES, A.—Grundriss der Mikrobiologie. Berlin, 1947.

16.—SANTA CRUZ, A.—La flora extranjera y el clima de Chile. Atenea, 115, Concepción, 1935.

17.—SCHARRER, K.—Biochemie der Spurenelemente. 2. Aufl., Berlín 1944.

18.—SCHARRER, K.—Die Bedeutung der Spurenelemente für die Pflanzenernährung und Düngung. Landwirtsch. Forsch. I, 2/3, 1949.

19.—SCHWABE, G. H.—Sobre biotopos termales en el sur de Chile. Bol. Soc. Biol., X, 93-123, Concepción 1936.

20.—SCHWABE, G. H.—Umraumfremde Quellen. Mitt. Ges. Nat. Völkerk. Ostasiens, Suppl. Bd. XXI, Shanghai 1944.

21.—SCHWABE, G. H.—Blaualgen und Lebensraum, I, II. Acta Bot. Taiw., II. ser. *1*, 3-82, Taipeh, Formosa 1947.

22.—SCHWABE, G. H.—Schizophyceen als ökologische Indikatoren und Testorganismen. Arch. Hydrob., XLII, 474-482, 1949.

23.—SCHWABE, G. H.—Hinweise zur Auswertung der Thermalaktivität Islands. Tim. Verkfr., *34*, 1-7, Reykjavik, 1949.

24.—SCHWABE, G. H.—Karbonate des Bodens in Thermen. XI. Intern. Congr. Limnol., Gent, 1950.

25.—SCHWABE, G. H.—Circulación de bioelementos y su aspecto chileno. Concepción, Chile, 1950.

26.—STILES, W.—Trace elements in plants and animals. Cambridge, New York 1948.

27.—SUAZO, F. L.—Estudio sobre la frecuencia y formas anátomo-patológicas de bocio en Concepción. Bol. Soc. Biol., VII, 85-109, Concepción 1933.

28.—VERHANDLUNGEN der BALNEOLOGEN, etc.—D. Bäderverb. 2, Gütersloh, 1949.

29.—VOUK, V.—Grundriss zu einer Balneobiologie der Thermen. Basel, 1950.

INSTITUTO DE BIOLOGIA GENERAL
de la
Universidad de Concepción (Chile)
Sección Hidrobiología

Diatomeas del Archipiélago de Formosa (Taiwan)

por

Georg Krasske, G. H. y E. Schwabe

(Recibido por la Redacción el 15–X–1950)

INTRODUCCION

Nos es un placer presentar más adelante un trabajo del famoso especialista en diatomeas, **Georg Krasske, Kassel,** quien por sus investigaciones anteriores y presentes es, sin duda alguna, la primera autoridad en estudios de la flora bacilariófita en Chile y, sobre todo, de nuestra región. **Krasske** pertenece a tal tipo de científicos, cada vez más escasos, que dedican todo su esfuerzo y toda su vida a un problema netamente científico, y por eso es uno de los especialistas más conocidos en todo el mundo, por sus obras en este campo de la botánica y florística, pues ha publicado en el curso de los últimos años una serie de trabajos exclusivamente sobre diatomeas de muchos países. Se extienden sus obras sobre las zonas siguientes: Alemania, Austria, Alpes, Islandia, Spitzbergen, Laponia, Armenia, Archipiélago Sunda e Isla Ceylon, Brasil, Chile y Tierra del Fuego, tratando tanto las floras recientes como fósiles a base de tierra de diatomeas, turba y otros materiales geológicos.

Debemos a **Krasske,** sobre todo, investigaciones amplias y profundas de la flora chilena, investigaciones que ya son referidas en nuestro Boletín (XXIV, 1949), y recientemente completadas por sus estudios sobre diatomeas subfóssiles de Tierra del Fuego (1949). Gracias a estos trabajos de nuestro colaborador,

ISLA
HAINAN

B
BYORITSU

(ISLAS)

PESCADORAS

50 km

Chile es hoy día el país mejor conocido en lo que se refiere a las diatomeas en toda América del Sur, y en algunos aspectos en el mundo entero. Además, el investigador diligente se encuentra ahora efectuando un estudio todavía más extenso sobre diatomeas chilenas, coleccionadas en su mayoría por nosotros. Este material, cuya elaboración exigirá a lo menos dos años más, proviene de todo Chile, desde Arica hasta más allá de la Isla Soberanía. Tales trabajos florísticos, completados por observaciones ecológicas, son tanto más valiosos cuanto se basan en comparaciones entre las flores de diferentes países. También por eso nos es un placer presentar en lo siguiente resultados de **G. Krasske** obtenidos en la investigación de nuestras colecciones de Formosa. En la lista sistemática están marcadas por un asterisco (*) las formas que **Krasske** ha encontrado anteriormente también en Chile.

Hemos coleccionado el material en discusión durante nuestra permanencia profesional en la Universidad Nacional de China de Taiwan (Formosa) o sea de Septiembre de 1946 a Agosto de 1947 en las regiones indicadas en el mapa adjunto. No es este el lugar para describir en detalle la región, sus condiciones geográficas y las localidades de hallazgos. Remitimos para tal fin a la literatura al respecto. Limitámosnos a dar algunas advertencias al lector con el objeto de facilitar el aprovechamiento científico de la publicación.

El distrito A (mapa) incluye la ciudad universitaria y capital Taipeh (Taihoku) y sus alrededores, el pueblo Karobetsu (Halapiet) y el Volcán Daiton al lado oeste del camino de Taipeh a Tamsui, el puerto histórico de Formosa. Fuera del Daiton, donde se ha coleccionado en alturas hasta 800 metros, todo el material de ese distrito A proviene de lugares no más elevados que 300 metros sobre el nivel del mar. Del distrito B que se extiende del pueblo Byoritsu al oeste, o sea a la montaña de los "cazadores de cabezas" existe un número de muestras que pertenecen exclusivamente a alturas entre 250 y 1200 metros y a la flora de selvas vírgenes. Los lugares Kaminoshima, "Cabeza del Tigre" ("Tigerkopf", traducción del formosano de una montaña) y "riachuelo 1000 m" ("Urwaldbach, 1000 m") se encuentra dentro del distrito B. Biológicamente los dos distritos A y B son de carácter subtropical. Mientras tanto en Shinko (distrito C, costa oriental de Formosa) la naturaleza ya ofrece condiciones más o menos tropicales. Allá pudimos estudiar únicamente los alrededores del pueblo en una distancia de unos pocos kilómetros. Los biótopos más interesantes de musgos, diatomeas y otras algas nos parecían ser las rocas de Ryukyu-Limestone en la playa, y la corteza de troncos de Altocarpus.

Trasladándonos de la isla madre de Formosa a los islotes Kwashyoto (distrito K) y Botel Tabago o Kotoshyo (distrito BT) atravesamos un límite biogeográfico muy marcado, pues los dos islotes pertenecen por el carácter de su flora y fauna claramente a la región de las Islas Bataan (zona norte de las Filipinas). Sobre los detalles al respecto remitimos a la literatura. En los dos islotes volcánicos nos encontramos definitivamente en el trópico, lo que ya indican los arrecifes coralinos en sus costas. Sobre algunas peculiaridades de la estructura ecológica con respecto a la flora criptogámica trataremos en conjunto con nuestros resultados sobre esquîzoficeas.

Finalmente queremos expresar nuestro agradecimientos al señor Director del Instituto Oceanográfico de Formosa, Prof. Dr. **Mah** y al señor Decano de la Facultad de Ciencias de la Universidad Taiwánica, Prof Dr. **Shen** por la gentileza de invitarnos a tomar parte en la Expedición Botel Tabago del año 1947. Sólo esta invitación nos permitió conocer los dos islotes mencionados de tanto interés para los biólogos.

G. H. y E. Schwabe

Concepción, el 12 de Octubre de 1950.

LISTA SISTEMATICA

A. ZENTRALES

I. COSCINODISCACEAE

1.—Gattung Melosira Ag.

M. varians Ag.—Hust. Kieselalg. I, S. 240, Fig. 100. In 4 Proben, davon in 3 aus Bächen, zerstreut bis häufig.

* **M. granulata** (Ehr) Ralfs.—Hust. Kieselalg. I, S. 248, F. 104 a-c, e, f. Vereinzelte Stücke in 3 Moosproben. Schon 1932 (S. 94) bei der Untersuchung von Moosrasen der Alpen wies ich darauf hin, dass sich immer wieder Einzelstücke dieser Planktonform eutropher Seen in Moosrasen finden ("vor allem in Moosrasen des xerotischen Typus"), so dass Verschleppung allein nicht in Frage kommen kann.

M. undulata (Ehr.) Kütz.—Hust. Kieselalg. I, S. 243, F. 102. Tropenform! Sie fand sich in 7 Moosproben, u. zw. in 3 von Wasserfällen bespritzt, in 4 aus Bächen, bzw. von Bächen bespült. In einer Probe von einer Felswand. Es wird also Hustedt's Vermutung bestätigt, dass es sich um eine aerophile Bach- und Quellenform handelt, die unter Umständen sogar stark duchlüftete Standorte bevorzugt. Sie fand sich aber nie in grösseren Massen. Bei einer Probe wurde pH 6,8 und Alkalinität 3,7 festgestellt.

M. Ruttneri Hust. 1937, S. 140, T. IX, F. 11-16.—In 13 Proben aus Moosen von Wasserfällen und Bachbetten, z. T. sehr schattig und von Spritzwasser besprüht. Besonders häufig in Moosen an einer Baumwurzel in einem Bachbett auf Botel Tabago (sehr schattig.). Die Standorte sind also ähnlich wie bei M. undulata. Nach Hust. l. c. S. 141 "Leitform wenig durchfeuchteter, stark durchlüfteter Biotope an ausgesprochen alkalischen Gewässern". Bisher nur von den Sunda-Inseln bekannt! Die Proben stammten bis auf 3 von der Insel Botel Tabago.

* **M. Dickiei** (Thw.) Kütz.—Hust. Kieselalg. I, E. 243, F. 101. Aerophile kosmopolitische Art. In 49 Moosproben ± häufig, in 10 massenhaft! u. zw. fast stets mit "Inneren Schalen". Die Fundorte waren z. T. sehr schattig.

* **M. Roeseana Rabh.**—Hust. Kieselalg. I, S. 266, F. 112. Die verbreitetste Art des Untersuchungsmaterials: in 54 Proben, darunter in 7 massenhaft, u. zw. in - feuchten bis trockenen Moosrasen, in ersteren besonders gross, in letzteren nur Kümmerformen. Unter der Art:
  * **var. spiralis** Grun. Hust. l. c. und **var. tropica** Krasske 1948, S. 422, T. I, F. 1, 2.
  var. formosana n. v. Innere Begrenzung der Valvarfläche polygonal. (also ähnlich M. undulata v. Normani!).

M. setosa Grev. Atl. T. 182, F. 42-46.—Aus einer Kultur von Algen der N-Wand von Botel Tabago. Sie war mit Meerwasser angesetzt und die Art wohl dadurch eingeschleppt. In der Kultur entwickelte sie sich massenhaft, alle anderen Formen überwuchernd bis auf die ebenfalls massenhafte Rhopalodia gibberula.

2.—Gattung Stephanodiscus Ehr.

* **St. astraea** (Ehr.) Grun.—Hust. Kieselalg. I, S. 368, F. 193. Kosmopolitische Planktonform. Botel Tabago, vereinzelte verschleppte Stücke in 3 Proben.

* **St. Hantzschii** Grun.—Hust. Kieselalg. I, S. 370, F. 194. Kosmopolit. In 6 Proben aus ± stark eutrophen Gewässern, besonders in 3 Schlammproben von Colocasia-Feldern von Botel Tabago und einem Reisfeld Bewässerungsgraben bei Taipeh (Formosa).

II. BIDDULPHIACEAE

3.—Gattung Biddulphia Gray.

B. pangeroni (Leud. Fortm.) Hust. 1937, S. 147, T. IX, F. 17-20. Vereinzelt in 2 Schlammproben von Colocasia-Feldern (BT).

4.—Gattung Hydrosera Wall.

H. triquetra Wall. Atl. T. 78, F. 36-38.—In 6 Proben. Ziemlich häufig in Moosen neben einem Wasserfall, sowie in einem Bach zwischen Cyanophyceen (BT). Auf Formosa vereinzelt bis zerstreut in Bachmoosen und Reisfeld-Bewässerungsgräben. Nach Hustedt (1937, S. 146) "Leitform stark durchströmter oder durchlüfteter Fundorte, insbesondere Wasserfälle und Bäche". Seine Ansicht bestätigen obige Funde!

III. ANAULACEAE

5.—Gattung Terpsinoe Ehr.

T. musica Ehr.—Hust. Kieselalg. I, S. 898, F. 540.—In 8 Proben! Massenhaft in 2 Proben von überrieselten Moosen (pH 6,8, Alk. 3,7 ccm.) von BT, zerstreut in Moosen eines kleinen Wasserfalles dort. Die vereinzelten Stücke in Colocasia-Schlamm sind wahrscheinlich mit der Bewässerung eingebracht worden. Auf F vereinzelt in Moosen eines Baches festgestellt. Alle Fundorte sind ± weit von der Küste entfernt, was auch für die beiden vorigen Arten gilt! T. musica scheint danach eine Form stark durchlüfteter oder duchströmter tropischer Standorte zu sein.

B. PENNALES

IV. FRAGILARIACEAE

6.—Gattung Diatoma De Cand.

* **D. elongatum** (Lyngb.) A.—Hust. Bac., S. 127, F. 111.—Kosmopolit. Sehr selten in Bachmoosen bei Karobetsu. Von Hustedt auf den Sunda-Inseln nicht gefunden, dagegen (ebenfalls sehr selten) auf Oahu.

* **D. hiemale var. mesodon** (Ehr.) Grun.—Hust. Bac. S. 129, F. 116. Kosmopolit! In 5 Proben: Massenhaft in Spritzwasser eines Urwaldbaches in 1000 m. Höhe auf F am Bergmassiv "Tigerkopf". Gilt als Kaltwasserform!

7.—Gattung Fragilaria Lyngb.

* **F. pinnata** (Ehr.) Hust. Kieselalg. II, S. 160, F. 671 mit **var. lancettula** (Schum) Hust. l, c, S. 161, F. 71 Im-o. Zerstreut in 7 Proben. Häufig in den stark eutrophierten Bewässerungsgräben der Colocasia-Felder Botel Tabagos. Kosmopolit.

* **F. construens** (Ehr.) Grun.—Hust. Kieselalg. II, S. F. 670 a-c. Kosmopolit. In 6 Proben. Ebenfalls ziemlich häufig in den ob. Gräben.

8.—Gattung Synedra Ehr.

* **S. ulna** (Nitzsch) Ehr.—Hust. Kieselalg. II, S. 195, F. 691A, a-c. Kosmopolit. In 23 Proben. Massenhaft in Bächen und Bewässerungsgräben, aber auch zerstreut in überrieselten Moosen.
   var. amphirrhynchus (Ehr.) Grum.—Hust. l. c. S. 200, F.
   var. amphirrhynchus (Ehr.) Grun. Hust. I. c. S. 200, F. 691A, e. Unter der Art.
   * **var. impressa** Hust. l. c. S. 199, F.691A, i. In feuchten Moosen.
   var. tenuirostris Hust. 1937, S. 156, T. XIII, F. 60. Daiton, Bachbett.

S. parasitica (W. Sm.) Hust. Kieselalg. II, S. 204, F. 695 a-b. Kosmopolit. Vereinzelt in Bachmoosen (Daiton, Karobetsu).

* **S. acus** Kütz.—Hust. Kieselalg. II, S. 201, F. 693 a. Kosmopolitische Litoralform. In Bachbewuchs an der Westküste von BT.
   * **var. radians** (Kütz.) Hust. l. c. S. 202, F. 693 b. BT: Süsswassertümpel am Strande.

V. EUNOTIACEAE

9.—Gattung Eunotia Ehr.

Eu. Tschirchiana O. Müll. Atl. T. 382, F. 98-100.—Hust 1937, S. 173/4. Bisher nur von den Sunda-Inseln gemeldet. Häufig an Geröll in einem Bachbett am Daiton (F).

Eu. formica Ehr. **var. sumatrana** Hust. 1937, S. 176. 1935, S. 149, T. 3, F. 21. Vereinzelt in Reisfeld-Bewässerungsgräben beim Landwirtschaftsinstitut von Taipeh (F). Bisher nur von den Sunda-Inseln bekannt.

* **Eu. praerupta** Ehr.—Hust. Kieselalg. II, S. 280, F. 747, A. a-e. Gebirgsgewässer liebende kosmopolitische Form! Häufig in einem Urwaldbache in 1000 m Höhe, u. zw. in 3 Proben. Unter der Art:
   var. bidens (W. Sm.) Grun. In weiteren 6 Proben aus feuchten Moosen und von Wänden zerstreut bis ziemlich häufig.

* **Eu. pectinalis** (Kütz.) Rabh.—Hust. Kieselalg. II, S. 296, F. 763 a, k. Kosmopolit. In 14 Proben vereinzelt bis häufig.

* **Eu. exigua** (Bréb.) Rabh.—Hust. Kieselalg. II, S. 285, F. 751 a-r. Nur in einer Probe aus einem Süsswassertümpel (BT) mit

* **Eu. tenella** (Grun.) Hust. Kieselalg. II, S. 284, F. 749.

* **Eu. fallax** A. Cl.—Hust. Kieselalg. II, S. 288, F. 753 a mit **var. gracillima** Krass. Hust. l. c. 753 b-e. Kosmopolitische aerophile Form, die sich sowohl an Wänden, als auch besonders in ± trockenen bis feuchten Moosen fand, u. zw. meist in Mengen, besonders var. gracillima.

Eu. similis Hust. 1937, S. 165, T. XII, F. 5-8. Sunda-Inseln! Zerstreut im mehrfach erwähnten Urwaldbach in 1000 m Höhe, sowie an senkrechter Wand am Daiton. Nach Hustedt Quellen- und Bachform, wohl aerophil.

VI. ACHNANTHACEAE

10.—Gattung Cocconeis Ehr.

* **C. placentula** Ehr.—Hust. Kieselalg. II, S. 347, F. 802. Kosmopolitische Aufwuchsform. In 32 Proben aus dem ganzen Untersuchungsgebiet ± häufig, u. zw. aus den verschiedensten Biotopen. Besonders häufig in Bachbewuchs und Colocasia-Schlamm.

* **C. Hustedti** Krasske.—Hust. Kieselalg. II, S. 361, F. 816. Kosmopolit. In 13 Proben aus dem gesamten Untersuchungsgebiet. Darunter 3 Massenvorkommen. Besonders häufig in Colocasia-Feldern (Bew.-Gr.) und feuchten Moosen aus Bächen.

C. brevicostata Hust. 1937, S. 190, T. XIII, Fig. 8,9. Sunda-Inseln. In 19 Proben aus F und BT, u. zw. aus überrieselten und bespritzten Moosen aus Bächen und Wasserfällen.

11.—Gattung Achnanthes Bory.

A. simplex Hust. (als A. similis) 1937, S. 198, T. XIII, Fig. 20-23. Von Hustedt in der indomalayischen Inselwelt festgestellt. In 8 Proben besonders aus Colocasia-Bewässerungsgräben und Bachmoosen.

A. montana Krasske.—Hust. Kieselalg. II, S. 398, F. 847. Kosmopolit. Zerstreut bis häufig in nassen Moosen Formosas (3 Proben).

* **A. microcephala** (Kütz.) Grun.—Hust. Kieselalg. II, S. 376, F. 819. Kosmopolit. Vereinzelt in sehr feuchten Moosen am Unterlauf eines Flusses im westlichen Mittelformosa.

* **A. minutissima** Kütz.—Hust. Kieselalg. II, S. 376, F. 820 a-c. besonders **var. cryptocephala** Grun. l. c. 820 d, e Ver-

breitet und häufig im Gebiet.
* **var. robusta** Hust. 1937. S. 192, T. XIII, F. 41-46. Colocasia-Schlamm, Bäche, Felswand (Moose).

* **A. exigua** Grun.—Hust. Kieselalg. II, S. 386, F. 832 a, b, meist
* **var. heterovalvata** Krasske.—Hust. l. c. F. 382 c-f. Kosmopolit. In 25 Proben aus dem gesamten Untersuchungsgebiet, u. zw. aus überrieselten Moosen, Teichen, Tümpeln, Bächen, Wasserfällen, aber nur in 2 Proben häufiger. Die eigentlichen Lebensgebiete der Art wurden nicht erfasst.

* **A. hungarica** Grun.—Hust. Kieselalg. II, S. 383, F. 829. Kosmopolit. Aufwuchsform: massenhaft in dichten Reinbeständen von Azola imbricata auf mässig durchströmtem Teiche bei der Eingeborenen-Siedlung Imororu an der Westküste von BT. Besonders häufig auch in 3 Proben von Schlamm von Colocasia-Feldern. Insgesamt in 11 Proben.

* **A. lanceolata** (Bréb.) Grun.—Hust. Kieselalg. II, S. 408, F. 863 a-d, besonders * **var. rostrata** (Östr.) Hust. l. c. F. 863 i-m. Kosmopolit. In 35 Proben. Eine der gemeinsten Diatomeen des Gebietes. Massenhaft besonders im Spritzwasser eines Urwaldbaches in 1000 m Höhe auf F. Auch sonst im Spritzwasser von Bächen und Wasserfällen häufig, sowie in überrieselten Moosen.

A. crenulata Grun.—Hust. 1937, S. 206, T. XIV, F. 7,8. In 10 Proben zerstreut, besonders aus Bächen (Spritzwasser, überrieselte Moose). Häufig in Moosen eines Bachbettes beim erloschenen Vulkan Daiton bei Karobetsu (F). Bis jetzt nur im tropischen Asien und Australien gefunden.

A. inflata (Kütz.) Grun.—Hust. Kieselalg. II, S. 421, F. 873. In 57 Proben aus dem gesamten Gebiet, eine der verbreitetsten Formen. Besonders häufig in Moosen an Steinen und Felsen der Bäche, im Spritzwasser der Wasserfälle, an berieselten Felswänden, aber auch in - trockenen Moosen an Baumfarnen. Durchlüftete Biotope! Kosmopolit, doch Hauptverbreitung in den Tropen.
var. elata (Leud.-Fortm.) Hust. 1937, S. 206, T. XIV. F. 12,13. Besonders häufig in Moosen. Wohl nur Kümmerform! Es kommen häufig kleine, fast kreisförmige Zellen vor.

* **A. brevipes** Ag.—Hust. Kieselalg. II. S. 424, F. 877. Kosmopolit, mesohalob! Zwischen Cyanophyceen in einem Bachtal auf BT häufig! Auch in Moosen neben einem kleinen Wasserfall.

VII. NAVICULACEAE

12.—Gattung Diatomella Grev.

* D. Balfouriana Grev.—Hust. Kieselalg. II, S. 440, F. 822. Kosmopolit, aerophil. In 7 Proben von BT, u. zw. ausschliesslich in feuchten Moosen (Bäche, Wasserfälle), besonders häufig in Moosen eines Wasserfalles mit reichlich Spritzwasser in S-Tal der Insel. Auf F nur in Moosen eines Urwaldbaches 1000 m Höhe gefunden.

13.—Gattung Mastogloia Thw.

M. malayensis Hust. 1942, S. 45, F. 62-66. Von Hustedt als selten aus dem Towoetisee (Celebes) beschrieben. In 6 Proben von BT ausschliesslich in überrieselten oder vom Spritzwasser besprühten Moosen, z. T. häufig, also aerophile Form ± feuchter Standorte. Ziemlich häufig auch im Tümpel am Strande von BT mit Brackwasser-Einschlag.

M. Smithi Thw.—Hust. Kieselalg. II, S. 502, F. 928 a. Kosmopolit. mesohalob. Zerstreut in 4 Proben aus Schlamm von Colocasia-Feldern (BT). Da die Art als mesohalob gilt, so ist anzunehmen, dass die starke Eutrophierung der Bewässerung für das Vorkommen verantwortlich ist. Z. h. auch in dem genannten Brackwasser-Tümpel am Strande.

14.—Gattung Diploneis Ehr.

D. pulcherrima Hust. 1937, S. 210, T. XV, F. 1. In Quellen und Wasserfällen der Sunda-Inseln. Selten an Geröll im Bachbett am Daiton.

* D. subovalis Cl.—Hust. Kieselalg. II, S. 667, F. 1063 a. b. 1937, S. 211. In - feuchten Moosen, besonders überrieselten aus dem ganzen Gebiet, verbreitet und oft häufig, sowohl die grossen typischen Formen mit Doppelreihen zarter Areolen als auch die zarteren mit anscheinend einfachen Reihen. In wenigen Proben fanden sich allerdings auch grössere Stücke mit einfachen Reihen, die vielleicht doch zu

* D. ovalis (Hilse) Cl.—(Hust. Bac. S. 249, F. 390) gehören Bachmoose!

* D. elliptica (Kütz.) Cl.—Hust. Bac. S. 250, F. 395. Kosmopolit. Selten! Bachbett am Daiton.

D. oculata (Bréb.) Cl.—Hust. Kieselalg. II, S. 675, F. 1068 a. Kosmopolit. Nur in einer Probe aus einem Tümpel am Strande von BT ziemlich häufig.

* **D. interrupta** (Kütz.) Cl. Kosmopolit, mesohalob. In demselben Tümpel am Strande von BT, u. zw. häufig! Hust. Kieselalg. II, S. 602, F. 1019 a. Hier auch.

* **D. Smithii** (Bréb.) Cl.—Hust. Kieselalg. II, S. 647, F. 1051.

15.—Gattung Frustulia Ag.

F. splendida Hust. 1937, S. 216, T. XVI, F. 4. Von Hustedt über Wasser an Bächen auf S-Sumatra gefunden. Hier ebenfalls (vereinzelt) in verschiedenen Moosrasen unmittelbar an Wasserfällen mit reichlich Spritzwasser auf BT gefunden. Also wohl Form gut durchlüfteter Biotope. Die Formen waren kleiner: 20-31 µ lang, 8-10 µ breit.

* **F. rhomboides** (Ehr.) De Toni **var. saxonica** (Rabh.) De Toni.— Hust. Bac. S. 221, F. 325 mit * **fo. undulata** Hust. Kosmopolit, Form humussaurer Gewässer. Hier zwischen Moosen eines Baches häufig bei Karobetsu, mit

* **F. vulgaris** (Thw.) De Toni.—Hust. Kieselalg. II, S. 731, F. 1100 a mit **var. capitata** Krasske.—Hust. l. c. F. 1100 b Kosmopolit. Nicht selten in Reisfeld- und Colocasia-Bewässerung, sowie in Bachmoosen.
var. elliptica Hust. 1937, T. XVI, F. 5 mit **fo. undulata** Hust. Ziemlich häufig in Bachmoosen bei Karobetsu.

16.—Gattung Amphipleura Kütz.

* **A. pellucida** Kütz.—Hust. Bac. S. 218, F. 321. Kosmopolitische Litoralform. Einzelstücke in 3 Proben aus Bewässerungsgräben, 2 aus Bächen.

17.—Gattung Anomoeoneis Pfitz.

A. sphaerophora (Kütz.) Pfitzer.—Hust. Bac. S. 262, F. 422. Kosmopolit. Litoralform, die ± salzige, bzw. verschmutzte Gewässer liebt. Vereinzelt in Bewässerungsgräben der Colocasia-Felder von BT.

18.—Gattung Stauroneis Ehr.

* **S. phoenicenteron** Ehr.—Hust. Bac. S. 255, F. 404. Kosmopolit. Selten! Einzelstücke im Bache bei Karobetsu.

var. signata Meister, Kieselalgen Asiens, T. 18, F. 150.
Vereinzelt im Schlamm von Colocasia-Feldern (BT) und
Reisfeld-Bewässerungsgräben bei Taipeh.

* S. anceps var. javanica Hust. 1937, S. 222, T. XV, F. 4. Eine der
verbreitetsten Formen des Gebietes, und zw. meist häu-
fig. Besonders häufig in Bächen und besprühten Moosen
an Wasserfällen.

S. Smithii Grun.—Hust. Bac. S. 261, F. 420. Kosmopolit. Zerstreut in Reisfeld-Bewässerungsgräben bei Taipeh.
Vereinzelt in einem Bachbett am Daiton.

S. tenera Hust. 1937, S. 225, T. XVI, F. 19-21. Sehr selten: Ein-
zelstücke in einem Bache und im Spritzwasser eines
Wasserfalls (BT). Nach Hustedt (l. c.) Quellen- und
Bachform!

S. acuta W. Sm.—Hust. Bac. S. 259, F. 415. Selten: Daiton,
Bachbett.

S. distinguenda Hust. 1937, S. 226, T. XVI, F. 14. Von Hustedt
in einer Probe aus Moosen eines Urwaldbaches auf S-
Sumatra gefunden. In 7 Proben festgestellt, aber nie in
grösserer Menge. So in einer ganz ähnlichen Probe aus
Moosen eines Urwaldbaches in 1000 m Höhe (F). In
Moosen anBorke und faulem Holz. In dichten Baumbe-
ständen der Gipfelregion von BT.
    Nach den Funden aus Moosen des tropischen S-Ame-
rika (Krasske 1949) in 1400-4700 m Höhe und den vorliegenden handelt es sich um eine aerophile Moosform
der tropischen Gebirge (s. Krasske 1948, S. 428).
var. ventricosa nov. var. Breiter als die Art. 35-30 µ lang,
8,5-10 µ breit. Mitte aufgetrieben. Zerstreut unter der
Art im genannten Urwaldbache.

19.—Gattung Navicula Bory.

a) NAVICULAE ORTHOSTICHAE

N. Perrotetti Grun.—Atl. T. 211, F. 33. Tropische Form stehen-
der Gewässer, nach Hustedt besonders der Sümpfe. Ziemlich selten im Schlamm der Colocasia-Felder.

* N. cuspidata Kütz.—Bac. Hust. S. 268, F. 433, meist *** var am-
bigua** (Ehr.) Cl.—Hust. l. c. F. 434. Kosmopolitische Litoralform. Häufig in Reisfeld-Bewässerungsgräben bei Taipeh (hier mit besonders langen schmalen Enden!) Seltener im Schlamm aus verschiedenen Colocasia-Feldern
und in einem kleinen Teich bei Imoruru (BT). In Faulschlammbehälter des Labors in Taipeh. Hier auch.

* N. **gregaria** Donk.—Hust. Bac. S. 269, F. 437. Halophiler Kosmopolit.

b) NAVICULAE MESOLEIAE

* N. **mutica** Kütz.—Hust. Bac. S. 274, F. 453 a. Kosmopolit verschiedener Biotope. Hier hauptsächlich in Moosen aller Feuchtigkeitsgrade! Besonders häufig war var. **tropica** Hust. 1937, S. 233, T. XVII, F. 6.
var. **undulata** (Hilse) Grun.—Hust. l. c. S. 275. Seltener, besonders an Altocarpus-Wurzeln bei Iranomilku. Hier auch:
var. **gracilis** Hust. 1937, S. 233, T. XVII, F. 4. Tropisch?
var. **ventricosa** (Kütz.) Cl.—Hust. Bac. F. 453 e. An Geröllblöcken bei Shinko.

N. **Lagerheimi** Cl.—Hust. 1937, S. 234, T. XVII, F. 8-11, meist var. **intermedia** Hust. l. c. F. 12. Tropische aerophile Art, die sich in fast allen Proben aus ± feuchten wie trockenen Moosen fand, u. zw. meist häufig bis massenhaft. Eine der gemeinsten Formen des Untersuchungsmaterials!

N. **Thienemanni** Hust. 1937, S. 235, T. XVII, F. 16-17. Aerophil. Bei Iranomilku (BT) auf Erde ziemlich häufig! Sonst nur wenige Einzelstücke. Mittelstreifen nicht abwechselnd länger und kürzer, oft kurz randständig.

N. **Grimmei** Krasske.—Hust. Bac. S. 274, F. 448. Hessen, Sunda-Inseln. Eingeschlepptes Stück im Schlamm der Colocasia-Felder.

* N. **Rotaeana** (Rabh.) Grun.—Hust. Bac. S. 273, F. 445. Kosmopolit. Vereinzelte Stücke an Geröll in einem Bachbett und in Moosen eines Wasserfalles.

* N. **bacilliformis** Grun.—Hust. Bac. S. 273, F. 446. Vereinzelte Stücke mit der vorigen im Bachbett.

* N. **minima** Grun.—Hust. Bac. S. 272, F. 441. Kosmopolit. Häufig in einem Urwaldbach (1000 m), F. In Moosen eines Wasserfalles und auf Erde (BT).

* N. **seminulum** Grun.—Hust. Bac. S. 272, F. 443. Kosmopolit. Ziemlich häufig in mässig durchströmten Teich. (BT).

* N. **Ruttneri** Hust. 1937, S. 238, T. XVII, F. 18-23. Eine der häufigsten Diatomeen der Sunda-Inseln. Auch im Untersuchungsgebiet sehr verbreitet und oft häufig (30 Proben), besonders in überrieselten Moosen an Felswänden, im Spritzwasser von Wasserfällen und Bächen. Unter der Art:

var. **capitata** Hust. l. c. F. 24-26, und **var rostrata** Hust. l. c. F. 27-28.

* N. **mediocris** Krasske.—Hust. 1937, T. XX, F. 27, 28. Kosmopolit, aerophil, besonders in Sphagnetum. Vereinzelt in 5 Moosproben, u. zw. aus ± feuchten Moosen an Bächen. Aber nie in grösserer Zahl, da humussaure Gewässer fehlen.

N. **brekkaensis** Petersen.—Hust. 1937, S. 242, T. XVIII, F. 24-27. Kosmopolit. (s. Krasske 1948, S. 430). Aerophile Moosform. In 39 Proben ± häufig. In Untersuchungsgebiet verbreitet u. häufig.
var. **bigibba** Hust, l. c. F. 28. Unter der Art. in 5 Proben.

*N. **contenta** Grun.—Hust. Bac. S. 277, F. 458 a, fast stets in der * **fo. biceps** Arn. und * **fo. parallela** Pet. Kosmopolit, aerophil. In 73 Proben häufig bis massenhaft. Sie fehlt in keiner Moosprobe, auch nicht in ganz trockenen.

c) NAVICULAE MINUSCULAE

N. **muralis** Grun.—Hust. Bac. S. 288, F. 482. Kosmopolit, aerophil. Selten in Moosen nahe eines Wasserfalles auf BT.

N. **söhrensis** Krasske.—Hust. Bac. S. 289, F. 488. Kosmopolit, aerophil. Selten im Schlamm der Colocasia-Felder. Eingeschleppt?
var. **muscicola** (Pet.) Krasske.—Hust. l. c. Selten im Faulschlamm-Behälter im Labor Taipeh.

* N. **bryophila** Pet.—Hust. 1937, T. XVIII, F. 18-23. Kosmopolit, aerophile Moosform. Zerstreut bis häufig in 18 Moosrasen, u. zw. trockenen (Hausmauern) bis überrieselten (Wasserfälle, Felswände).

N. **pseudobryophila** Hust. Atl. T. 404, F. 41-44 (als N. bryophila v. Suchlandti). Vereinzelt in feuchten Moosen bei einem Wasserfall (BT).

* N. **arvensis** Hust. 1937, S. 249, T. XX, F. 19-20. Von Hustedt in einer Sawah bei Sinkarak (Mittelsumatra) gefunden. Vereinzelt im Schlamm von Colocasia-Feldern, zerstreut in Moosen bei einem Wasserfalle auf BT. Wahrscheinlich Kosmopolit!

d) NAVICULAE ENTOLEIAE

N. **confervacea** Kütz.—Hust. Bac. S. 278, F. 460. Tropisch, wenn auch in den Warmhäusern unserer Bot. Gärten eingoschleppt. Hauptmasse einer Probe von BT: Zwischen Azolla imbricata auf einem mässig durchströmten Teich bei der Eingeborenen-Siedlung Imoruru an der Westküste. Häufig im Bewuchs eines kleinen Baches an der W-Küste. Auch im Schlamm der Colocasia-u. Reisfelder ziemlich häufig.

N. Krasskei Hust. Bac. S. 287, F. 481. Kosmopolit, aerophil. In Moosproben zerstreut.

N. insociabilis Krasske.—Atl. T. 400, F. 16-26, 103-105 Kosmopolit, aerophil. In 10 Moosproben vereinzelt. Häufiger nur in Moosen zeitweilig überfluteter Steinblöcke im Bach (BT).

N. gibbosa Hust. 1937, S. 253, T. XVIII, F. 10. Selten im Colocasia-Schlamm.

e) NAVICULAE ANNULATAE

* **N. Lagerstedti** Cl.—Atl. T. 400, F. 33-37. besonders **var palustris** Hust.—Atl. T. 400, F. 27-29. Kosmopolit, aerophile Moosform. 50 Proben. In Moosen aller Feuchtigkeitsgrade verbreitet und oft recht häufig. Nicht selten fanden sich auch die kleinen elliptischen Formen (s. Krasske 1943, S. 86, F. 15).

f) NAVICULAE BACILLARES

* **N. bacillum** Ehr.—Hust. Bac. S. 280, F. 463. Kosmopolit. Vereinzelte Stücke in 3 Proben.

* **N. pupula** Kütz.—Hust. Bac. S. 281, F. 467 a. Kosmopolit. Vereinzelt in 7 Proben. Wie bei der vorigen wurde der eigentliche Lebensbezirk nicht erfasst (Litoralformen).
 * **var. capitata** Hust. l. c. F. 467 c. Vereinzelt unter der Art.

g) NAVICULAE DECUSSATAE

N. placenta Ehr.—Hust. Bac. S. 290, F. 492. Die Art. selbst ist Kosmopolit, aerophil und wurde nur in 3 Proben aus Bachmoosen gefunden.
var. obtusa Meister, Kieselalg. Asiens, S. 37, F. 99. Bis jetzt nur im tropischen Asien gefunden: Hustedt (Java, Sumatra), Meister (Saigonmündung). Ziemlich häufig fand ich sie in Moosen einer kleinen Bachrinne am Steilhang der Insel Kwashioto. Zerstreut in 4 Proben aus Bachmoosen (Karobetsu, Daiton).

N. **citrus** Krasske.—Hust. 1942, S. 66, F. 118-119. Häufig im Schlamm der Colocasia-Felder von BT zwischen Azolla imbricata und Nostoc pruniforme. Bisherige Fundorte: Kassel, Karlsaue. Luzon: Laguna de Bay (Hustedt). Immer nur Einzelstücke!

h) NACIVULAE PUNCTATAE

* **N. pusilla** W. Sm.—Bac. Hust. S. 311, F. 558. Kosmopolit, aerophile Moosform. Eine der häufigsten Formen des Untersuchungsmaterials! In trockenen (Hausmauern, Steine) bis ± feuchten Moosen (Wasserfälle, Felswand, Steine im Bach) und zwischen Cyanophyceen häufig. Die Enden variieren sehr von stark kopfigen bis zu nicht vorgezogenen.

* **N. incognita** Krasske. var. **capitata** Hust. 1937, S. 259, T. XVIII, F. 13-14. Aerophile Moosform, Kosmopolit. Häufig in Moosen an einer Felswand. Vereinzelt in Moosen eines Bachtals (BT).

i) NAVICULAE LYRATAE

* **N. pygmaea** Kütz.—Hust. Bac. S. 312, F. 561. Kosmopolit, mesohalob. Vereinzelt in 2 Proben: Colocasia-Felder. Faulschlammbehälter, Labor in Taipeh.

N. tenera Hust. Atl. T. 392, F. 24-27 (als N. uniseriata Hust) 1937. T. XVIII, F. 11-12. Tropisch: Java (Hustedt), Brasillen (Krasske 1939). Vereinzelt im Schlamm der Colocasia-Felder.

k) NAVICULAE LINEOLATAE

* **N. cryptocephala** Kütz.—Hust. Bac. S. 295, F. 496. Kosmopolit. Verbreitet und oft häufig im Gebiet, u. zw. in verschiedenen Biotopen.
var. intermedia Grun. Hust. l. c. F. 497 b. Häufig im Colocasia-Schlamm.

* **N. rhynchocephala** Kütz.—Hust. Bac. S. 296, F. 501. Kosmopolitische Litoralform, deshalb nur in 3 Proben festgestellt (Colocasia-Felder, Bach).

N. subrynchocephala Hust. 1937, S. 262, T. XVIII, F. 15. Tropische Litoralform: Sundainseln (Hustedt), Brasilien (Krasske), Afrika (Hustedt). Im Gebiet vor allem in den Schlammproben von Colocasia-Feldern, Süsswassertümpeln, Bächen. In 9 Proben.

* **N. viridula** Kütz.—Hust. Bac. S. 297, F. 503. Kosmopolitische Litoralform, deshalb nur vereinzelt in einer Moosprobe. **var. rostellata** (Kütz) Cl. l. c. F. 502. Häufig in Reisfeld-Bewässerungsgräben bei Taipeh.

* **N. hungarica** Grun.—Hust. Bac. S. 298, F. 506. Kosmopolit. Karobetsu: vereinzelt in Bachmoosen.

* **N. cincta** (Ehr.) Kütz.—Hust. Bac. S. 298, F. 510. Kosmopolit, halophil. Zerstreut im Colocasia-Schlamm.

N. cari var. angusta Grun.—Hust. 1937, S. 266, T. XX, F. 32. Kosmopolit. Ziemlich häufig in Moosen und Algen einer Felswand (F). Überrieselte Moose. (BT).

N. Schroeteri Meister.—Hust. 1937, S. 267, T. XVIII, F. 16, Kosmopolit mit Hauptverbreitung in den Tropen. In 22 Proben! Besonders häufig in Colocasia-Schlamm, sonst nur zerstreut: Bewässerungsgräben, Bachmoose, überrieselte Moose.

* **N. radiosa** Kütz.—Hust. Bac. S. 299, F. 513. Kosmopolitische Litoralform! Häufig im Colocasia-Schlamm und in überrieselten Moosen (BT). * **var. tenella** (Bréb.) Grun. Hust. l. c. Mit der Art.

* **N. tenelloides** Hust. 1937, S. 269, T. XIX, F. 13. Kosmopolit, aerophil. In Moosen der Bäche, Wasserfälle, überrieselter Wände. Doch auch im Litoral: in fast allen Proben von Colocasia-Feldern.

* **N. tenellaeformis** Hust. 1937, S. 269, T. XIX, F. 14-15. Selten in Colocasia-Feldern.

* **N. gracilis** Ehr.—Hust. Bac. S. 299, F. 514. Kosmopolit. Selten: Bach an Steinen (BT).

N. menisculus Schum.—Hust. Bac. S. 301, F. 517. Kosmopolit. Zerstreut im Schlamm der Colocasia- u. Reisfelder, aber auch in nassen Moosen in Bächen und Felswänden ziemlich häufig.

* **N. Schönfeldi** Hust. Bac. S. 301, F. 520. Kosmopolitische Litoralform Selten im Sicker- u. Spritzwasser eines Baches (BT).

N. similis Krasske.—Hust. Bac. S. 303, F. 528. Atl. T. 370, F. 17-18; T. 401, F. 8-9. Einzelstücke in Moosen mit reichlich Spritzwasser eines Wasserfalles (BT).

* N. **dicephala** (Ehr.) W. Sm.—Hust. Bac. S. 302, F. 526. mit
* **var. undulata** Östr Hust. l. c. F. 527. Kosmopolit. In 10
Proben aus den verschiedensten Biotopen zerstreut bis
selten.

* N. **exigua** (Greg.) O. Müll..—Hust. Bac. S. 305, F. 538. Kosmopolit Litoralform. Einzelstücke in Colocasia-und Reisfeld-
Bewässerungsgräben.

* N. **gastrum** Ehr.—Hust. Bac. S. 305, F. 537. Kosmopolit. Litoralform. Einzelstücke im Bache bei Karobetsu.

* N. **placentula** (Ehr.) Grun.—Hust. Bac. S. 304, F. 533: * **fo.**
rostrata A. Mayer. Kosmopolitische Litoralform. Einzelstücke in Moosen an einer Mauer (BT).

N. **subdecussis** Hust. 1942, S. 74-76, F. 136-138. Einzelstücke in
Moosen eines Bachbettes (BT). Kleine Unterschiede mit
dem Original: etwas kleiner (18 μ lang, 6 μ breit). Die
Konkavität der Streifen nach den Polen nicht ausgeprägt.

N. **Suchlandti** Hust. Atl. T. 399, F. 24-28. Bis jetzt nur in
Hochseen der Landschaft Davos gefunden (Hustedt).
Ziemlich häufig auf Erde bei Iranomilku, sowie verein-
zelt im Moos eines Baches (BT). In neuerer Zeit auch
vom Verfasser in Lappland festgestellt. (Krasske, 1949,
S. 20). Die Art galt deshalb als nordisch-alpin.

20.—Gattung Caloneis Cl.

C. **hyalina** Hust. 1937. S. 281, TXV, F. 8-10. Aerophil, Sunda-
Inseln. Ziemlich selten an senkrechter Konglomeratwand
einer Schlucht am Daiton (Vulkan bei Karobetsu).

* C. **Clevei** (Lagst.) Cl.—Hust. Bac. S. 236, F. 359. Nach den 27
Proben, in denen sie im Untersuchungsmaterial (z. T.
häufig!) gefunden wurde, aerophile Bach- und Quellenform. In überrieselten Moosen an Felswänden und
Bächen, Wasserfällen u. Sickerstellen.

* C. **bacillum** (Grun.) Cl Kosmopolit. Häufig in den Colocasia-
Feldern. Doch auch in überriesleten Moosen wie die
vorige.

* C. **silicula** (Ehr.) Cl.—Hust. Bac. S. 284, F. 362. Kosmopolit.
Litoralform. Zerstreut in Colocasia-und Reisfeld-Bewäs-
serungsgräben, bes. **var. truncatula** Grun. Hust. l. c.
F. 363-364.

C. **Schroederi** Hust. Bac. S. 235, F. 356. Kosmopolit, aerophil.
In 17 Proben selten bis zerstreut, u. zw. in Moosen aller

Feuchtigkeitsgrade (Erde, Baumwurzeln, Felswände, Wasserfälle, Bachtäler) Ziemlich häufig nur in Moosen eines Hangwaldes (BT).

21.—Gattung Pinnularia Ehr.

a) PARALLELISTRIATAE

* P. leptosoma Grun.—Hust. Bac. S. 316, F. 567. Kosmopolit, aerophil. Zerstreut in 7 Proben aus besprühten Bachmoosen und Wasserfällen. Auch in Deutschland fand sich die Art vor allem in Moosen am Bächen über der Wasserlinie!

* P. molaris Grun.—Hust. Bac. S. 316, F. 568. Selten in Moosen im Bachbett am Daiton.

b) CAPITATAE

* P. appendiculata (Ag.) Cl.—Hust. Bac. S. 317, F. 570 a. Kosmopolit, im Gebiet aerophil: In Moosen und an Wänden (6 Proben).

* P. subcapitata (Greg.) **var. paucistriata** Grun.—Hust. 1937, S. T. XXIII. F. 15. Kosmopolit. Karobetsu, Moose am Bache.

* P. interrupta W. Sm.—Hust. Bac. S. 317, F. 573. Kosmopolit. Litoralform, die sich nur vereinzelt in Bewässerungs-u. Abzugsgräben und Bächen fand.

* P. mesolepta (Ehr.) W. Sm.—Hust. Bac. S. 319, F. 575 a. Kosmopolit. F. Vereinzelt in 2 Proben: Karobetsu, Bachmoose und Daiton, Bachbett, an Geröll.

* P. Braunii (Grun.) Cl.—Hust. Bac. S. 319, F. 577. Kosmopolit. Zerstreut in Moosen (BT). Dagegen war **var. amphicephala** (A. Mayer) Hust. l. c. F. 578 - in 5 Proben aus ± feuchten Moosen, sowie im Süsswassertümpel (BT) und in Faulschlammbehälter (Taipeh) vereinzelt.

c) DIVERGENTES

* P. triumvirorum Hust. 1937, S. 290, T. XXI, F. 1-2. Java, Sumatra, Chile. Süsswassertümpel am Strande von BT zw. Algenwatten. F: Zerstreut an Felswänden, sowie am Geröll in einem Bachbett am Daiton.

* **P. microstauron** (Ehr.) Cl.—Hust. Bac. S. 320, F. 582. Kosmopolit. Lit. Form. Häufig in Reisfeld-Bewässerungsgräben, sonst nur Einzelstücke in 5 Proben.

P. obscura Krasske.—Atl. T. 388, F. 18-21. Kosmopolit. Einzelstücke im Schlamm der Colocasia-Felder.

* **P. graciloides** Hust. Atl. T. 392, F. 2-3. Kosmopolit. An Geröll im Bachbett am Daiton. Bachmoose bei Karobetsu. Colocasia-Schlamm.

P. towutensis Hust. 1942, S. 86, F. 160. Von Hustedt in einem Einzelstück im Towoetisee (Celebes) gefunden. Ebenfalls nur 1 Stück in Reisfeld-Bewässerungsgräben (Taipeh).

* **P. subsolaris** (Grun.) Hust. Bac. S. 322, F. 588. Kosmopolit, humussaure Gewässer liebend. Ebenfalls nur in wenigen Stücken.

d) DISTANTES

* **P. borealis** Ehr.—Hust. Bac. S. 326, F. 597. Kosmopolit, aerophil, daher in Moosen von trockenen bis ± feuchten Standorten fast nie fehlend.
var. brevicostata Hust. l. c. F. 598. Vereinzelt in Moosen an einer Felswand (mässig feucht)!
var. elegans Hust. 1937, T. XXI, F. 5-6. Bis jetzt nur im tropischen Asien gefunden. In Gebiet in 9 Proben ± häufig: in ± feuchten Moosen an Bächen und Wasserfällen.

P. dubitabilis Hust. 1949, S. 105. (=P. borealis var. rectangulata Hust. 1937, S. 394, T. XXI, F. 8). Tropisches Asien und Afrika. Selten: In Moosen einer schattigen, mässig feuchten Felswand, sowie an Steinen (BT) ziemlich selten.

e) TABELLARIAE

* **P. gibba** Ehr. * **var. parva** (Ehr.) Grun.—Hust. Bac. S. 327, F. 603. Kosmopolit. Litoralform. Häufig in Reisfeld-Bewässerungsgräben bei Taipeh. Hier auch: * **var. sancta** Grun.—Hust. 1937, T. XX, F. 35. Auch im Faulschlammbehälter des dortigen Labors.

P. stomatophora Grun.—Hust. Bac. S. 327, F. 605. Kosmopolit. Lit.-Form. Vereinzelt in Colocasia- u. Reisfeld-Bew.-Gräben.
var. triundulata Fontell.—Hust. 1942, F. 168-170. Bachbett am Daiton an Geröll.

f) BREVISTRIATAE

P. brevicostata Cl.—Hust. Bac. S. 329, F. 609. Kosmopolit. Lit.-Form. Daiton, an Geröll im Bachbett vereinzelt.

* P. acrosphaeria Bréb.—Hust. Bac. S. 330, F. 610. Kosmopolit. Lit.-Form. In allen Proben aus Reisfeld- u. Colocasia-Bewässerungsgräben, aber stets nur vereinzelt.
  var. turgidula Grun.—Hust. 1937, T. XXII, F. 3. Tropisch! Vereinzelt im Faulschlammbehälter des Labors (Taipeh) und an Geröll im Bachbett am Daiton.

g) MAIORES

P. Debesi Hust. Bac. S. 331, F. 612. Mitteleuropa, tropisches Asien. Diese charakterische Art fand sich nur zerstreut in den Reisfeld-Bewässerungsgräben bei den Landwirtschafs-Instituten in Taipeh.

* P. maior (Kütz) Cl.—Hust. Bac. S. 331, F. 614. Kosmopolit. Einzeln im Schlamm der Reisfeld-Bewäss.-Gräben, Daiton, an Geröll im Bachbett.

h) COMPLEXAE

* P. sundaensis Hust. 1937, S. 402, T. XXIII, F. 1-2. Java, Sumatra. Nur vereinzelt in den Reisfeldern.

* P. viridis (Nitsch) Ehr. Hust. Bac. S. 334, F. 617. Kosmopolit. Ebenda. Vereinzelt.

22.—Gattung Neidium Pfitz

* N. iridis (Ehr.) Cl.—Hust. Bac. S. 245, F. 379. Kosmopolit. Lit.-Form. Tümpel am Strande von BT. Taipeh: Reisfelder, zerstreut!
  * var. amphigomphus (Ehr.) V. H.—Hust. l. c. F. 382. Mit der vorigen, aber viel häufiger. Ebenda auch:

* N. affine (Ehr.) Cl.—Hust. Bac. S. 242, F. 376 mit *** var. amphirhynchus** (E.) Cl.—Hust. Bac. S. l. c. F. 377 - u. **fo. undulata** Hust.

N. gracile Hust. 1937, S. 406, T. XVI, F. 8. Sehr selten in Bachmoosen bei Karobetsu.

N. bisulcatum (Lagst.) Cl.—Hust. Bac. S. 242, F. 374. Selten in Moosen am Daiton.

23.—Gattung Gyrosigma Hass.

G. Kützingii (Grun.) Cl.—Hust. Bac. S. 224, F. 333. Kosmopolit. Lit.-Form. Zerstreut bis häufig in Bewässerungsgräben der Felder.

24.—Gattung Tropidoneis Cl.

T. lepidoptera Cl. **var. javanica** Hust. 1937, S. 412, T. XVI, F. 7. Kosmopolit. Meeresform. Sie wurde in einem kleinen Bache an der W-Küste von BT. gefunden. Vom nahen Meere eingeschleppt.

25.—Gattung Amphora Ehr.

* **A. ovalis** Kütz., meist * **var. libyca** (Ehr.) Cl.—Hust. Bac. S. 342, F. 628. Kosm. Litoralf. Zerstreut in 9 Proben.
* **var. pediculus** Kütz.—Hust. l. c. F. 629. in 7 Proben aus feuchten Moosen (Bäche, Wasserfälle), bevonders häufig im Spritzwasser eines Urwaldbaches in Mittelformosa 1000 m).

A. montana Krasske. 1932, S. 119, T. 2, F. 27. Aerophile, kosmopolit. Form, die sich in 15 Proben fand, besonders häufig auf der Sickerstelle eines Wasserleitungsrohres auf Zement beim Botan. Garten in Taipeh. Aber auch in ± feuchten Moosen und in Bewässerungsgräben.

A. subturgida Hust. 1937. S. 416, T. XXIV, F. 11. In 19 Proben aus Bächen (ziemlich häufig!), überrieselten Moosen und Bewässerungsgräben. Nach Hustedt krenophil, aerophil. Sunda-Inseln.

* **A. coffeaeformis** Ag.—Hust. Bac. S. 345, F. 634. Kosmopolit, Mesohalob. Vereinzelt in einem Tümpel am Strande von BT, auch in Bewässerungsgräben dort.

* **A. veneta** Kütz.—Hust. Bac. S. 345, F. 631. Aerophil, euryhalin. In 10 Proben, z. T. massenhaft, so in feuchten Moosen an einer Felswand, sowie im Gebirge östl. Byoritsu (Formosa). Shinko, strandnah am Hafen, in Moosen, die bei starkem Regen vom Strome überflutet werden. Aber auch in den Proben aus den Reisfeld- und Colocasia-Bewässerungsgräben.

* **A. Normani** Rabh.—Hust. Bac. S. 343, F. 630. Kosmopolit, aerophil. Einzelstücke im Spritzwasser eines Wasserfalles und eines Baches,

* **A. fontinalis** Hust. 1937, S. 414, T. XXIV, F. 4-5. In 23 Proben, doch stets nur vereinzelt in Bewässerungsgräben, im Spritzwasser von Bächen und Wasserfällen.

* **A. angusta** (Greg.) Cl.—Nav. Diat. II, S. 135. Atl. T. 25, F. 15. Euhalob, doch recht euryhalin. In 4 strandnahen Proben. Häufig in einem Tümpel am Strande von BT.

26.—Gattung Cymbella Ag.

* **C. microcephala** Grun.—Hust. Bac. S. 351, F. 637. Kosmopolit. In 12 Proben, darunter in 7 häufig! Shinko: Im Spritzwasser eines Wasserfalles. Byoritsu: Tropfwasser einer Felswand. Häufig auch in 4 Proben von BT.

C. fonticola Hust. 1937, S. 422, T. XXIV, F. 21-24. Java, nach Hustedt aerophile Quellenform. Selten in Moosen im Spritzwasser eines Wasserfalles auf BT.

* **C. ventricosa** Kütz.—Hust. Bac. S. 359, F. 661. Kosmop. Lit. F. Nur vereinzeltes Vorkommen dieser sonst gemeinen Form (10 Proben), da der eigentliche Lebensraum nicht erfasst wurde. Häufig nur im Unterlauf eines Flusses im westl. Mittelformosa. Dasselbe gilt auch für ·

* **C. turgida** (Greg.) Cl.—Hust. Bac. S. 358, F. 660. Kosmopolit. Litoralf. Ebenfalls nur vereinzeltes Vorkommen in 19 Proben.

* **C. pusilla** Grun.—Hust. Bac. S. 354, F. 646. Kosmopolit, halophil. Vereinzelt in einem Tümpel am Strande von BT. Meereseinfluss! Zerstreut auch in Colocasia-Feldern.

C. Mülleri var. javanica Hust. 1937, S. 425, T. XXVI, F. 1-4. Tropisches Asien und Afrika. Einzelstücke in einem Urwaldbache auf Formosa und bei einem Wasserfalle im Südtale von BT.

C. bengalensis Grun.—Atl. T. 9, F. 12-13, T. 71, F. 79, T. 375, F. 2, 3, 6. Tropisch! Massenvorkommen in berieslten Moosen, sowie in Moosen im Spritzwasser von Wasserfällen (Formosa und BT).

C. tumida (Bréb.) V. H.—Hust. Bac. S. 366, F. 677. Kosmopol. Litoralf. Vereinzelt im Schlamm von Bächen und Bewässerungsgräben, häufiger nur an Geröll in einem Bachbett am Daiton.

* **C. affinis** Kütz.—Hust. Bac. S. 362, F. 671. Kosmop. Litoralf. Zerstreut in allen Colocasia-Proben, sowie in Moosen im Spritzwasser eines Wasserfalles (BT).

C. sumatrensis Hust. 1937, S. 429, T. XXI, F. 17-19. Sumatra, Celebes, Mindanao. In Bächen und Bachmoosen, oft massenhaft, in Colocasia-Feldern, im Spritzwasser eines Wasserfalles. Verhältnissmässig nicht so häufig sind die typischen Formen (Hust. l. c. F. 17, 19), massenhaft dagegen die Formen mit nur einem Punkt. (F. 18), oder aber mit 2-4 Punkten, doch in der Form von C. affinis. Es kommen kleine Stücke vor bis zu 14 μ Länge und 5-7 μ Breite.

C. Hustedti Krasske.—Hust. Bac. S. 363, F. 674. Häufig auf einer Sickerstelle der Wasserleitung beim Bot. Institut Taipeh; im Sickerwasser einer Hanghöhle, sowie im Spritzwasser von Wasserfällen und Bächen (häufig).

C. turgidula Grun.—Hust. Bac. S. 429, F. 670. Tropisch. Vereinzelt in den Bewässerungsgräben.

C. lanceolata (Ehr.) V. H.—Hust. Bac. S. 364, F. 679. Kosmopol. Litoralf. Selten in Reisfeld-Bewässerungsgräben in Taipeh.

27.—Gattung Gomphonema Ag.

* **C. acuminatum** Ehr.—Hust. Bac. S. 370, F. 683 - mit **var. coronata** (Ehr.) W. Sm. Wie die folgenden Kosmop. Litoralf. Ziemlich häufig im Bewuchs eines kleinen. Baches an der W-Küste (BT), pH 7.

G. longiceps var. subclavata Grun.—Hust. Bac. S. 375, F. 705. In allen Schlammproben von Colocasiafeldern, sowie im Sicker-u. Spritzwasser eines Baches (BT). In 12 Proben zerstreut bis häufig.

* **G. intricatum** Kütz.—Hust. Bac. S. 375, F. 697, fast stets * **var. pumila** Grun.—Hust. l. c. F. 699. In Moosen im Spritzwasser der Bäche ± häfig.

G. lanceolatum Ehr.—Hust. Bac. S. 376, F. 700. An Moosen einer Felswand; in einem mässig durchströmten Teiche bei Iranomilku zwischen Azolla; im Colocasia-Schlamm.

* **G. gracile** Ehr.—Hust. Bac. S. 376, F. 702. Shinko, im Spritzwasser eines Wasserfalles häufig (Moose!). Bachbewuchs (Moose); Tümpel am Strand; Colocasia-Schlamm. In 18 Proben.

* **G. constrictum var. capitata** (Ehr.) Cl.—Hust. Bac. S. 377, F. 715. Kosmopolit. Litoralf. Einzelstücke im Bachbewuchs.

G. subventricosum Hust. 1937, S. 440, T. XXVII, F. 25-26. Von Hustedt aus einem Waldbach auf Sumatra beschrieben. Daiton, Bachbewuchs; Formosa, Urwaldbach (1000 m), in Moosen im Spritzwasser.

G. undulatum Hust. 1937, S. 441, T. XXVIII, F. 2-8. Sumatra. Lit. F. Vereinzelt im Schlamm der Colocasia-Felder.

G. Clevei Fricke.—Hust. 1937, T. XXVII, F. 15-18. Lit. Bachform des tropischen Asien und Afrika. Auch im Untersuchungsgebiet in nassen, bezw. überrieselten Moosen der Bäche und Wasserfälle, besonders häufig an Geröll im Bachbett am Daiton.

G. tenerrimum Hust. 1937, S. 444, T. XXVII, F. 23-24. Sumatra. Zerstreut in Bachmoosen bei Karobetsu. Nach den Funden auf Sumatra und Formosa scheint es sich um eine Bach- und Quellenform zu handeln.

* G. parvulum (Kütz.) Grun.—Hust. Bac. S. 372, F. 713 a- besonders * **var. lagenula** (Grun.) Hust. l. c. Unter der Art. auch **var. micropus** (Kütz.) Cl.—Hust. l. c. 713 c. Kosmopolit. Mit 31 Proben weitaus häufigste Gomphonema-Art des Gebiets, besonders in Bach- und Spritzwassermoosen.

VIII. EPITHEMIACEAE

28.—Gattung Epithemia Bréb.

* E. sorex Kütz.—Hust. Bac. S. 388, F. 736. Im Untersuchungsgebiet aerophil. In 4 Proben aus ± feuchten Moosen.

* E. zebra (Ehr.) Kütz.—Hust. Bac. S. 384, E. 729 - mit **var. saxonica** (Kütz.) Grun.—Hust. Bac. S. 385, F. 730- und * **var. porcellus** (Kütz.) Grun.—Hust. l. c. F. 730. In 20 Proben ± häufig.

E. cistula (Ehr.) Ralfs.—Hust. 1937, S. 454, T. XIV, F. 4-6. Nach Hustedt aerophile Bach- u. Quellenform der Tropen. In 3 Proben aus Moosen an Bächen und Wasserfällen.

29.—Gattung Rhopalodia O. Müll.

R. contorta Hust. 1937, S. 460, T. XXXIX, F. 26-27. Etwa zur gleichen Zeit von Skvortzov als Rh. Quisumbingiana beschrieben (1937, S. 294, T. 1, F. 1-4, T. II, F. 13-14). Ich schlage vor, den treffenden Namen Hustedt's beizubehalten und den Skvortzov's einzuziehen. Hustedt fand die Art im Zufluss des Ranausees nahe der Wassergrenze (S-Sumatra), Skvortzov in einem Trinkwasserfilter in Balara, Rizal-Provinz, Philippinen. In 7 Proben aus Bachmoosen (Daiton, Karobetsu, Quersattel BT). Hustedt's Ansicht, dass es sich um eine aerophile Bachform handelt, wurde durch die nun reichlicher vorliegenden Funde bestätigt.

* **R. gibba** (Ehr.) O. Müll.—Hust. Bac. S. 390, F. 740. In 31 Proben ± häufig.

* **R. gibberula** (Ehr.) O. Müll.—Hust. Bac. S. 391, F. 742. In 53 Proben ± häufig, damit eine der häufigsten Arten des Gebiets, aerophil! In feuchten Moosen an Bächen, Wasserfällen u. a.
  var. globosa Hust. 1937, S. 458, T. XIV, F. 15. Vereinzelt unter der Art in 3 Proben.
  Die Art variiert in Grösse und Stärke der Struktur sehr! Neben zarten, kleinen Formen kamen sehr grosse, robuste vor.

30.—Gattung Denticula Kütz.

Die Gattung Denticula ist im Material häufig, doch bedürfen die meist kleinen Formen noch der Nachprüfung.

IX. NITZSCHIACEA

31.—Gattung Hantzchia Grun.

* **H. amphioxys** (Ehr.) Grun.—Hust. Bac. S. 394, F. 747. Kosmopolit. Da sie längere Austrocknung verträgt, ohne jeden Schaden, findet sie sich in fast allen Moosproben, auch trockenen, daher eine der gemeinsten Formen des Untersuchungsgebiets. In 44 Proben ± häufig!

32.—Gattung Bacillaria Gmel.

* **B. paradoxa** Gmel.—Hust. Bac. S. 396, F. 755. Kosmopolit, mesohalob, doch recht euryhalin. In 20 Proben der verschiedensten Biotope. Häufiger aber nur im Mesosaproben Schlamm der Colocasia- und Reisfelder.

33.—Gattung Nitzschia Hass.

a) TRYBLIONELLAE

N. tryblionella Hantzsch.—Hust. Bac. S. 399, F. 757. Es fand sich fast ausschliesslich **var. victoriae** Grun.—Hust. l. c. F. 758. Kosmopolit. Zerstreut in den Colocasia- und Reis

feld-Bewässerungsgräben, sowie in Bachmoosen. Vereinzelt darunter in 6 Proben **var. maxima** Grun. Atl. T. 332, F. 21. Tropisch?
var. levidensis (W. Sm.) Grun.—Hust. l. c. F. 760. Besonders in den Schlammproben von Colocasia- und Reisfeldern.

* **N. debilis** (Arn.) Grun.—Hust. Bac. S. 400, F. 759, (Als var. von tryblionella). Kosmopolit, aerophil, daherin 49 Proben eine der häufigsten Formen des Materials.

N. punctata var. coarctata Grun.—Hust. Bac. D. 401. Atl. T. 330, F. 16 Kosmopolit, Mesohalob, ziemlich euryhalin. Vereinzelt im Schlamm der Bewässerungsgräben.

N. pseudohungarica Hust. 1937, S. 467, T. XL, F. 11 (als N. rugosa). Java, "Quellenform" (Hust.) Zerstreut in Bachbett am Daiton, sowie im Schlamm der Bew. Gräben.

* **N. hungarica** Grun.—Hust. Bac. S. 401, F. 766. Kosmopolit, halophil. Selten! Colocasia-Schlamm. Überrieselte Mischrasen von Moosen mit Nostoc.

* **N. apiculata** (Greg.) Grun. Kosmopolit, Mesohalob. Salten, Bucht auf BT, Moose im Bachbett.

b) DUBIAE

N. dubia W. Sm.—Hust. Bac. S. 403, F. 770. Kosmopolit, halophil. In allen Colocasiafeld-Proben, sowie im Bach nahe der W-Küste (BT).

c) BILOBATAE

N. geniculata Hust. 1937, S. 467, T. XL, F. 29-30. Urwaldbach in Südsumatra. Selten in Sicker- und Spritzwasser. des Baches (BT).

N. Kittlii Grun.—Hust. Bac. S. 406, F. 776. Sehr selten zwischen Cyanophyceen in einem Bachtal auf BT. Leider liegen chemische Daten nicht vor, doch weist die Anwesenheit von Achnanthes brevipes intermedia und N. vitrea salinarum auf Brackwassereinfluss hin.

d) GRUNOWIAE

* **N. denticula** Grun.—Hust. Bac. S. 407, F. 780. Kosmopolit Vereinzelt in 7 Proben (Moose), ziemlich häufig in Moos mit Algen an einer Felswand im Gebirge des NW Formosa.

* N. **interrupta** (Reich.) Hust. Atl. T. 351, F. 9-13. Kosmopolit. Selten: In feuchten Moosen eines Abzugsgrabens. Daiton, Bachbett, Geröll.

e) LINEARES

* **N. linearis** W. Sm. Hust. Bac. S. 409, F. 784. Kosmopolit. Massenhaft in Reisfeld-Bewässerungsgräben beim Landw. Institut Taipeh. Häufig an nasser Felswand zwischen Algen und Moos. Die Art fand sich nur in diesen 2 Proben, dagegen war häufig und verbreitet die nahe verwandte Art:

N. **ingenua** Hust. 1937, S. 470, T. XL, F. 9,10. Sie vertritt im tropischen Asien die Stelle der vorigen. In 20 Proben: Häufig im Colocasia-Schlamm, in besprühten Woosen an Wasserfällen und Bachrändern.

* N. **vitrea var. salinarum** Grun.—Hust. Bac. S. 787. Kosmopolit, mesohalob, doch kommt die Form auch in fast reinem Süsswasser vor. In 12 Proben, besonders aus Bachmoosen.

N. **subvitrea** Hust. 1922, S. 148, T. 10, F. 46-47. 1937, S. 471, T. XL, F. 12. Asien. Nach Hustedt ebenfalls mesohalob. Verbreitet im Gebiet (21 Proben) mit ähnlichem Vorkommen wie die vorige.

f) DISSIPATAE

* **N. dissipata** (Kütz.) Grun.—Hust. Bac. S. 412, F. 789. Kosmopolit. Litoralform. In 8 Proben aus Bew.-Gräben der Reis- und Colocasiafelder.

g) LANCEOLATAE

* **N. microcephala** Grun.—Hust. Bac. S. 414, F. 791. Kosmopolit. Im Gebiet verbreitet und häufig (22 Proben!). Besonders häufig in bespritzten Moosen und Wasserfällen und Bächen. Zertreut im Colocasia-Schlamm in allen Proben!

N. **invicta** Hust. 1937, S. 473, T. XL, F. 27-28. Vereinzelt in 2 Proben aus Colocasiafeld-Bew.-Gräben.

* N. **amphibia** Grun.—Hust. Bac. S. 414, F. 793. Kosmopolit. In 30 Proben häufig bis massenhalft in den verschiedensten Biotopen.

* N. **frustulum var. perminuta** Grun. und * **var. perpusilla** Rabhhh.) Grun.—Hust. Bac. S. 415, sowie * **var. minutula**

Grun.—Hust. 1937, T. XL, F. 25. Kosmopolit. In 33 Proben ± häufig, vor allem in ± feuchten Moosen ,an Sickerstellen und ähnlichen Standorten.

N. **intermedia** Hantzsch.—Hust. 1937, S. 477, T. XLI, F. 4-7 Kosmopolit. Litoralform? Taipeh, massenhaft im Faulschlammbehälter des Labors. Zerstreut im Colocasia-
Schlamm und in der Nähe eines Wasserfalles (BT).

N. **similis** Hust. 1937, S. 478, T. XLI, F. 1-2. Sumatra, "sehr
selten". Vereinzelt im Colocasia-Schlamm.

N. **strigillata** Hust. 1937, S. 479, T. XL, F. 26. Java. Sumatra,
Lit. Form. Vereinzelt im Colocasia-Schlamm.

* N. **fonticola** Grun.—Hust. Bac. S. 415, F. 800. Kosmopolit. In
12 Proben. Häufig bis massenhaft in allen Proben aus
Colocasia-Feldern, doch auch in und an Bächen ± häufig.

* N. **palea** (Kütz.) W. Sm.—Hust. Bac. S. 416, F. 801. Kosmopolit, mesosaprob. Ebenfalls in allen Colocasia- und Reisfeld-Bew.-Gräben. Rein in Hausabwässern von Taipeh
(Begleiter einer eutrophe Bedingungen bevorzugenden
Oscillatoria). Häufig im Faulschlammbehälter des dortigen Labors. Sie liebt also ± stark eutrophe Gewässer,
doch fand sie sich auch zerstreut in Bach- und Wasser-
fall-Moosen.
var. **sumatrana** Hust. 1937, S. 483, T. XLI, F. 10. Colocasia-Schlamm.

N. **ronana** Grun.—Hust. Bac. S. 415, F. 799. Zersteut in Bachmoosen, Karobetsu.

N. **Kützingiana** Hilse.—Hust. Bac. S. 416, F. 802. Kosmopolit.
Litoralform. Ziemlich häufig: Sickerstelle des Wasserleitungsrohres beim Bot. Institut Taipeh und Faulschlammbehälter des Labors.

N. **baccata** Hust. 1937, S. 485, T. XLI, F. 30-33. Häufig im
Bache (BT), vom Quersattel herkommend, Anabaena-
Lager. Vereinzelt im Colocasia-Schlamm.

h) SIGMOIDEAE

* N. **sigma** (Kütz.) W. Sm.—Hust. Bac. S. 420, F. 813. Mesohalob,
Kosmopolit. Zerstreut in dem Schlamm der Colocasia-
und Reisfelder. Doch auch im Bache in Meeresnähe (BT).
* var. **curvula** (Ehr.) Grun.—Hust. l. c. Zerstreut unter
der Art.

N. sigmoidea (Ehr.) W. Sm.—Hust. Bac. S. 419, F. 810 Kosmopolit. Lit. Form. Vereinzelt im Colocasia-Schlamm.

i) OBTUSAE

N. Clausii Hantzsch.—Hust. Bac. S. 421, F. 814. Kosmopolit. Quellen- u. Bachform. Im Gebiet verbreitet (26 Proben!) Massenhaft in überrieselten Moosen. Häufig in Bachmoosen. Zerstreut in Bewässerungsgräben.

* **N. parvula** Lewis.—Hust. Bac. S. 421, F. 816. Kosmopolit. BT.: Vereinzelt an feuchtem Moos an Steinen.

k) NITZCHIELLAE

N. Lorentziana var. subtilis Grun.—Hust. Bac. S. 423, F. 820. Kosmopolitische Küstenform! Vereinzelt im Colocasia-Schlamm, Reisfeld-Bewässerungsgräben, sowie im Faulschlammbehälter Taipeh. Häufiger nur in einer Colocasia-Probe.

* **N. acicularis** W. Sm.—Hust. Bac. S. 423, F. 821. Kosmopolit. Planktonform. Selten: Colocasia-Schlamm! Hier auch

N. subacicularis Hust. 1937, S. 490, T. XLI, F. 12. Colocasia-Schlamm, Faulschlammbehälter. Vereinzelt und wohl eingeschleppt.

N. longirostris Hust. 1937, S. 490, T. XL, F. 8. Selten: Colocasia-Schlamm.

* **N. closterium** (Ehr.) W. Sm.—Hust. Bac. S. 424, F. 822. Kosmopolit. Selten: in Colocasia-Schlamm zerstreut.

X. SURIRELLACEAE

34.—Gattung Surirella Turp.

* **S. linearis** W. Sm.—Hust. Bac. S. 434, F. 837/8. Kosmopolit. Litoralform. Vereinzelt in Bewässerungsgräben im Reisfeld Taipeh.

* **S. angusta** Kütz.—Hust. Bac. S. 435, F. 844/5. Kosmopolit. Vereinzelt in Bächen und an Wasserfällen, besonders in Moosen, etwas häufiger im Reisfeld-Bewässerungsgräben. Hier auch:

S. elegans Ehr. Kosm. Lit. Form. Einzelstücke.

S. spinifera Hust. 1935, S. 178, T. 5, F. 36. Sumatra, Lit. Form. Ziemlich häufig in allen Proben aus Colocasia-Bew.-Gräben, (BT), hier auch Einzelstücke im Bache. In F nicht beobachtet!

S. Capronii Bréb.—Hust. Bac. S. 440, F. 857. Kosm. Lit.-Form. Zerstreut in Reisfeld-Bew.-Gräben, Taipeh. Daiton, an Geröll im Bachbett.

* **S. tenera** Greg.—Hust. Bac. S. 438, F. 853. Kosm. Lit.-Form. Vereinzelt in den Bewässerungsgräben. Hier auch * **var. nervosa** A. Sch.—Hust. l. c. F. 854/5. Doch auch im Bachbewuchs, Geröll, in einem durchströmten Teich.

* **S. robusta var. armata** Hust. 1937, S. 501, T. XLIII, F. I. Vereinzelt in Bewässerungsgräben. Daiton, Geröll im Bachbett. * **var. splendida** (Ehr.) V. H.—Hust. l. c. F. 851. Kosm. Lit.-Form. Zerstreut in Reisfeld-Gräben mit **f. punctata;** ziemlich häufig in einer Wasserkultur (BT). Hier auch

S. pseudosplendida Hust. 1935, S. 178, T. 5, F. 37.

S. excellens Hust. 1942, S. 174, F. 436/7. Celebes. Reisfeld-Bewässerungsgräben.

35.—Gattung Campylodiscus Ehr.

C. echeneis Ehr. Kosmop. Salzwasserform. Hust. Bac. S. 449, F. 875. Zerstreut in einer Wasserkultur (BT).

SUMMARY

A list of 235 diatom species with a number of varieties and forms gathered in Formosa/China and the adjoining small islands Kwashyoto and Botel Tabago by G. H. and E. Schwabe during the years 1946 and 1947 and determined by G. Krasske, Kassel. Species formerly found by Krasske also in Chile are marked with an asterisk.

LITERATURA CONSULTADA

1930.—ALVAREZ, F. M., O. P.—Formosa, Geográfica e Históricamente considerada. I, II, Barcelona.

1932.—ANONIMO.—Fauna and flora of the island Botel. Tabago. Biogeogr. Soc. of Japan, Tokyo.

1922.—HUSTEDT, F.—Bacillariales aus Innerasien, gesammelt von Dr. Sven Hedin. Sven Hedin, South Tibet, 6, 3.

1927-1930.—Die Kieselalgen Deutschlands, Oesterreichs und der Schweiz. Rabenhorst, Kryptogamenflora 7. (Abkürzung: "Kieselalg.").

1930.—Bacillariophyta. In Pascher, Süsswasserflora Mitteleuropas. 2. Aufl. H. 10 (Abkürzung: "Bac.").

1937-1939.—Systematische und ökologische Untersuchungen über die Diatomeenflora von Java, Sumatra und Bali. Arch. Hydrob. Suppl. 15, 16.

1942.—Süsswasser-Diatomeen des indomalavischen Archipels und der Hawaii-Inseln. Intern. Rev. Hydrob. u. Hydrogr. 42.

1935.—Die fossile Diatomeenflora in den Ablagerungen des Tobasees auf Sumatra. Arch. Hydrob. Suppl. B. XIV.

1949.—Exploration du Parc National Albert. Süsswasserdiatomeen. Brüssel.

1935/36.—KANO, T.—Some problems concerning the biogeography of Kotosho, near Formosa. Geogr. Rev. Jap. XI/XII.

1932.—KRASSKE, G.—Beiträge zur Kenntnis der Diatomeenflora der Alpen: Hedwigia Bd. LXXII.

1939 a).—Zur Kieselalgenflora Südchiles. Arch. Hydrob. B. XXXV.

1939 b).—Zur Kieselalgenflora Brasiliens I. Arch. Hydrob. Bd. XXXV.

1942.—Zur Diatomeenflora Lapplands I. Ber. d. D. Bot. Soc. Zool. Bot/. fenn. "Vanamo". 23, 5.

1948.—Diatomeen tropischer Moosrasen. Svens. Bot. Tidsk. Bd. 42, H. 4.

1932.—MEISTER, F.—Kieselalgen aus Asien. Berlin.

1874-1930.—SCHMIDT, A.—Atlas der Diatomeenkunde. Reisland, Leipzig.

1938.—SKVORTZOW, B. W.—Diatoms from the Phillipines I. The Phil. J. of Sc. Vol. 64,

INSTITUTO DE ANATOMIA PATOLOGICA
de la
Universidad de Concepción (Chile)
Director: Prof. Dr. E. Herzog

Epidemia de viruela de Concepción de 1950

(Estudio Anátomo-Patológico) *

(con 14 figuras)

por

Dr. Wolfgang Reuter B.

(Recibido por la Redacción el 5–XI–1950)

Anatomía patológica, histopatología y diagnóstico diferencial histopatológico de la viruela

INTRODUCCION.—La viruela es considerada tanto clínica como morfológicamente una enfermedad infecciosa generalizada con localizaciones características en la piel y mucosas del organismo. Su histopatología ha sido estudiada detalladamente por numerosos autores a fines del siglo pasado y comienzos del presente (**Councilman, Magrath, Brinckerhoff, Unna, Stokes, Heinrichsdorf, Michelson, Ikeda, Gans,** etc.). Trabajos nacionales acerca de esta enfermedad no me son conocidos y creo que tampoco existen fuera de unas cortas consideraciones más bien epidemiológicas de **Westenhöfer** sobre la epidemia de 1909, ya que la afección bien puede considerarse una rareza en nuestro ambiente. Es este igualmente uno de los motivos que nos ha llevado a revisar la literatura a nuestra disposición y a puntualizar, a base de nuestro material de autopsias, los caracteres y particularidades morfológicas que ha mostrado la reciente epidemia de viruela, en Concepción.

---

* El trabajo ha sido patrocinado en ausencia del Prof Herzog por el Prof Dr. F. Behn, al cual quedo profundamente agradecido

Formas.—Tanto por su aspecto clínico como morfológico, es posible distinguir varias formas evolutivas de la viruela, que concuerdan completamente bajo estos dos conceptos. Estos cuadros fundamentales son los siguientes:

1) Forma típica o clásica, llamada **viruela verdadera o mayor,** acerca de la cual nos ocuparemos posteriormente en extenso.

2) Formas leves, habitualmente benignas, que evolucionan bajo dos variedades diversas, conocidas como:

a) **Varioloide,** tipo de viruela con erupciones menos intensas y extensas y en general menos característico, y

b) **Viruela sin exantema,** que a diferencia del anterior carece de exantema preeruptivo.

3) Formas graves tóxicas, con gran mortalidad y acompañadas generalmente de serias complicaciones. También aquí se distinguen dos variedades importantes:

a) **Viruela confluente,** caracterizada por la violencia de sus erupciones cutáneas en cuanto se refiere al número, tamaño, extensión y profundidad que éstas alcanzan en la piel.

b) **Viruela hemorrágica,** es aquella forma de viruela que se acompaña de fenómenos purpúricos en la piel y ocasionar a veces extensas hemorragias en los órganos internos. Esta variedad contempla dos sub-tipos:

x) El **púrpura varioloso,** viruela verdadera hemorrágica o negra, o tipo purpórico primario: se inicia con un rash prodrómico del aspecto de un exantema erisipeloideo, de color rojo guinda y con marcada extravasación sanguínea subcuticular, submucoso y particularmente de la musculatura esquelética y órganos internos. Histológicamente no se encuentran alteraciones características en los epitelios que cubren los focos purpúricos ya que la muerte sorprende al enfermo generalmente alrededor del tercer día, es decir antes que la erupción verdadera ha tenido lugar. En la piel son sitios de predilección para estas hemorragias las ingles, axilas y cara. Su aparición carece de base morfológica ya que histológicamente no se observa alteraciones en los endotelios vasculares, debiendo suponerse alteraciones tóxicas que permitan estas extravasaciones por diapedesis. Los únicos hallazgos positivos en la piel corresponden a una infiltración leucocitaria variable que alterna con zonas hemorrágicas.

y) La **viruela pustulosa hemorrágica** o viruela vesicular hemorrágica, es igualmente un tipo de viruela tóxica, que a diferencia de la forma anterior muestra una erupción característica junto a fenómenos hemorrágicos. Estos se deben aquí a alteraciones vasculares y fenómenos necróticos en los ápices de las papilas. Para algunos autores, este sería el único carácter diferencial de esta forma frente a la viruela verdadera. Sin embargo, investigadores que han estudiado en forma especial este cuadro tóxico —tales como **Heinrichsdorf** y **Wilkinson**— describen una serie de alteraciones diferenciales histológicas son en gran parte sólo cuantitativas, las daremos a conocer en forma comparativa una vez que hayamos pasado revista a la histopatología de la viruela verdadera, pues pueden ser de utilidad para la interpretación de observaciones aisladas, servir en los diagnósticos diferenciales con otras afecciones afines y porque como veremos en nuestras observaciones personales hemos encontrado mezclas de ambos tipos de alteraciones.

ALTERACIONES MACROSCOPICAS DE LA VIRUELA VERDADERA

Nos referiremos aquí exclusivamente a las alteraciones externas ya que las alteraciones de los órganos internos no ofrecen en general nada de característico frente a otras afecciones infeccioso-tóxicas y serán dadas a conocer en conjunto en el capítulo siguiente.

El primer trastorno morfológico importante que presenta esta enfermedad es el RASH PRODROMICO. Este puede aparecer bajo 3 aspectos diferentes:

1) **Rash eritematoso:** según su distribución puede ser local o general respeta habitualmente la cara y es raro de observar en niños menores de 10 años. Por su aspecto se distingue las variedades escarlatiniforme, morbiliforme y multiforme. Es frecuente en el varioloide.

2) **Rash petequial:** es más frecuente que el anterior y está caracterizado por un fino punteado hemorrágico o manchas purpúricas, desarrolladas especialmente en la región inguinal y axilar. **French** ha descrito en esta forma, un dibujo muy característico, que frecuentemente toma este rash, denominándolo "bathing drawers" por imitar en su forma y extensión la figura de un pantalón de baño. También se describe en forma análoga un triángulo formado más especialmente por las porciones supero-internas de ambos muslos, donde esta erupción prodrómica es intensa y que sería respetado posteriormente por las eflorecencias verdaderas de la afección. Se le conoce con el nombre de triángulo de Simon.

3) **Rash Mixto:** es este una variedad, en la cual los caracteres de las formas anteriores aparecen mezcladas.

Ay 3.er día de la afección aparece la ERUPCION ESPECIFICA que se inicia en forma de pequeñas manchas rojizas pálidas que se observan primero en la cara y que en el curso de algunas horas se extienden al tronco y posteriormente a las extremidades. Al mismo tiempo van adquiriendo una coloración rojiza oscura y se hacen prominentes en forma de pápulas de punta roma. Simultáneamente se observa un enantema.

Al 4 - 5 días se inicia la vesiculación, es decir, las eflorescencias se llenan de un líquido seroso claro, crecen hasta alcanzar unos 5-6 mm. de diámetro y se umbilican en el centro. Estas formaciones vesiculosas presentan múltiples tabicamientos, o sea son multiloculares, por lo cual la simple punción no logra colapsarlas.

Al 6 - 8 día, sobrevienen habitualmente infecciones secundarias y el contenido seroso se hace purulento. Las pústulas así formadas son amarillentas y se rodean de un halo rojo hiperémico y edematoso, que es extraordinariamente variable según la región en que estas eflorescencias asientan. En los párpados, labios, genitales y otras partes de la piel, que poseen un conectivo laxo, el edema es muy pronunciado; en el cuero cabelludo, palmas de las manos y plantas de los pies cuya piel posee un conectivo denso, las eflorescencias son aplanadas, rosadas y con un centro transparente.

Es de importancia diagnóstica la distribución característica de las erupciones en la viruela verdadera. En efecto aparece con mayor intensidad en la cara, antebrazos, palmas de las manos y planta de los pies, y van disminuyendo en número hacia las partes centrales del cuerpo, que incluso pueden quedar libres, especialmente aquellas correspondientes a las flexuras normales del cuerpo (axilas). En líneas generales siguen por lo tanto el tipo de distribución "centrífuga". Llámase, sin embargo, la atención acerca de las modificaciones, que puede sufrir esta diseminación como resultado de influencias externas (fricciones, gratage, etc.).

Del 9 al 14 avo día las lesiones regresan. El contenido pustular en parte es reabsorbido; las eflorescencias se encogen y se forma una costra. Al caer ésta, quedan manchas rojizas que posteriormente se tornan café y finalmente palidecen. Si ha habido una destrucción más profunda con compromiso del cuerpo papilar y dermis, la curación se efectúa por desarrollo de tejido de granulación vascularizado, exuberante y pigmentado. De esta manera, la curación termina con la formación de pequeñas cicatrices blanquecinas, deprimidas, estrelladas y bien delimitadas.

Las lesiones de las mucosas, son en términos generales idénticas a las de la piel; pero por lo general no se llega a una vesiculación completa debido a la escasa resistencia de estos epitelios; entran rápidamente en necrosis y formación de escaras con soluciones de continuidad más o menos extensas. Son reparadas finalmente por proliferaciones epiteliales.

HISTOPATOLOGIA DE LA VIRUELA VERDADERA

A. ALTERACIONES HISTOLOGICAS GENERALES DE LA PIEL Y MUCOSAS

Describiremos también aquí en orden cronológico la aparición de las alteraciones.

1) PERIODO EXANTEMATOSO.—Está caracterizado por alteraciones histológicas del estrato papilar, que anteceden a las modificaciones epiteliales. Son estas alteraciones una prueba evidente de la invación del virus, que para alcanzar la epidermis

ha utilizado la corriente sanguínea como vías de acceso; pero falta por determinar si las lesiones que tienen lugar en este sitio son debidas a la acción directa del virus o se deben a las toxinas de éste. Como en otras enfermedades exantemáticas, se asiste también aquí a un breve período anémico, como resultado de una parálisis o espasmos vasculares atribuídos a la acción directa del agente. Sigue a este estado una hiperemia y fuerte exudación líquida. Esta última procede especialmente de los linfáticos superficiales de las papilas y es responsable de la imbición líquida de los epitelios y del edema del estrato papilar. Se describe además una infiltración perivascular precoz, formada en parte por leucocitos con signos de degeneración y además plasmacélulas y linfocitos. Los capilares aparecen dilatados y contienen material de destrucción formado por leucocitos y células endoteliales. Todos éstos son signos del primer ataque del virus sobre los endotelios vasculares y explica a la vez la necrosis superficial que suelen mostrar algunas papilas dérmicas y las pequeñas hemorragias que pueden presentarse en estos sitios.

2) PERIODO PAPULOSO.—Con el progreso de las lesiones recién descritas, especialmente de la intensificación del edema, se produce la separación de las células de la capa basal del epitelio y se inician dos procesos característicos en los estratos epiteliales superiores —la DEGENERACION BALONANTE Y RETICULAR— propios de un grupo de enfermedades cuyo diagnóstico diferencial veremos posteriormente.

Estos procesos alterativos de los epitelios han sido interpretados de diversa manera por los investigadores y al parecer no existe aún acuerdo unánime acerca de la naturaleza íntima de ellos. **Unna,** el forjador de estos conceptos, les ha atribuído un carácter degenerativo; **Weigert** ,los interpreta como el resultado de una necrosis por coagulación, respectivamente necrobiosis; para otros sería simplemente una "metamorfosis cavitante", finalmente muchos los consideran procesos reactivos motivados por la presencia del virus en las células. Haremos a continuación una breve descripción del aspecto de estos procesos sin prejuzgar sobre su naturaleza e insistiremos posteriormente sobre las particularidades que estas alteraciones presentan en nuestras observaciones personales.

La DEGENERACION BALONANTE de **Unna,** es una colicuación circunscrita a un grupo celular y compromete al protoplasma, membrana celular y puentes citoplasmáticos intercelulares, llevando a la flojedad de las relaciones celulares. Los núcleos de las células epiteliares se mantienen al principio intactos, pero se dividen repetidamente por amitosis. El edema intercelular termina por romper las ligaduras epiteliales y en el centro de las células se forma a su vez una cavidad citoplasmática llena de líquido que distiende a la célula en forma de "balón" y desplaza al núcleo y plasma periféricamente. El citoplasma sufre una transformación fibrinosa y como resultado final se observa estas células hinchadas homogéneamente con 2 a 10 a más núcleos en su interior y en uno que otro sitio vesículas vacías a consecuencia de la lisis de sus núcleos. La degeneración balonante afecta en la viruela especialmente a las capas profundas del estrato espinoso y al estrato basal.

La DEGENERACION RETICULAR de **Unna,** consiste en una infiltración edematosa del protoplasma celular, que aparece ocupado por numerosas pequeñas vesículas de líquido seroso. Estas aumentan rápidamente hasta dejar transformada la célula en una formación reticular semejante a una tela de araña, con su núcleo situado en el centro del retículo. Los núcleos aparecen aquí pequeños y retraídos. Esta degeneración predomina en las capas superiores del estrato espinoso. El estrato córneo no participa de esta alteración por la mayor coherencia de sus elementos córneos y se limita sólo a una ligera tumefacción edematosa.

3) PERIODO VESICULOSO.—El desarrollo completo de las alteraciones que acabamos de conocer constituye la vesícula variolosa multiloculada característica. Ya hemos indicado que la degeneración balonante se limita al estrato basal y capas profundas del estrato espinoso y a la vez en estos sitios domina el edema intercelular. Solamente a lo largo de los bulbos pilosos, esta degeneración se extiende algo más, comprometiendo extensamente al estrato espinoso. La degeneración reticular, seguida por una manifiesta exudación serosa intracelular, domina por el contrario en las capas superficiales del estrato espinoso hasta transformar esta región en un sistema de cavidades, separadas por tabiques tensos dispuestos en forma de abanico. De éstos parten a su vez pequeñas trabéculas que subdividen las cavidades en pequeñas cámaras. Todo este sistema de tabiques corresponde a restos de paredes epiteliales fuertemente estiradas y comprimidas.

Esta disposición estratificada de las vesículas —aunque no tajante— se hace más pronunciada aún por el rápido progreso de la degeneración reticular en la bóveda vesicular, mientras que la alteración balonante de la base vesicular el sigue con más lentitud. Resulta de este crecimiento expansivo una vesícula en forma de callampa con una caperuza superior.

Todos estos elementos ya degenerados, terminan en el concepto de **Unna,** en una "transformación fibrinoidea". Este nuevo proceso alterativo se limita sin embargo, sólo a las partes superficiales de las trabéculas gruesas. Finalmente, se destruyen también los núcleos de los epitelios balonados, restando sólo masas homogéneas.

Para aquellos autores, que suponen estas alteraciones como el producto de una necrosis, la primera fase correspondería igualmente a una infiltración edematosa sin caracteres degenerativos puesto que no lleva a una destrucción celular. Sigue luego el proceso necrotizante cuya intensidad puede ser diversa, de acuerdo con el poder destructor del virus varioloso. Así, si la acción tóxica es masiva se produciría una necrosis por coagulación de todo el epitelio, que se transforma en una masa eosinófila; si la acción es moderada la necrosis por coagulación se circunscribe sólo a las capas basales y los estratos superficiales sucumben de acuerdo con las leyes de la necrobiosis; finalmente si la acción es débil sólo se apreciaría signos degenerativos en los núcleos. Estos mecanismos de acción se han esgrimido especialmente para explicar las alteraciones de la viruela tóxica.

El fenómeno de la umbilicación de las vesículas se explica por la preponderancia que adquieren las alteraciones edematizantes, especialmente la degeneración reticular de los bordes de las vesículas. A ello se agrega una viva proliferación epitelial en los alrededores sanos de la vesícula que lleva a un considerable ensanchamiento del estrato espinoso y estiramiento de las crestas epiteliales interpapilares en estos sitios. El resultado es el solevantamiento de los bordes frente a la parte central menos desarrollada de la vesícula. Ocasionalmente la umbilicación estaria condicionada por la presencia de un folículo piloso en el centro de la vesícula que impediría su distención por la firme implantación de éste en los planos profundos de la piel.

Las alteraciones en el estrato papilar siguen en este período sin modificaciones substanciales.

4) PERIODO PUSTULOSO.—En esta fase del desarrollo se asiste a intensas alteraciones del cuerpo papilar. Los vasos sanguíneos aparecen muy dilatados y contienen abundantes granulaciones polinucleares en buen estado de conservación. La infiltración se extiende hacia el epitelio alterado y suele ser tan intensa, que no permite reconocer los límites de éste en el estrato papilar. Llena densamente las cavidades vesiculares, con lo que ésta queda transformada en una pústula, que a veces por la tensión interna puede distenderse totalmente perdiendo su umbilicación. Esta brusca reacción leucocitaria es debida a la acción irritativa de los tejidos necrosados y a la invasión secundaria por micro-organismos piógenos (estafilococos, neumococos, estreptococos, hemolíticos, etc.

La cubierta de las pústulas está formada por los estratos córneos fuertemente comprimidos por el edema y que por lo general no sufren alteraciones. Solamente en las regiones de piel fuertemente queratinizadas (palma de las manos y planta de los pies) se forma a estos niveles, inclusive en vesículas muy pequeñas una "masa sólida lenticular trasparente", que **Unna** ha interpretado como una "cornificación acelerada". **Gans,** no acepta este proceso de hiperqueratosis verdadera sino que atribuye esta formación a una simple tumefacción edematosa.

Las eflorescencias en las mucosas se diferencian de las cutáneas por la falta de vesiculación. Carecen estas membranas de un epitelio de cubierta lo suficientemente resistente para permitir la formación de verdaderas vesículas o pústulas. Es por ello que los focos de epitelios mucosos tumefactos y proliferados entran rápidamente en necrosis, comprometiendo a veces hasta el tejido conjuntivo subyacente, que por lo demás aparece fuertemente infiltrado por elementos inflamatorios. Finalmente se desarrolla una escara formada por epitelios necrosados y fibrina que termina por desprenderse en parte o en block. La solución de continuidad que resta, se repara por proliferación de los epitelios intactos de los bordes de las úlceras.

5) PERIODO DE CURACION.—Las primeras señales de reparación las observamos durante la vesiculación, en forma de un acelerado proceso proliferativo de los epitelios sanos de los bordes de las eflorescencias. Pasada la fase de supuración y a no mediar alguna complicación este proceso continúa en forma activa, constituyéndose una cuña epitelial que converge hacia el centro de la pústula, situada entre los tejidos postulares superficiales en vías de desecación y los elementos basales de la eflorescencia. El contenido pustular es progresivamente reabsorbido y los epitelios superficiales alterados forman una costra que luego se transforma en una escara seca. El resultado final es la epitelización o formación de una cicatriz según la intensidad de las alteraciones que han tenido lugar. En ocasiones puede presentarse también una excesiva proliferación epitelial reparadora, que deja ver elevaciones epiteliales, conocidas como "Viruela verrucosa".

B. ALTERACIONES HISTOLOGICAS ESPECIALES

A las modificaciones histológicas de orden general, que acabamos de revisar, se agregan en esta afección, alteraciones especiales, que complementan las características de las erupciones de la viruela y del grupo de enfermedades, que le son afines. Debemos referirnos aquí en primer término a las inclusiones corpusculares de las células, poniendo de manifiesto de inmediato que no entraremos a discutir su significado ya que hasta. el momento la naturaleza de éstas no está absolutamente esclarecida.

Estas inclusiones han sido descritas por primera vez por **L. Pfeiffer,** en las células epiteliales de las pústulas variolosas. Hoy día se les conoce con el nombre de corpúsculos de **Guarnieri,** por haber sido este autor el primero en describirlas (1892) en los epitelios de la córnea de los conejos, previa escarificación de ellas e infección con linfa vacunal. Posteriormente, **Prowazeck** (1905) encontró formaciones más pequeñas, que designó como "corpúsculos iniciales", por considerarlos estados evolutivos del agente variólico. Finalmente, las investigaciones continuadas especialmente por **Paschen** llevan al descubrimiento de los "corpúsculos elementales", tenidos actualmente como agentes productores de la viruela. Coordinando tendríamos en consecuencia, que en el concepto actual los corpúsculos de **Guarnieri** estarían integrados por estos diferentes componentes, y **representarían** a productos de reacción de las células frente al virus variólico, que las parasita y al que rodean en forma de una cubierta o manto.

Considerados morfológicamente los corpúsculos de **Guarnieri** aparecen como formaciones de tamaño variable hasta de unos 10 micrones y de forma habitualmente redondeada u oval y a veces algo irregular. Con los colorantes histológicos muestran una reacción acidófila, tiñéndose de color rojizo con la eosina y safranina. Son tingibles igualmente con otros métodos como el Giemsa, la hematoxilina férrica de Heidenhain, azul Victoria, Lenz, etc.

Estos corpúsculos se localizan aisladamente o en grupos pares en el citoplasma cercano al núcleo celular y aparecen rodeados y separados de éste por un halo incoloro, y además aprovechan frecuentemente para su ubicación una de las escotaduras que suelen presentar los núcleos epiteliales.

El número de estas inclusiones en las eflorescencias variolosas varía con el período evolutivo de las lesiones pero en general su número es múltiple y su presencia constante durante el estadio vesicular y pustular de las eflorescencias. Se les encuentra de preferencia en los bordes de las vesículas y según **Councilman** desaparecen después del 13 avo día de la enfermedad. Se les encuentra también en las lesiones recientes de la viruela hemorrágica.

En la viruela verdadera se ha descrito también inclusiones intranucleares con iguales caracteres tintoriales, que los corpúsculos de **Guarnieri,** pero de tamaño más pequeño. Estos últimos suelen ocupar toda la cavidad nuclear o sólo el centro de éste, estando separada de la membrana por un halo incoloro. Otras veces tienen formas diversas como pequeñas masas únicas o múltiples y jamás coexisten con inclusiones citoplasmáticas en una célula.

En condiciones de infección natural o sea en la viruela humana, las formaciones que acabamos de describir, aparecen exclusivamente en las alteraciones de la piel y mucosas; pero en condiciones experimentales se les ha podido encontrar además en muchos órganos internos y en el tejido conectivo.

Por tener cierta utilidad diagnóstica haremos referencia en este capítulo además de algunas alteraciones nucleares. Ya hemos hablado de las escotaduras, que suelen presentar los núcleos epiteliales y que son aprovechadas por los corpúsculos de **Guarnieri** para su localización.

Se da como característico para la viruela además el manifiesto engrosamiento, que ocasionalmente muestra la membrana nuclear de algunas células epiteliales alteradas y parasitadas por el virus. Sólo nos permitimos indicar estos hechos cuyo origen y naturaleza puede explicarse de diversa manera.

C) ALTERACIONES HISTOLOGICAS DE LOS ORGANOS INTERNOS Y COMPLICACIONES

Las alteraciones de los órganos internos en la viruela, son en general comunes a otras enfermedades infecto-contagiosas y tóxicas, y sólo en uno que otro toman caracteres especiales cuya especificidad aparece problemática. Describiremos las alteraciones más importantes:

1) **Cavidad bucal y órganos del cuello.**—Las mucosas de los órganos de esta región, en especial la lengua, laringe y tráquea muestran las alteraciones propias de la viruela, que ya han sido descritas para la piel y mucosas. Insistiremos únicamente en la falta de típicas formaciones vesiculares en estos sitios a consecuencia de la escasa resistencia que ofrecen los epitelios de cubierta, los cuales rápidamente se destruyen dejando ver únicamente ulceraciones focales con restos de epitelios dislacerados en los bordes. Ocasionalmente, estas lesiones confluyen extendiéndose más o menos a toda la mucosa, la que toma un aspecto granuloso. Especial mención merece aquí el timo en el cual se ha descrito focos hemorrágicos y necróticos y una disminución consecutiva del número de los linfocitos.

2) **Corazón.**—La alteración más frecuente es la tumefacción turbia del miocardio. En el epicardio se han observado focos hemorrágicos. También se han descrito casos de endocarditis séptica como consecuencia de infecciones secundarias.

3) **Pulmón.**—Son de observación corriente el edema, la tumefacción y congestión del órgano. Con frecuencia se encuentra una bronquitis o bronconeumonía y ocasionalmente la gangrena y focos de atelectasia. También se describen pleuresías de aspecto gelatinoso y neumonías hipostáticas. En la bronquitis y bronconeumonía es de interés hacer presente el aparente contraste entre el exudado que llena los alvéolos y que es prevalentemente polinuclear con aquellos infiltrados intersticiales, que siempre acompañan al proceso y que habitualmente están formados por células basófilas grandes.

4) **Tubo digestivo.**—Se describe aquí la presencia de hemorragias y edemas más o menos extendidos.

5) **Hígado.**—Las alteraciones más frecuentes de este órgano corresponden a la tumefacción turbia, degeneración grasosa y a las hemorragias parenquimatosas y subcapsulares.

6) **Bazo.**—Habitualmente es de aspecto normal. Algunas veces muestra infartos sépticos. Sus alteraciones histológicas son generales a las que presentan todos los órganos hematopoyéticos en esta afección y que describiremos posteriormente.

7) **Suprarrenales.**—En estos órganos se ha descrito estados de congestión ,hemorragias e infiltración por células plasmáticas. En un caso descrito por **Perkins y Pay** (1903) ha existido una degeneración quística.

8) **Riñones.**—Lo más frecuente es la tumefacción turbia que afecta especialmente a los túbulos contorneados. Se ha descrito además hemorragias petequiales e infiltración inflamatoria intersticial. En la viruela hemorrágica se tiene como característico la nefritis intersticial del mismo tipo que la observada en la escarlatina.

9) **Organos pelvianos.**—Para algunos autores es de relativa frecuencia la orquitis mientras que otros la consideran una alteración rara en la viruela. En la misma forma como en el hígado, riñón y suprarrenales se hace notar en los testículos la presencia de infiltrados inflamatorios formados por células basófilas mononucleares. Lesiones semejantes se encontrarían igualmente en el epidídimo y en la próstata. En los testículos se describe finalmente también la presencia de focos de necrosis anémica ocasionados por trombosis y que para algunos autores correspondería a una alteración específica de la viruela. El recto, la vulva y la uretra suelen mostrar típicas erupciones como las descritas en las demás mucosas.

10) **Cráneo.**—Tanto las meninges como la masa encefálica con frecuencia aparecen congestionados. La lesión más importante aunque rara corresponde a una meningoencefalitis específica de la viruela, que en sus caracteres generales coincide completamente con la encefalitis postvacunal. El examen histológico encuentra en estos casos signos de encefalomielitis diseminada en forma de focos inflamatorios perivasculares, formados por linfocitos, plasmacélulas, proliferaciones de la neuroglia y células endoteliales. Las alteraciones se extienden en forma focal a la substancia blanca y gris del cerebro y de la médula. También se observa la destrucción de los cilindroejes y vainas de mielina.

11) **Organos hematopoyéticos.**—Las alteraciones de estos órganos se tienen como características y se consideran bastante constantes. En el bazo, ganglios linfáticos y en la médula ósea se desarrollan células mononucleares basófilas, que en gran número emigran a la sangre. En la médula ósea se describe también una degeneración tóxica de carácter focal, que tiende a la necrosis y ocasionalmente a dar hemorragias y a la formación de células endoteliales fagocíticas.

Por lo dicho, se nos presenta en la viruela una serie de alteraciones de tipo muy variado que corresponde a modificaciones de tipo inflamatorio, simple infiltración, lesiones degenerativas, procesos proliferativos e inclusive típicas necrosis. De todas ellas vale recordar como más características las alteraciones de los órganos hematopoyéticos, las alteraciones inflamatorias del pulmón y las lesiones necrotizantes de los testículos.

A estas alteraciones, que constituyen acompañantes más o menos constantes y relativamente característicos de la viruela, suelen agregarse en el curso de esta afección una serie de complicaciones muchas veces difícilmente separables de los cambios ocasionados por la afección misma. Sumariamente señalaremos como las más frecuentes e importantes las siguientes:

COMPLICACIONES: a) De la piel:
    1) Abscesos múltiples y flegmones.
    2) Erisipela.
    3) Gangrena por trastornos circulatorios locales.
    4) Acné.
    5) Variola verrucosa.
    6) Decúbitos.

b) De la boca:
    1) Ulceraciones.
    2) Necrosis.
    3) Inflamaciones purulentas de las gls. salivales o de los ganglios linfáticos.

c) Vías aéreas:
    1) Edemas glóticos.
    2) Pericondritis laringea.
    3) Ulceras perforantes del tabique nasal.
    4) Adherencias de las ventanas nasales.

d) Oído: Otitis media.

e) Ojos:
    1) Conjuntivitis.
    2) Pústulas variolosas de la mucosa ocular.
    3) Queratitis ulcerosa y difteroides.
    4) Iritis.
    5) Hipopion.
    6) Panoftalmia.
    7) Neuritis del nervio óptico.

f) Sistema nervioso: Inflamaciones localizadas del cerebro y médula.

g) Corazón:
    1) Miocarditis.
    2) Endocarditis.
    3) Pericarditis.

h) Esqueleto:
    1) Artritis supurada.
    2) Osteomielitis.

i) Genitales:
   1) Orquitis.
   2) Aborto o parto prematuro, feto muerto.
   3) Infecciones uterinas.

j) Aparato respiratorio:
   Bronconeumonías.
   2) Bronquitis.
   3) Pleuresía.
   4) Empiemas.
   5) Neumonías.

k) Riñón: Nefritis.

D. ESTUDIO COMPARATIVO ENTRE VIRUELA VERDADERA Y VIRUELA HEMORRAGICA

Las lesiones que se observan entre ambas formas de la enfermedad son desde luego fundamentalmente iguales y por lo general sólo se diferencian por la intensidad y extensión que ellas toman. Además se agregan en la viruela hemorrágica algunas alteraciones, que le son propias y le dan su aspecto característico. Haremos a continuación un breve esquema comparativo de ambos cuadros.

1) La viruela verdadera muestra una evolución característica con erupciones periódicas especiales. En la viruela hemorrágica esta evolución aparece acelerada y es incompleta, observándose solamente la formación de pústulas rudimentarias.

2) En la viruela verdadera las alteraciones de la piel se inician con un compromiso moderado del estrato papilar, que se mantiene aproximadamente en la misma forma hasta la fase pustular. Estas alteraciones en la viruela hemorrágica son desde un principio muy intensas, observándose una densa infiltración inflamatoria, formada por células redondas, edema y hemorragias y emigración leucocitaria.

3) En la viruela verdadera las alteraciones de los epitelios de la piel y mucosas adoptan caracteres degenerativos o necrobióticos progresivos, y la necrosis es relativamente tardía. Por oposición la forma hemorrágica presenta un efecto necrotizante intenso de más o menos todos los estratos epiteliales, asistiéndose a un compromiso precoz de los núcleos celulares (Necrosis precoz).

4) El proceso de proliferación epitelial se observa en la viruela verdadera limitado a los bordes de las vesículas y se hace algo más manifiesto en la fase de curación. En la viruela hemorrágica los fenómenos de proliferación son muy activos y están extendidos a todas las capas epiteliales e inclusive a veces al estrato papilar; persisten asimismo en forma más o menos igual durante toda la evolución del proceso.

5) En la viruela verdadera se describe como ocasional el hallazgo de células epiteliales gigantes. En la viruela hemorrágica estas formaciones son frecuentes de encontrar en los límites de las zonas necróticas, especialmente entre el estrato papilar y la capa basal de los epitelios (Heinrichsdorf).

6) El compromiso vascular tanto en la piel como en los órganos internos falta totalmente o es moderado en la viruela verdadera. La forma hemorrágica ocasiona intensas alteraciones vasculares, caracterizadas por tumefacción y destrucción de los endotelios; hialinización de las paredes vasculares; alteraciones del lumen vascular y acúmulos de masas granulosas en éste. Estas alteraciones vasculares se encuentran también en zonas distantes a los focos de necrosis.

7) Las hemorragias faltan o son muy discretas en las papilas dérmicas y algunos órganos internos (hígado) en la viruela verdadera. La viruela hemorrágica da extensas hemorragias que llevan a la destrucción de los tejidos.

8) Las lesiones renales en la viruela verdadera son en general de tipo degenerativo o inflamatorio leve. La viruela hemorrágica muestra con frecuencia una típica nefritis intersticial de iguales caracteres como en la escarlatina.

CARACTERISTICAS MORFOLOGICAS SOBRESALIENTES DE LA VIRUELA VERDADERA

Veremos ahora las alteraciones y signos más característicos de la viruela verdadera, que deberán tomarse en consideración para su diagnóstico y diagnóstico diferencial. Desde el punto de vista de la morfología, podemos agruparlos en caracteres macroscópicos y caracteres histológicos.

Caracteres macroscópicos.—Entre éstos son de importancia:

·1) RASH PRODROMICO.—Que en su aspecto petequial muestra una localización bastante característica, descrita por los autores de habla inglesa como "bathing drawers", ya que afecta especialmente la piel del abdomen y región inguinal semejando la silueta de un pantalón de baño. Igual valor tiene el triángulo de Simon, que aproximadamente corresponde a lo mismo, permitiendo su identificación aún en los períodos posteriores de la erupción vesicular y pustular por quedar habitualmente libre de erupciones.

2) Distribución CENTRIFUGA DE LAS EFLORESCENCIAS.—La ordenación de la erupción variolosa verdadera sigue habitualmente una distribución más intensa y a la vez más precoz a nivel de las porciones distales del cuerpo, en especial la cara y partes extremas de los miembros mientras que la porción central permanece libre o está cubierta por menor número de erupciones.

3) EVOLUCION UNIFORME Y CRONOLOGICA CARACTERISTICA.—En la viruela verdadera veremos siempre en cualquier período, solamente un tipo de erupción con todas las eflorescencias en el mismo período evolutivo. Esta característica nos permite fijar con bastante certidumbre los días de evolución que lleva la enfermedad: al 3.er día de la enfermedad aparece la erupción específica máculo-papular; al 4-5 días se inicia la vesiculación; al 6-8 días sobreviene la pustulación; y entre el 9 y 14 días las lesiones regresan.

4) VESICULAS TIPICAS.—Llama la atención la uniformidad en el aspecto general de todas ellas; su forma cónica ligeramente aplanada o fungiforme y la característica umbilicación primaria central, debida al desarrollo más rápido de los bordes de la lesión.

5) FORMACION DE PUSTULAS VERDADERAS.—Es un signo igualmente importante para diferenciar la afección de otras afines, caracterizándose especialmente por la regularidad de todas ellas, su típico halo hiperémico perifocal y constancia en su aparición.

6) RESIDUO CICATRICIAL.—Es el epílogo bastante constante de las alteraciones desarrolladas. Generalmente corresponden a pequeñas cicatrices ligeramente deprimidas, ovales o redondeadas, bien circunscritas, al principio rosadas y luego pigmentadas y blanquecinas.

Caracteres histológicos.—Se dejan clasificar y resumir en el siguiente orden:

A) CARACTERES GENERALES

a) De especificidad segura:
1) La existencia de un proceso eruptivo focal, vesiculoso y pustuloso, de naturaleza inflamatoria y carácter degenerativo, respectivamente necrotizante, circunscrito a todas las capas epiteliales de la piel como también a gran parte de las mucosas.
2) La formación de vesículas y pústulas fungiformes o cónicas ligeramente aplanadas con fenómenos alterativos dispuestos en forma estratificada: degeneración balonante de las células y edema intersticial en la base de las eflorescencias (estrato basal y porción profunda del estrato espinoso), y degeneración reticular con edema intracelular en la bóveda vesicular (porción superficial del estrato espinoso y estrato córneo).
3) Vesículas típicamente tabicadas en forma de un abanico por septos celulares que forman parte de un retículo con alteraciones fibrinoideas, y en cuyos espacios se encuentra líquido, núcleos epiteliales y elementos inflamatorios.
4) Alteraciones moderadas del estrato papilar hasta la fase pustular de las erupciones.
b) De especificidad probable:

1) Proliferación de los órganos hematopoyéticos con formación de células mononucleares basófilos y células endoteliales fagocíticas.

2) Relativa escasez de polinucleares en las lesiones específicas como también en las degeneraciones focales de la médula ósea.

3) Bronquitis y bronconeumonías con abundantes polinucleares en el exudado alveolar y bronquial, y grandes células basófilas intersticiales.

4) Focos de necrosis anémica en los testículos.

B) CARACTERES ESPECIALES

1) Corpúsculos de inclusión intracitoplasmáticos (Corpúsculos de **Guarnieri**), en las células epiteliales —de preferencia del estrato espinoso— durante el período vesiculoso y pustular. Solamente en circunstancias experimentales puede observárseles en otros sitios.

2) Inclusiones intranucleares mucho más raras de observar y localizadas especialmente en los estratos basales.

3) Alteraciones nucleares, exteriorizadas por retracciones, respectivamente escotaduras y engrosamientos de la membrana nuclear.

4) División simple, ocasionalmente no seguida por el citoplasma. Mitosis excepcionales.

Todas las alteraciones mencionadas, requieren para su fiel interpretación un estudio detenido individual, experiencia y consideración conjunta para su acertada valoración.

DIAGNOSTICO DIFERENCIAL DE LA VIRUELA CON LA VARICELA

Siguiendo el mismo criterio morfológico que acabamos de esbozar para la viruela, nos es posible establecer los siguientes caracteres diferenciales para la varicela:

CARACTERES MACROSCOPICOS:

1) El RASH PRODROMICO, falta o no es característico.

2) Las eflorescencias muestran una DISTRIBUCION CENTRIPETA.

3) La evolución se realiza por brotes eruptivos que se detienen en diversos períodos, observándose en una misma región fases distintas del desarrollo. Es especialmente característico el rápido pasaje de la erupción papulosa a la vesiculosa, que en esta afección sólo dura algunas horas mientras que en la viruela demora algunos días. Todas estas modificaciones irregulares se traducen morfológicamente por un cuadro característico que ha sido comparado con una "carta astronómica" con astros de diversa magnitud.

a) Las vesículas varicelosas se caracterizan por su contenido claro y umbilicación ocasional e incompleta. Su cubierta es muy delgada y a veces se agrupan de un modo semejante al del herpes zoster. Permanecen en estas condiciones algunas horas a uno o dos días y luego involucionan.

5) La pustulación debe considerarse una complicación y es por lo demás rara y atípica.

6) La formación de cicatrices es ocasional.

CARACTERES HISTOLOGICOS:

A) CARACTERES GENERALES

1) Si se tiene la oportunidad de examinar varias eflorescencias simultáneamente, puede apreciarse también histológicamente diferencias estructurales generales entre ellas, tal como ya lo hemos hecho presente macroscópicamente.

2) Las lesiones cutáneas se inician en forma de focos circunscritos, redondeados correspondientes a una infiltración serosa de las filas medias y superiores del estrato espinoso, que rápidamente confluyen, formando una vesícula multilocular y en ocasiones única. La alteración típica se aprecia sólo en las lesiones más recientes.

3) La cubierta es muy delgada y está formada por la capa córnea exclusivamente. En casos raros la vesícula se forma a expensas de las capas profundas de la piel y entonces la cubierta es naturalmente gruesa.

4) La reacción de la fibrina es positiva para todo el contenido vesicular.

B) CARACTERES ESPECIALES

1) La degeneración balonante ocasiona en esta afección un aumento de las células que comprometa por igual al plasma, núcleos y nucléolos.

2) Los núcleos tumefactos se dividen por amitosis, que frecuentemente no es seguida por citoplasma. De esta manera se forman células gigantes con 2-12 o más núcleos. Este tipo de células es uno de los signos más característicos de la varicela y su hallazgo es especialmente frecuente en las pústulas jóvenes, mientras que en la viruela son excepcionales. En manos de personas experimentadas, este único signo permite hacer el diagnóstico diferencial con la viruela, a base de un simple extendido del contenido pustular.

3) La inclusión celular característica de esta afección la constituyen los "corpúsculos intranucleares", que se observa de preferencia en las células epiteliales del estrato espinoso y en las células conjuntivas del corion. En la viruela este tipo de inclusión es raro y ocupa generalmente el estrato basal de la

pústula y falta totalmente en el corion. Su presencia en consecuencia simultánea, en las células epiteliales y corion, excluye la viruela con seguridad e inclina el diagnóstico en favor de la varicela.

4) La presencia de inclusiones intracitoplasmáticas, es negada por algunos, para esta afección. **Unna** asegura que al encontrarse estos elementos en las células del estrato espinoso se excluiría de inmediato la posibilidad de una varicela y el diagnóstico se inclinaría en favor de la viruela. **Keysselitz, M. Meyer y Taniguchi** y colaboradores, aseguran haber encontrado inclusiones intracitoplasmáticas que de manera análoga a los C. de **Guarnieri,** consideran como corpúsculos varicelosos.

5) Los núcleos de las células balonadas, aparecen tumefactos y la red cromática se presenta adelgazada, restando sólo una tenue línea en sus bordes. Los núcleos de las células con degeneración reticular están retraídos y no permiten ver su dibujo.

DIAGNOSTICO DIFERENCIAL DE LA VIRUELA CON EL ALASTRIM

El alastrim es una afección, que por sus caracteres y manifestaciones generales se encuentra en un parentesco muy cercano con la viruela. Su ubicación precisa no ha sido sin embargo posible de establecer en forma definitiva. Aquí daremos solamente un esquema de sus características y diferencias morfológicas más notorias con la viruela. Siguiendo el mismo orden anterior, tenemos:

CARACTERES MACROSCOPICOS:

1) El rash no muestra características especiales. Dura del 2º hasta el 5º día.

2) La erupción no aparece en forma pareja y es de tipo centrífugo como en la viruela. Por lo general respeta las líneas medias del cuerpo y las regiones axilares.

3) La evolución permite distinguir 4 fases (Proliferación, Vesiculación, Pustulación y Descamación) pero no son tan características ni de ritmo tan manifiesto como en la viruela.

4) Las vesículas tienen formas de cúpulas o son achatadas, blanquecinas con centros algo sombreados.

5) No deja cicatrices habitualmente.

CARACTERES HISTOLOGICOS:

A) CARACTERES GENERALES

1) El estrato papilar y corion muestran precozmente manifiestas alteraciones. Las papilas dérmicas son angostas, apare-

ciendo comprimidas por el epitelio hipertrófico que las cubre; los vasos están dilatados y rodeados por numerosas células polinucleares y endoteliales.

2) En relación con la viruela verdadera, la degeneración balonante es aquí más escasa y se circunscribe más bien a los estratos superiores de la zona germinativa. Las células malpighianas del fondo y bordes de las eflorescencias tienen un aspecto normal, mientras que en la viruela estas células muestran degeneración balonante o necrosis.

3) La degeneración reticular domina al cuadro y se pone de manifiesto por la formación de pequeñas vacuolas en el citoplasma de algunas células malpighianas. Eventualmente éstas confluyen para formar una vesícula multilocular.

B) CARACTERES ESPECIALES

1) La característica más sobresaliente para el alastrim es la presencia de células epiteliales gigantes que se localizan en el fondo y bordes de las vesículas, pero suelen aparecer también en los estratos medios de la epidermis hipertrofiada.

2) Los núcleos celulares se encuentran aumentados de volumen y sus membranas están ligeramente engrosadas en el alastrim; en la viruela en cambio, los núcleos están disminuidos y las membranas nucleares muy engrosadas.

3) Las inclusiones corpusculares del alastrim han sido estudiadas especialmente por los investigadores sudamericanos **Torres y Teixeria** (1933-1936).

a) Los corpúsculos intracitoplasmáticos se les encuentra ya en la fase de proliferación epitelial, como formaciones basófilas, en las células malpighianas de la base y bordes de las vesículas. Se diferencian de los corpúsculos de **Guarnieri** por los siguientes caracteres:

1) Caracteres tintoriales: Con H-E, los corpúsculos del alastrim son basófilos, los de la viruela eosinófilos o policromatófilos. Con la safranina las inclusiones del alastrim se tiñen de azul pálido, los de **Guarnieri** rojos.

2) Localización: Los corpúsculos del alastrim jamás ocupan escavaciones nucleares como es frecuente de observar en la viruela.

3) Número y tamaño: La inclusión citoplasmática del alastrim es algo mayor que la de la viruela. Generalmente se encuentran aisladas o a lo sumo en pares y en las lesiones avanzadas son escasas. En la viruela las inclusiones son numerosas y con frecuencia múltiples en una célula.

b) Las inclusiones intranucleares del alastrim son retiformes y de límites poco precisos.

DIAGNOSTICO DIFERENCIAL DE LA VIRUELA CON OTRAS AFECCIONES AFINES

Varias son aún las afecciones que pueden entrar en discusión en un diagnóstico diferencial con la viruela. La limitación del presente trabajo no nos permite extendernos en detalles. Por ello las abarcaremos en conjunto y solamente en forma general.

El grupo de los Herpes, es un conjunto de afecciones cuya histología muestra gran similitud estructural con la viruela y se identifica prácticamente con las alteraciones descritas en la varicela. Esta semejanza es tan manifiesta que ni las alteraciones histológicas finas permiten una diferenciación segura. Para su diagnóstico diferencial con la viruela remitimos por consiguiente a lo establecido en el capítulo de la varicela.

La vacuna y sus manifestaciones de generalización no permiten un diagnóstico diferencial morfológico con la viruela, lo cual no debe extrañar si se tiene presente que ambas afecciones son etiológicamente idénticas y que lo único que las diferencia es la agresividad de los agentes. El diagnóstico en estos casos corresponde a la clínica. Por motivos semejantes suele ocasionar serias dificultades y a veces no tener solución los casos de viruela modificados por factores inmunitarios, es decir la viruela que sobreviene en personas vacunadas. Del punto de vista de la morfología sólo queremos llamar la atención sobre 2 hechos cuyo valor no entraremos a discutir por carecer de experiencia personal sobre su importancia diagnóstica:

1) Las lesiones vacunales carecen de inclusiones intranucleares; en la viruela existen, pero son escasas.

2) La prueba de **Paul** muestra precozmente corpúsculos de **Guarnieri**, si la escarificación corneal se ha realizado con linfa vacunal; mientras que la aparición de éstos es tardía si se utiliza el contenido de las pústulas variolosas.

BREVE RESUMEN DE LAS AUTOPSIAS EFECTUADAS

CASO Nº 1.—AN 153/50. L. S. G. 1 mes. Masculino. Peso 2270 grs. Long. 45 cm. *Diagnóstico Clínico:* Viruela.

Resultado de la autopsia: Cadáver de un lactante en estado de caquexia con típica erupción vesicular variolosa de distribución centrífuga y parcialmente con- fluente en la piel de la cara, cuero cabelludo, piernas, muslos, brazos y genitales externos. En la región peribucal, manos, cara interna de las piernas y genitales hay lesiones costrosas con signos de gratage. Histológicamente puede apreciarse todas las alteraciones propias de la viruela del período vesicular, siempre en el mismo período evolutivo.

Cráneo y contenido meningo-encefálico: Nada de extraordinario.

Organos del cuello: En la lengua hay numerosos focos úlcero-necróticos seme- jantes a los de la piel. Histológicamente, las capas superficiales del epitelio mues- tran una disociación reticular y en las partes basales existen signos incipientes de necrosis; en el corion hay una densa infiltración inflamatoria formada por leucocitos y linfocitos. Resto de los órganos n/e.

Corazón: Persistencia del conducto arterioso de Botal. Resto n/e.

Pulmones: Congestión.

Hígado: Algo congestionado y autolítico.

Bazo: Intensamente congestionado.

Riñón: Congestión y tumefacción turbia.

Testículos: Muestran zonas de consistencia parcialmente aumentada, que histológicamente corresponden a típicos focos de necrosis por coagulación.

Resto de los órganos: Nada de especial.

CONCLUSION: Viruela.

CASO Nº 2.—AN 155/50. G. N. N. 27 años. Femenino. Peso 55 **kg.** 1.55 m.

Diagnóstico clínico: Restos de aborto, 4 meses. Sepsis sobreaguda, púrpura infeccioso. Leucemia aguda?

Resultado de la autopsia: Cadáver de un adulto, normotipo, de buen estado nutritivo. En la piel de todo el cuerpo, pero especialmente en la nuca, dorso, cara externa de los brazos, abdomen y región inguinal interna de ambos muslos existe un intenso petequiado hemorrágico o pequeñas sufusiones, acompañadas de una moderada rubicundez y cianosis.

Histológicamente se observa en la piel intensa infiltración inflamatoria junto a los focos hemorrágicos perivasculares sin alteraciones endoteliales. Al corte se encuentra extensos focos hemorrágicos en toda la musculatura esquelética, inclusive en aquellas zonas de la piel libres de petequias.

Cráneo y contenido meningo-encefálico: Nada de especial.

Organos del cuello: En la mucosa bucal del paladar y encías, se encuentra un difuso petequiado hemorrágico puntiforme. Resto de los órganos sólo muestran un ligero tinte cianótico. Tanto las glándulas parótidas como las submaxilares muestran intensos infiltrados inflamatorios intersticiales de células redondas, especialmente en los gruesos tabiques conjuntivos y además existe una ligera hiperemia.

Corazón: Epicardio que cubre la cara anterior del corazón muestra numerosas petequias puntiformes. El miocardio presenta igualmente numerosos y extensos focos hemorrágicos que en parte alcanzan hasta el sub-endocardio. Histológicamente, estos focos se acompañan de infiltrados inflamatorios de diversa naturaleza (polinucleares, linfocitos, plasmacélulas, eosinófilos, etc.), y son de carácter reciente.

Pulmones: Presentan un manifiesto edema, descamación de los endotelios alveolares y pequeños acúmulos de gérmenes. En el intersticio existe una pronunciada infiltración de polinucleares y eosinófilos. En las pleuras, numerosos focos hemorrágicos puntiformes.

Hígado: Aparece algo aumentado de volumen (1950 grs.) e histológicamente llama la atención una densa infiltración de polinucleares, linfocitos y eosinófilos en los espacios de Kierman; las células de Kupffer muestran intensos fenómenos de reabsorción y en los sinusoides hay numerosos macrófagos con material fagocitado. Colecistitis crónica calculosa.

Bazo: Peso 250 grs. e histológicamente muestra el cuadro de una esplenitis aguda corriente.

Ganglios linfáticos: En general algo aumentados de volumen; presentan el cuadro de una linfadenitis subaguda banal.

Intestino: A nivel del íleon se observa aisladas hemorragias puntiformes.

Riñones: Pesan 200 grs. c/u.; están algo tumefactos y su color es café pálido. Histológicamente, los glomérulos aparecen aumentados, ricos en células polinucleares y además existe una intensa infiltración inflamatoria intersticial de células redondas, en especial en la zona límite córtico-medular. También se nota una manifiesta hiperemia, tumefacción turbia de algunos epitelios tubulares, cilindros hemáticos en los túbulos y ligeros infiltrados lipoídicos. El cuadro se considera correspondiente a una nefritis aguda de predominio intersticial.

Utero: Aumentado, en estado puerperal. Histológicamente se observa en la región correspondiente al endometrio coágulos sanguíneos y masas de fibrina, recientes; en el miometrio, escasos infiltrados inflamatorios, que se interpreta como fenómenos dependientes de procesos de reabsorción.

Resto de los órganos: Nada de especial.

CONCLUSION: Por la presencia de un exantema petequial de predominio inguinal (triángulo de Simon); las extensas hemorragias en la musculatura esquelética, miocardio, epicardio, pleuras y mucosas del paladar y gingival; la aparición del cuadro en una epidemia de viruela y en una embarazada que hasta el momento había hecho una gestación normal; por el cuadro de nefritis intersticial, como también por el singular compromiso de los demás órganos, y finalmente, por su evolución brusca y rápida, que apenas en tres días la ha llevado a la muerte, creemos poder asegurar, que la afección corresponde a una forma tóxica de la viruela, conocida como Púrpura Varioloso

CASO Nº 3.—AN 157/50. O. A. C. 14 meses. Femenino. Peso 5 kgr. Long. 67 c. *Diagnóstico clínico:* Viruela. Encefalitis.

Resultado de la autopsia: Cadáver de un lactante en estado de caquexia con erupciones vesículo-costrosas, lenticulares, diseminadas en toda la piel y con especial intensidad en la cara, cuero cabelludo, palmas de las manos y plantas de los pies. Histológicamente las lesiones muestran todos los signos propios del estado vesicular de las eflorescencias variolosas y sólo algunas tienen el aspecto de una pequeña escara bien delimitada y con signos de desprendimiento. Esta yace sobre un epitelio pavimentoso de revestimiento, muy delgado y más o menos intacto.

Cráneo y contenido meningo-encefálico: Nada de extraordinario; en especial no se encuentra signos de encefalitis.

Organos del cuello: En la lengua se observa una gruesa costra blanquecina, que histológicamente corresponde a focos de necrosis del epitelio que alcanza hasta la capa basal. Estos se acompañan de una moderada infiltración inflamatoria del corion, formada por células redondas y polinucleares. Lesiones semejantes encontramos también en el resto de la mucosa bucal, en el paladar y labios. El esófago muestra ulceraciones superficiales irregulares y múltiples en toda su extensión; aparecen cubiertas por material necrótico y presentan infiltrado plasmacelulares y eosinófilos en el corion. La parótida muestra abundantes infiltrados de células redondas que impresionan como tejido linfadenoídeo. Resto nada de especial.

Corazón: Nada de extraordinario.

Pulmones: Nada de extraordinario.

Hígado: Intensa y difusa infiltración grasosa de gotas grandes.

Bazo: Algo congestionado.

Riñones: Son de coloración café pálida e histológicamente muestran una infiltración lipoídica de gotas pequeñas y medianas en algunos túbulos de la corteza y médula.

Resto de los órganos: Nada de extraordinario.

CONCLUSION: Viruela.

CASO Nº 4.—AN 176/50. L. M. M. 22 días. Masculino. Peso 2750 grs. 60 cms. *Diagnóstico clínico:* Viruela.

Resultado de la autopsia: Cadáver de un lactante en mal estado nutritivo. La piel muestra una erupción pústulo-costrosa focal generalizada y particularmente intensa en la piel de la cara (nariz, mejillas, orejas y bordes de la implantación pilosa del cuero cabelludo y cejas), extremidades, y cara superior del tórax y abdomen. En el sitio de la articulación externo-clavicular izquierda se observa un orificio fistuloso que da salida a pus y comunica la cavidad articular con el exterior. Histológicamente las lesiones de la piel aparecen cubiertas por pequeñas costras lenticulares y en el dermis correspondiente se notan ligeras infiltraciones linfocitarios y plasmacelulares especialmente perivasculares. El cuero cabelludo muestra lesiones semejantes. Por tratarse de lesiones de evolución avanzada ya en vías de curación no es posible reconocer otros signos específicos de las lesiones.

Cráneo y contenido meningo-encefálico: Nada de especial.

Organos del cuello: En la lengua se nota ligeros infiltrados inflamatorios en el corion, que no van acompañados de alteraciones del epitelio. Resto: Nada de especial.

Corazón: Nada de especial.

Pulmones: Macroscópicamente mostraban focos bronconeumónicos confluentes en ambas bases. No fueron controlados histológicamente.

Hígado: Se presenta tumefacto e histológicamente bastante autolítico, con los sinusoides muy dilatados e intensa tumefacción de los retículo endotelios, que en parte se encuentran desprendidos.

Bazo: Macroscópicamente impresiona como un órgano ligeramente séptico. Histológicamente se encuentra en los senos del órgano abundantes células mononucleares redondas, que en parte corresponden a macrófagos cargados con un pigmento café, y en parte parecen corresponder a endotelios tumefactos. Llama la atención la presencia de linfocitos con núcleos cariorecticos. Se tiene la impresión que todo el proceso corresponde a intensos fenómenos de reabsorción.

Riñón: Nada de especial.

Testículos: Macroscópicamente de aspecto corriente; histológicamente se observa un foco de necrosis reciente y en su vecindad algunas células fagocitarias. El epidídimo correspondiente muestra una lesión semejante.

Resto de los órganos: Nada de especial.

CONCLUSION: Pese a que en este caso no nos es posible encontrar todas las alteraciones características de la lesión variolosa en la piel, por tratarse de una evolución bastante avanzada; encontramos sin embargo signos morfológicos bastante seguros como son la presencia de costras lenticulares propias de la curación de las pústulas variolosas, la lesión focal necrotizante en los testículos, considerada por muchos como específica; la distribución de tipo centrífugo de las lesiones cutá. neas y fase evolutiva semejante en todas ellas. Concordamos en consecuencia con la clínica al reconocer a esta afección como una viruela típica en fase de curación. La muerte en este caso nos parece más lógico atribuir a complicaciones sépticas tanto de la piel como de los órganos internos (pulmones), favorecidas por el estado debilitario general del organismo enfermo.

CASO Nº 5.—AN 178/50. V. L. T. 28 años. Femenino. Peso 59 kg. Long. 165 cms.
Diagnóstico clínico: Embarazo de 8 meses. Estado infeccioso. ¿Viruela hemo· rrágica? Neumonía izquierda.

Resultado de la autopsia: Cadáver de un adulto de sexo femenino con exten. sos focos hemorrágicos en las conjuntivas oculares y exantemas ligeramente pete· quial de color rojo violáceo especialmente en la cara y cuello. La piel de la cara ventral del tronco, y de las extremidades muestra aisladas eflorescencias vesicula· res de uno a 3 mms. de diámetro de color gris perla, rodeadas por un halo violáceo. Al corte se encuentra además pequeños focos hemorrágicos en la musculatura esquelética, especialmente del tórax. Histológicamente la piel muestra pequeñas zo· nas hiperémicas por manifiesta repleción sanguínea de los capilares de algunas papilas dérmicas, y alrededor de éstos, se notan ligeros infiltrados de células redon· das especialmente linfocitos. En el epitelio correspondiente a estas zonas se nota la formación de pequeñas flictenas tabicadas a nivel de las células espinosas y que avanzan hasta la capa basal inclusive. La capa córnea se encuentra intacta y en algunos sitios adhieren a su cara profunda, algunos grupos de células espinosas vacuolizadas, que en conjunto hacen de techo a estas formaciones vesiculares. En otras partes el proceso no ha alcanzado a una vesiculación completa y solamente se notan tumefacciones bien evidentes de las células de la capa espinosa, quedando en el interior de éstas un espacio claro más o menos ovalado, en el cual flotan libre· mente un núcleo ligeramente retraído y picnótico, acompañado generalmente de un corpúsculo redondeado que alcanza la tercera o cuarta parte del tamaño del núcleo. El cuadro corresponde a un exantema con comienzos de vesiculación, que por sus caracteres histológicos especiales debe considerarse como de etiología variolosa.

Cráneo y contenido meningo-encefálico: Nada de especial.

Organos del cuello: Amígdalas, esófago, laringe y tráquea con algunas pete· quias y ligero enrojecimiento. Resto nada de especial.

Corazón: El pericardio contiene escaso líquido citrino y a nivel del epicardio de la cara anterior y surco aurículo-ventricular se encuentra múltiples petequias. El corazón está algo aumentado de volumen a expensas del ventrículo izquierdo; los velos de la tricúspide y de la mitral muestran ramitos vasculares inyectados y en la mitral se aprecia además un manifiesto engrosamiento y retracción fibrosa de los velos con los signos de insuficiencia valvular consecutivas. Histológicamente la mitral muestra un marcado engrosamiento antiguo con fuerte hialinización y casi sin infiltración inflamatoria.

Pulmones: Ligeramente aumentados de volumen y consistencia y de coloración rojiza oscura. Histológicamente se encuentra una marcada congestión, ligero edema en algunos alvéolos y en otros numerosos endotelios descamados.

Hígado: Aumentado de volumen (1900 grs.), de superficie lisa, amarillenta y estructura bien visible. Histológicamente, presenta sinusoides dilatados, repletos de células fagocitarias, llamando especialmente la atención la presencia de retículo· endotelios muy tumefactos y en parte desprendidos. Muchas de estas células mues· tran inclusiones de restos de glóbulos rojos. Las células hepáticas presentan infil· tración lipoídica de gotas pequeñas en moderada cantidad y distribuidas en forma difusa. El cuadro corresponde a un hígado con marcados fenómenos de reabsorción.

Bazo: Se muestra bastante aumentado de volumen (350 grs.), y algo de con· sistencia, de color morado oscuro y dibujo linfático sobresaliente. Histológicamente se confirma la pronunciada congestión y se observa manifiestos fenómenos de reab· sorción, caracterizados especialmente por tumefacción de los retículo-endotelios y presencia de abundantes macrófagos y eosinófilos.

Ganglios linfáticos: En general algo aumentados de volumen. Histológicamente muestran una intensa hiperemia y los senos llenos de endotelios tumefactos.

Riñones: De tamaño y aspecto corrientes. Histológicamente muestran una mo· derada congestión y en el límite córtico-medular se notan aislados focos inflamato· rios formados especialmente por linfocitos y eosinófilos.

Utero: Grávido de unos 30 cms. de altura. Contiene un feto de sexo masculino de 50 cms. de longitud y 3330 grs. de peso, sin malformaciones externas ni internas y en estado de autolisis incipiente. Placenta sin alteraciones especiales.

Resto de los órganos: Nada de especial.

CONCLUSION: Todas las alteraciones son en este caso bastante características
para un proceso de etiología variolosa; pero llama aquí la atención la rápida y
maligna evolución del proceso. La enferma se encontraba aún en el comienzo del
período eruptivo, mostrando todavía evidentes signos de un rash prodrómico petequial con manifiestos fenómenos purpúricos tanto en la piel como en las mucosas
y musculatura esquelética. No podemos inculpar de este grave proceso a la lesión
endocárdica, que se encuentra totalmente inactiva en forma de un vicio valvular;
tampoco encuadra por razones fácilmente deducibles en un proceso séptico genera-
lizado. Si tenemos en cuenta el terreno en que ha desarrollado la afección —una mujer con un embarazo de casi de término— las alteraciones generales de tipo tóxico,
acompañadas de activos fenomenos de reabsorción, la presencia de un proceso de
nefritis intersticial, y la aparición de una erupción epidérmica vesiculosa rudimenta-
ria con los caracteres propios de la viruela, nos vemos obligados a aceptar una
modalidad grave de esta afección, conocida como viruela pustulosa hemorrágica.

CASO Nº 6.—AN 179/50. T. C. C. 22 días. Masculino. Peso 2300 grs. Long.
45 cms.

Diagnóstico clínico: Viruela.

Resultado de la autopsia: Cadáver de un lactante de sexo masculino en mal
estado nutritivo y manifiesta anemia. En casi toda la piel se encuentra eflorescencias
vesiculosas de unos 5 mm. de diámetro, de coloración gris pálida, umbilicadas al
centro y de consistencia firme al tacto. En muchas partes, especialmente en las
extremidades y cuero cabelludo estas vesículas confluyen; mientras que en la cara
aparecen abiertas, ulceradas o recubiertas por costras de coloración rojiza. Histológicamente se encuentra una moderada infiltración inflamatoria de células redondas
en el corion; el epitelio muestra una franca tendencia a la necrosis en todo su espesor y formación de un retículo en el estrato espinoso, cuyas cavidades están ocupa-
das por polinucleares y núcleos cariorrécticos. La capa córnea se encuentra en
descamación y en algunas células espinosas próximas a la lesión mayor se encuentra pequeños corpúsculos eosinófilos rodeados por un halo claro y de un tamaño
aproximado a un tercio del de un núcleo epitelial.

Cráneo y contenido meningo-encefálico: N./e.

Organos del cuello: La lengua muestra varias pequeñas ulceraciones focales
del mismo tamaño y aspecto semejante a las vesículas descritas en la piel. Resto
de los órganos: nada de especial.

Corazón: Miocardio bastante congestionado.

Pulmones: Son de tamaño corriente, coloración rojiza oscura y consistencia algo
aumentada. Al corte se nota algunos focos de coloración pardo oscura y un pequeño foco blanquecino subpleural del tamaño de un grano de mijo. Histológicamente
se aprecia una muy intensa congestión y un foquito de necrosis reciente con ligera
reacción leucocitaria en la vecindad. Los endotelios de los alvéolos vecinos están
muy tumefactos.

Ganglios axilares: En ambas regiones axilares se encuentran numerosos ganglios linfáticos del tamaño de granos de pimiento o menores de coloración rojiza.
Histológicamente aparecen muy congestionados y ocupados por toda clase de células inflamatorias correspondientes a una linfadenitis aguda.

Hígado: Fuertemente congestionado y con fenómenos de reabsorción en los
retículoendotelios. Autolisis.

Bazo: Muy congestionado y con fenómenos de reabsorción. Autolisis.

Riñón: Muestra una evidente nefritis focal intersticial especialmente en el límite de la corteza con la medular; además una manifiesta tumefacción turbia de los
epitelios por autolisis.

Testículos: Presentan aislados focos de necrosis acompañados de hemorragia
y ligera reacción inflamatoria.

CONCLUSION: Viruela.

CASO Nº 7.—AN 211/50. O. P. G. 10 años. Masculino. Peso 28 ks. Long. 1.30 m.
Diagnóstico clíinico: ¿Viruela? ¿Piodermitis? ¿Nefritis aguda?
Resultado de la autopsia: Cadáver de un impúber con mal estado nutritivo y
ligera anemia generalizada de la piel y mucosas. En la piel se encuentra nume-

rosas erupciones vesiculosas lenticulares o menores y en parte algo confluentes. Llama la atención una cierta simetría en la localización de estas lesiones, que afecta especialmente los maleolos, la cara anterior de las rodillas, las muñecas, la superficie de extensión de los codos, las nalgas y la región dorsal media. Alrededor de la boca son más escasas y en algunos sitios tienen el aspecto de pápulas puntiformes rosadas, faltando en general la umbilicación y el halo hiperémico perifocal. El brazo izquierdo muestra además dos cicatrices de vacunación antigua. Histológicamente, estas alteraciones comprometen el epitelio en todo su espesor, restando únicamente una delgada capa córnea superficial y hacia la profundidad una zona de aspecto reticular, fuertemente infiltrada por polinucleares y algunos glóbulos rojos. Esta infiltración se extiende también al dermis alcanzando hasta el tejido celular subcutáneo. En ninguna parte se encontraron elementos corpusculares característicos y las lesiones en general muestran el mismo aspecto histológico.

Cráneo y contenido meningo-encefálico: Sólo se encontró una ligera hiperemia meníngea.

Organos del cuello: En el cuello se encuentra una incisión quirúrgica de traqueotomía reciente. La lengua muestra algunas pequeñas ulceraciones necrotizantes, que aparecen histológicamente rodeadas por ligeros infiltrados inflamatorios. La tráquea y parte de la laringe contienen gruesos depósitos fibrinosos que ocluyen parcialmente el lumen del órgano y la abertura de la traqueotomía. El exudado se extiende también en forma algo menos intensa hasta los bronquios mayores. Histológicamente, estos órganos muestran una intensa infiltración inflamatoria hasta sus capas profundas formadas especialmente por polinucleares y sus epitelios se han desprendido en totalidad. Un frotis de exudado superficial muestra células epiteliales descamadas y polinucleares, faltando totalmente los gérmenes. El cuadro corresponde a una traqueítis aguda necrotizante. A ambos lados del cuello se observa numerosos ganglios linfáticos del tamaño de porotos y de estructura medular rosada, que histológicamente muestran senos dilatados llenos de células endoteliales, cierto número de polinucleares y glóbulos rojos; además se presentan bastante congestionados (linfadenitis aguda, ligeramente hemorrágica).

Corazón: Nada de especial.

Pulmones: Aparecen aumentados de volumen, fuertemente enfisematosos y el lóbulo inferior del pulmón izquierdo de coloración rojiza oscura y consistencia aumentada. También se encuentra aislados focos hemorrágicos puntiformes especialmente subpleurales. Histológicamente ,el cuadro corresponde a una bronconeumonía hemorrágica confluente en cuyo exudado dominan los polinucleares.

Hígado: Macroscópicamente llama la atención un foco hemorrágico subcapsular en la cara superior del extremo derecho del órgano e histológicamente se comprueba una ligera tumefacción de las células de Kupffer y en algunas partes infiltración lipoídica efectiva en estos elementos.

Bazo: Este órgano se caracteriza por una manifiesta hiperplasia folicular a tal punto, que los folículos linfoídeos aparecen algo solevantados como si fueran tubérculos miliares. Histológicamente, se comprueba esta hiperplasia, constatándose además centros germinales algo edeamtosos y en algunos puntos con abundantes leucocitos, que impresionan como abscesos en formación. En el resto se nota senos dilatados con retículoendotelios tumefactos e igualmente abundantes polinucleares, correspondiendo el cuadro a una esplenitis aguda.

Riñón: Ambos órganos aparecen aumentados de volumen, de superficie lisa, rojiza oscura con un fino punteado amarillento en ella. Al corte la corteza aparece ensanchada y muestra igualmente focos amarillentos o estrías amarillentas, y en el límite con la porción medular es poco nítido. Histológicamente, se encuentra glomérulos con una cápsula engrosada y proliferada, en forma de media lunas y los túbulos muestran una ligera infiltración lipoídica y algunos cilindros hialinos y hemáticos. En el estroma hay bastante infiltrados leucocitarios, eosinófilos y plasmacelulares, especialmente en la corteza y porción subaguda con manifiesto compromiso intersticial.

Resto de los órganos: Sin mayores alteraciones. El peritoneo contiene unos 150 cc. de líquido citrino transparente.

CONCLUSION: El presente caso ofrece del punto de vista de su diagnóstico histopatológico algunas dificultades, en atención a su aspecto poco característico. Advertimos ya macroscópicamente cierta irregularidad en el aspecto de las eflorescencias cutáneas, la falta de umbilicación central en las pústulas, la carencia de un halo hiperémico perifocal e histológicamente la presencia de alteraciones específicas algo enmascaradas por la extensa necrosis y densa infiltración leucocitaria como también la falta absoluta de inclusiones corpusculares específicas o alteraciones equivalentes en los órganos internos. Apoya, sin embargo, una posible etiología variolosa, el extenso compromiso focal del epitelio, la uniformidad en el tipo de alteraciones observadas en la piel, la degeneración reticular de las células del estrato espinoso y en un examen más detenido las alteraciones nucleares (núcleos retraídos, escotados, etc.), que éstos ofrecen. Por su aspecto particular debemos incluir bajo una misma etiología las alteraciones, que se han descrito a nivel de la laringe y tráquea, en especial porque faltan en estos órganos por completo los gérmenes.

En consecuencia creemos tener aquí un estado bastante avanzado y algo atípico de una viruela, que en su fase pustular o posiblemente a consecuencia de infecciones secundarias precoces se ha complicado de un cuadro de nefritis y ulteriormente de bronconeumonía. Es natural que un proceso avanzado de esta naturaleza ocasiona serias dificultades para hacer un diagnóstico retrospectivo y que para lograr una certidumbre absoluta es indispensable recurrir en ayuda de la clínica y de análisis del laboratorio o serológicos auxiliares.

CASO N° 8.—AN 219/50. I. del C. A. O. 7 meses. Femenino. 4050 grs. 60 cms.

Diagnóstico clínico: Meningitis neumocócica. Alastrim. Varicela. Enterocolitis amoebiana. Atrofia.

Resultado de la autopsia: Cadáver de un lactante, en estado de caquexia y con una manifiesta anemia de la piel y de las mucosas. En la piel se encuentra lesiones úlcero-costrosas focales de ½ a 1 cm. de extensión, en especial a nivel del cuero cabelludo, muñecas, maleolos y dorso. En el muslo, brazo y antebrazo como también en la pared anterior del tronco y parte de la cara se encuentran cicatrices lenticulares, bien circunscritas, blanquecinas y algo deprimidas. Junto a estas lesiones se observa también algunas vesículas de coloración amarillenta. Al examen microscópico, se encuentra procesos de necrosis del epitelio que se extienden desde la capa basal inclusive hasta el estrato córneo, que permanece intacto. El tejido necrótico está infiltrado de sangre y abundantes leucocitos polinucleares. En algunos sitios donde la infiltración inflamatoria es menos intensa, se alcanza a notar una franca degeneración reticular del epitelio. Los elementos inflamatorios infiltran además al dermis, donde junto a los leucocitos se observa además moderada cantidad de linfocitos y plasmacélulas. En otros sitios las lesiones parecen haber sido más superficiales, quedando íntegra la capa basal, a cuyas expensas se efectúa la regeneración. Encima de estas lesiones se ve una pequeña costra lenticular. En resumen, las lesiones de la piel corresponden en parte a lesiones focales vesiculosas en avanzada transformación pustulosa, a lesiones costrosas y a cicatrices. En algunos sitios se ha observado lesiones degenerativas características pero en general domina la lesión necrotizante y en ningún sitio se logró encontrar corpúsculos que con seguridad correspondan a los de Guarnieri.

Cráneo y contenido meningo-encefálico: Nada de especial.

Organos del cuello: La lengua muestra aisladas pequeñas ulceraciones lenticulares. La laringe y tráquea aparecen algo hiperémicas. Resto nada de especial. Histológicamente se nota regeneración en los bordes epiteliales y en el fondo hay material necrótico delimitado por un delgado halo de infiltración de células redondas.

Corazón: Marcada, pero aislada infiltración lipoídica de algunas fibras musculares.

Pulmones: De tamaño corriente, coloración rojiza y consistencia corriente. Al corte se aprecia una ligera congestión y en ambas bases aisladas pequeños focos amarillentos del tamaño de granos de pimienta. Histológicamente se nota focos de necrosis del aspecto de tubérculos miliares pero sin células epitelioídeas y sin células gigantes. En íntimo contacto con estos focos hay abundantes infiltraciones plasmacelulares que junto con vasos capilares muy hiperémicos delimitan el proceso. Además se nota pequeños focos bronconeumónicos de carácter ligeramente hemorrágico y con exudado, formado ante todo por células redondas grandes (histiocitos, monocitos y algunas plasmacélulas). Con tinción de elástica se nota la persistencia de las fibras elásticas en los focos necróticos, pero con Ziehl-Nielsen no se encontraron gérmenes.

Hígado: En el tejido conjuntivo de los espacios portabiliares, se nota abundantes infiltrados linfocitarios, plasmacelulares y algunos eosinófilos acompañados de aislados macrófagos y polinucleares. La infiltración se extiende también entre las trabéculas hepáticas, confundiéndose con los marcados fenómenos de reabsorción a nivel de los capilares sanguíneos. El cuadro corresponde a un hígado con marcados fenómenos de reabsorción y con signos de hepatitis intersticial subaguda sin retención biliar.

Bazo: Se muestra muy congestionado y sus senos contienen bastante plasma-células y polinucleares. Además se notan pequeñas zonas de necrosis incipiente, con núcleos cariorrécticos y en su interior finísimos granulitos azules, probablemente gérmenes.

Riñón: Manifiesta tumefacción turbia de los epitelios de la corteza.

Resto de los órganos: Nada de especial.

CONCLUSION: El caso presente muestra un proceso eruptivo pústulo-costroso focal muy avanzado y en parte en vías de cicatrización. En atención a ello era desde luego improbable encontrar signos específicos seguros en las lesiones cutáneas. Su inclusión en la viruela nos parece sin embargo, bastante segura por las siguientes razones: La distribución predominantemente centrífuga de las pústulas, las fases relativamente vecinas en el desarrollo de las eflorescencias, el compromiso de todas las capas epidérmicas, con manifiestos signos de necrosis y degeneración reticular; la falta de células epiteliales gigantes y la formación de costras lenticulares en las lesiones en cicatrización. En los órganos internos habla igualmente en favor de un proceso de tal etiología la presencia de focos necróticos en los pulmones, acompañados de infiltrados intersticiales de células redondas y en general los marcados fenómenos de reabsorción en las demás vísceras.

CASO Nº 9.—AN 221/50. Hija de F. S. S. Femenino. Peso 800 grs. 30 cms. Long.

Diagnóstico clínico: Feto de 5½ meses. ¿Varicela?

Resultado de la autopsia: Cadáver de un feto nacido muerto sin malformaciones externas ni internas. La piel de todo el cuerpo aparece fuertemente edematosa y con manifiestos signos de maceración. En la espalda, muslos y brazos se observa pequeñas ulceraciones superficiales o vesículas más o menos planas, blanquecinas de unos 5 mm. de diámetro. El número de ellas es en general reducido y no muestran una ordenación especial. Histológicamente se comprueba una intensa autolisis de todas las capas epiteliales, alcanzándose apreciar en algunas partes la formación de vesículas de estructura reticular en la región correspondiente a las células espinosas. En las partes intactas del dermis hay una marcada hiperemia, llamando la atención la presencia de numerosos glóbulos rojos nucleados y en los alrededores intensos infiltrados inflamatorios, formados especialmente por linfocitos y plasmacélulas.

Cráneo y contenido meningo-encefálico: En el ventrículo lateral derecho se encuentra un gran coágulo sanguíneo que al parecer procedió de una ruptura vascular de la cara interna de ventrículo, pero que en atención a la autolisis avanzada no pudo preciarse con exactitud.

Organos del cuello: Laringe y tráquea ligeramente congestionados, resto solamente con signos de autolisis.

Corazón: En miocardio bastante congestionado y con numerosos elementos nucleados redondeados grandes y pequeños y cromatínicos en los vasos sanguíneos.

Pulmones: Son de tamaño corriente, de superficie lisa rosada pálida. Tanto en ésta como en el corte se encuentra en ambos órganos, aislados foquitos amarillentos del tamaño de granos de mijo y semejantes a pequeños abscesos. Histológicamente, aparecen bastante atelectásicos y además se notan focos de necrosis de carácter acinoso muy bien circunscritos y rodeados por una valla de células redondas. En el tejido necrótico se alcanza apenas a distinguir la sombra del dibujo alveolar primitivo.

Hígado: De aspecto bastante autolítico. Histológicamente, muestra abundantísimos focos hematopoyéticos, que junto con la autolisis dificultan la apreciación de mayores detalles.

Bazo: Material bastante autolítico, sin embargo, alcanza a apreciarse tumefacción de los endotelios y bastante macrófagos.

Riñones: En la corteza, cerca del límite con la medular, se nota múltiples focos de infiltración con células redondas, correspondientes especialmente a linfocitos, plasmacélulas y monocitos o células histiocitarias; pero casi nunca de polinucleares. El cuadro puede corresponder a una nefritis intersticial o solamente a fenómenos de hematopoyesis.

Suprarrenales: La substancia medular es bastante hiperémica.

Timo: Con bastantes células redondas en el tejido intersticial y además ligera hiperemia.

Resto de los órganos: Nada de especial.

CONCLUSION: La escasez de signos específicos visibles por la intensa autolisis, sólo permite concluir en una transmisión al feto de una enfermedad afín a la viruela y que por su distribución y aspecto poco característico bien puede corresponder a una varicela o varioloide. Las averiguaciones de antecedentes en la madre como también el examen clínico de ella, no permitió obtener ninguna conclusión definitiva, salvo que acusaba síntomas de aborto desde hace 15 días.

CASO N° 10.—AN 223/50. M. J. S. C. 4 meses. Mascuino. 3500 grs. de peso. Long. 60 cms.

Diagnóstico clínico: Malformaciones congénitas múltiples. Bronconeumonía.

Resultado de la autopsia: Cadáver de un lactante con muy mal estado general. Pes valgus bilateral y cráneo asimétrico, con un marcado aplastamiento de la bóveda en la región parietal izquierda. La piel de todo el cuerpo muestra un aspecto seco y cubierta por numerosas vesículas algo aplanadas, de coloración blanquecina de unos 4 a 5 mm. de diámetro. Estas vesículas asientan especialmente en el tronco y cráneo (en mayor número en el abdomen y cuero cabelludo), mientras que las extremidades y la cara están casi libres. La cubierta de ellas es muy delgada y al desgarrarse, dan salida a escasa serosidad; sólo algunas muestran un ligero halo hiperémico periférico y una que otra presenta una discreta umbilicación. La piel del escroto muestra también aisladas vesículas. Las mucosas están libres. Histológicamente se nota la formación de vesículas con líquido albuminoso coagulado, poco tabicadas, cubiertas por una muy delgada capa córnea y que compromete el estrato espinoso y zona basal, alcanzando a penetrar en pleno cuerpo papilar. Hacia el dermis aparecen delimitadas por una zona de infiltrados inflamatorios con numerosísimos núcleos cariorrécticos. Además llama la atención que en el fondo de las vesículas, se notan generalmente grandes masas rojizas granulosas del aspecto de células gigantes en necrosis. No se encontraron inclusiones de elementos corpusculares.

Cráneo y contenido meningo-encefálico: Nada de especia.

Organos del cuello: Laringe y tráquea ligeramente congestionados.

Pulmones: Aparecen aumentados de volumen y consistencia. En el pulmón derecho se observa numerosas petequias subpleurales y al corte en ambos órganos numerosos foquitos amarillentos, confluentes y en parte hemorrágicos de aspecto bronconeumónico. Histológicamente, se aprecia un edema general con ligera descamación de los endotelios alveolares y algunos foquitos hemorrágicos. Además los focos que a simple vista parecían bronconeumónicos, son en realidad focos de necrosis con marcada infiltración eritrocitaria en los alvéolos necrosados. Sólo en uno que otro punto se agrega a esto en las partes periféricas una ligera infiltración con células redondas.

Hígado: Bastante congestionado. Regular cantidad de linfocitos y plasmacélulas en algunos espacios de Kierman, a veces acompañados de macrófagos. Células de Kupffer algo tumefactas. Casi no hay lipoides.

Bazo: Algo congestionado.

Riñones: Algo congestionados y sin focos inflamatorios ni necróticos.

Suprarrenales: Se nota una intensa hiperemia de la zona medular, que en varias partes se acompaña de pequeños focos hemorrágicos recientes.

Timo: Ligeramente congestionado.

Resto de los órganos: Nada de especial.

CONCLUSION: El presente caso muestra una sintomatología abigarrada, que en parte corresponde a la viruela y por otro lado a la varicela. Corresponde a una fase de evolución avanzada por lo cual carece de inclusiones corpusculares típicas. La clínica es negativa en este caso. Nuestro diagnóstico es indeciso aunque nos inclinamos más a pensar en una varicela, en atención a la presencia de células gigantes en el fondo vesicular y al escaso tabicamiento de las vesículas. Habla también en favor de este diagnóstico la delgadez de la cubierta, la falta de umbilicación y la distribución irregular de las eflorescencias de predominio centrípeto.

REVISION CONJUNTA DE NUESTRA CASUISTICA

Los casos que hemos tenido ocasión de examinar suman en total 12 con las siguientes características generales:

EDAD.—La mayoría de los fallecidos corresponden a lactantes (8), cuya edad fluctúa entre recién nacidos y 14 meses; un caso corresponde a un feto nacido muerto de 5½ meses; uno a un niño mayor de 10 años, y dos casos solamente corresponden a individuos adultos de 27 y 28 años, respectivamente.

SEXO.—Se ha autopsiado un número igual de cada sexo; pero el número exacto de cadáveres recibidos en el Servicio corresponde a 7 del sexo masculino y 5 del femenino. Los dos no autopsiados, mostraron lesiones típicas de viruela, diagnosticada clínicamente, son también lactantes y corresponden al sexo masculino.

ESTADO GENERAL.—De los 12 casos examinados en la mayoría se comprobó malas condiciones nutritivas o en franca caquexia (9 casos); a uno de ellos se agregan malformaciones externas múltiples de las piernas y cráneo; el 10º caso es un feto nacido muerto de 5½ meses con signos de maceración y autolisis bastante manifiestos, y solamente dos casos presentaban condiciones nutritivas y generales satisfactorias. Estos dos últimos casos corresponden ambos a individuos adultos de sexo femenino de 27 ìy 28 años en estado de gravidez de 4½ y 8 meses respectivamente. El primero de ellos tuvo un aborto y la autopsia sólo constató la presencia de restos, formados por coágulos sanguíneos y masas de fibrina de aspecto reciente en el útero y además aislados infiltrados inflamatorios en los haces musculares próximos del miometrio correspondientes con mucha probabilidad a fenómenos de reabsorción. El último caso falleció con su feto de casi de término, extrayéndose en la autopsia un niño de sexo masculino de 3330 grs. de peso y 50 cms. de longitud sin lesiones internas ni externas especiales, salvo signos incipientes de autolisis, comprobados igualmente por el examen histológico del endometrio.

FASE EVOLUTIVA DE LA ENFERMEDAD.—Los datos clínicos precisos acerca de la duración de la enfermedad en cada caso no nos ha sido posible obtener. Sin embargo, la simple revisión de las lesiones que presentaban los cadáveres nos indica, que en casi todos ellos se encontraban en o ya habían pasado el período de estado de la afección. En los casos autopsiado y controlados histológicamente hemos encontrado 5 casos con lesiones pustulosas y costrosas en la piel; tres casos con lesiones vesiculosas avanzadas con evidentes signos de necrosis en las capas profundas de la epidermis y dos casos con alteraciones relativamente precoces clasificados uno en el período del rash prodrómico y el otro en el comienzo de la fase de vesiculación. Para los efectos de la viruela, los datos expuestos significan una duración media de 8 a 12 días de enfermedad para 8 de nuestros casos examinados; 3 días para otro y 5 días para el último.

La revisión conjunta especial de los órganos afectados nos permite hacer las siguientes consideraciones:

1) La enfermedad que estudiábamos ha afectado en todos los casos, en forma general y electivamente a la piel y a las mucosas buco-faríngeas y con menor intensidad y frecuencia a las mucosas de los demás órganos del cuello.

2) Las lesiones de la piel y de las mucosas pertenecen en general a una afección de tipo eruptivo, focal, toxinfecciosa, de evolución cíclica, precedida por un período de rash prodrómico eritematoso, petequial o mixto, de aparición epidémica y en cuyos estados ulteriores desarrolla vesículas y pústulas, que terminan formando una escara y costra, seguidas de la curación con o sin formación de cicatrices.

3) Las lesiones cutáneas corresponden por los caracteres macroscópicos del rash prodrómico, distribución de sus eflorescencias, evolución cíclica uniforme y aspecto de las lesiones; lo mismo que por las alteraciones histológicas generales y especiales de que se acompañan, a afecciones que deben ser agrupadas en una de las diferentes formas de la viruela o afecciones afines de ésta.

PIEL Y MUCOSAS

El estudio analítico efectuado aisladamente en cada caso por separado nos ha permitido llegar a conclusiones diagnósticas precisas en 10 casos de los 12, que enteran nuestra casuística.

De estos 10 casos, 5 no han merecido comentario diagnóstico alguno en atención de que todos sus caracteres morfológicos macroscópicos e histológicos no dejaban ninguna duda de su etiología variolosa. Estos cinco casos (3 autopsiados AN 153/50, 157/50, 179/50, y 2 no autopsiados AN 145/50, 182/50) mostraron lesiones de viruela en la piel y mucosas, correspondientes al período vesicular de la afección o a los comienzos de la fase pustular. El único hecho de significación que hemos advertido, incluso en estos casos característicos, se refiere a la naturaleza de los fenómenos alterativos observados en los epitelios de la piel. Encontramos aquí y con mayor intensidad en los procesos más avanzados alteraciones de tipo necrotizante, respectivamente necrobióticos con todos los aspectos propios de estos procesos, circunscritos en forma más o menos extensa a las capas basales de los epitelios. Junto a este tipo de alteraciones hemos encontrado zonas donde los epitelios aparecían balonados o de aspecto reticular, pero siempre en forma algo desordenada, esto es, sin una nítida estratificación ni como propiedad inherente de un tipo celular determinado. No queremos significar con ello que negamos la existencia de una degeneración balonante y reticular en el concepto de **Unna**, solamente afirmamos que las características de estas alteraciones aparecen algo enmascaradas y atípicas por el proceso necrobiótico dominante, posiblemente como consecuencia de la avanzada evolución del proceso o como expresión particular de esta epidemia que también en muchos otros aspectos ha mostrado desviaciones de lo clásico. Nos inclinamos a considerar igualmente a la retracción nuclear y el engrosamiento de la membrana nuclear de las células epiteliales alteradas como parte del proceso necrobiótico general, en lugar de atribuirlas a una propiedad específica de la viruela.

Otros tres casos (AN 176/50, 211/50 y 219/50) corresponden a una fase avanzada del proceso, encontrándose formaciones pustulosas muy evolucionadas o costras o mezcla de ambos tipos de lesiones. Es natural que en estos momentos del proceso, el examen histológico no pueda descubrir toda la riqueza de detalles que se hace presente en el período de estado de la afección, ya sea porque de hecho desaparecen o porque permanecen enmascarados por el progreso acelerado de los fenómenos de necrosis u otras complicaciones interesantes. Sin embargo, a modo de compensación, asistimos aquí a la aparición de fenómenos nuevos no menos característicos como lo son por ejemplo, la formación de una costra lenticular y el aumento de los fenómenos de división celular de tipo amitósico. Si a estas características nuevas, agregamos algunos signos residuales, persistentes de estudios evolutivos anteriores, nos será en general relativamente fácil hacer el diagnóstico retrospectivo en estas fases ulteriores de la afección. Con este mismo fin nos sirven igualmente algunos signos negativos en el proceso, pero que están siempre presentes en los cuadros afines a la viruela (presencia o falta de células epiteliales gigantes, grado de extensión del proceso, etc.). En esta forma nos ha sido posible llegar a una conclusión diagnóstica de bastante seguridad (véase éstas en los casos citados en el capítulo anterior) pero nos indica a la vez que también los métodos histológicos exclusivos encuentran su valor limitado por el incremento de las alteraciones regresivas.

Ya hemos referido en repetidas ocasiones la aparente irregularidad y hasta cierto punto la forma atípica en que ha cursado la actual epidemia de viruela. A este respecto hemos de mencionar en los dos grupos de casos hasta ahora descritos, la coexistencia simultánea de lesiones vesiculares o pustulosas típicas con formación de costras. Si bien esta posibilidad puede aceptarse en una viruela en período pustuloso avanzado, resulta sin embargo algo sorprendente y hasta cierto punto contradictorio cuando la enfermedad se encuentra en una típica fase de vesiculación. Ello sin embargo, nos aparece sólo aparente, si consideramos la posibilidad de influencias externas o internas en el aspecto y evolución de las eflorescencias. Personalmente no nos creemos autorizados para formular una teoría acerca de estos hechos; pero por parecernos lógico o por lo menos más plausible que inculpar a un genio epidemiológico especial, nos agregamos en esta opinión a lo manifestado por **Ricketts** y **Byles** (1908) y **Wanklyn** (1913) sobre los efectos producidos por la fricción o compresiones intermitentes de los vestidos en la aparición del rash variólico, que por estos motivos puede alterarse totalmente o incluso faltar. Es reconocido también por gran número de autores el beneficio que supone la sulfoterapia precoz en esta enfermedad, consiguiéndose un estado pustular menos pronunciado, reducción de la invasión secundaria de las pústulas, supresión de la fiebre secundaria, prevención de complicaciones, reducción del período de convalecencia y reducción de la mortalidad; pero falta la acción sobre la toxemia. En nuestros casos es muy sugestivo el hecho que la combinación de las lesiones descritas se observa especialmente en la cara alrededor de los labios, extremidades, genitales y otras zonas de la superficie corporal expuesta al roce, acción de secreciones, transpiración y que ocasionalmente hemos notado su mezcla con lesiones de gratage. Mencionaremos finalmente también la influencia que tienen la posible existencia de factores inmunitarios previos sobre la evolución de esta enfermedad, dando por resultado la aparición de cuadros raros, desviados del cuadro clásico.

Un tercer grupo, formado por dos casos (AN 155/50 y 178/50) examinados, nos presenta lesiones en la piel y en las mucosas, que hablan en favor de un período de evolución muy precoz de la viruela. Corresponden a dos cadáveres de edad adulta, sexo femenino, con antecedentes de un aborto de 4½ meses y embarazo de 8 meses respectivamente. El primero de ellos tiene un cuadro purpúrico muy extendido de la piel, mucosas, musculatura esquelética, epicardio y pleuras y muestra signos de un rash prodrómico petequial con el característico triángulo de Simon; no muestra eflorescencias típicas para la enfermedad. El segundo presenta lesiones de tipo purpúreo menos acentuadas en la piel, conjuntivas oculares, mucosas buco-faríngeas, esófago, laringe y tráquea y epicardio como también aisladas en la musculatura esquelética. Junto a estas lesiones se nota un exantema petequial de color rojo-violáceo en la cara y cuello y en la piel de la región ventral y miembros aisladas formaciones papulosas o vesiculosas, que histológicamente han mostrado todas las características de una auténtica viruela.

Con los antecedentes proporcionados nos parece superfluo insistir mayormente en una discusión sobre la etiología de estas dos afecciones, que hemos diagnosticado como púrpura variolosa y viruela pustulosa hemorrágica respectivamente. Llamaremos solamente la atención sobre algunas de sus particularidades. Sorprende desde luego, el manifiesto carácter tóxico de estos cuadros, que en el curso de 3 ó 5 días respectivamente han llevado a la muerte a las enfermas, más sorprende ello aún si se considera que el resto de la epidemia ha transcurrido en forma leve y que todos los demás fallecidos corresponden a individuos en malas condiciones físicas. No es esto, sin embargo, nada más que otra de las características del virus variólico, que incluso en las epidemias benignas como son las de "alastrim", presentan bruscamente casos muy graves. Nos será menos extraño aún si tomamos en consideración que durante la gravidez, el organismo materno acusa una menor resistencia a las infecciones en general y que la función antitóxica en especial del hígado se encuentra normalmente reducida.

Otro de los caracteres llamativos de este grupo, lo constituye la notable reducción o compresión de las fases evolutivas, haciéndonos ver simultáneamente lesiones de muy distinto período de evolución, como resultado del desarrollo acelerado del proceso. Observamos ello en forma muy característica en el segundo caso relatado, en el cual, junto a los fenómenos del rash prodrómico encontramos típicas formaciones vesiculosas.

Como tercera característica llamaremos la atención sobre la existencia de pústulas variolosas rudimentarias, caracterizadas por su pequeño tamaño y precoz invasión leucocitaria, además de los acentuados fenómenos necróticos y de la aparición precoz y múltiple de corpúsculos de **Guarnieri.** Como 4º y último característico signo hemos observado la coexistencia al examen histológico de focos hemorrágicos e intensos infiltrados perivasculares focales formados por linfocitos, leucocitos y plasmacélulas en el dermis.

El 4º y último grupo de cadáveres autopsiados, cuenta igualmente con dos casos examinados (AN 221/50 y 223/50). Incluímos en él los casos que desde el punto de vista de la histopatología nos merece las mayores dudas acerca de su diagnóstico etiológico. Las lesiones que existen en la piel obligan sin embargo a incluirlas en el grupo de la viruela o afecciones afines; las mucosas por el contrario aparecen libres.

El primero de estos casos corresponde a un feto nacido muerto de 5½ meses con intensos signos de autolisis y macaración de la piel. Es posible, sin embargo, reconocer tanto macroscópicamente como histológicamente la presencia de formaciones vesiculares muy superficiales cuya cubierta fácilmente se desprende y cuya distribución es irregular y más o menos difusa. Su estructura muestra un aspecto reticular y fuerte hiperemia con glóbulos rojos nucleados e intensa infiltración linfocitaria y plasmacelular en el dermis. No es posible reconocer otros signos de especificidad, ni disponemos de antecedentes de la enfermedad que ha presentado la madre.

El segundo caso corresponde a un lactante de 4 meses, con antecedentes clínicos igualmente negativos y con lesiones vesiculosas en la piel, de localización irregular y en general muy superficiales con una tenue cubierta epitelial que se desgarra fácilmente. El estudio histológico de estas formaciones permite apreciar un contenido líquido albuminoso, escasos tabicamientos en la zona de degeneración reticular y en el fondo de ellas abundantes infiltrados inflamatorios con núcleos cariorrécticos que delimitan las lesiones del dermis. Además se encuentra en la base de las vesículas grandes masas granulosas rojizas del aspecto de células gigantes de necrosis. No fué posible descubrir otros signos de especificidad por lo avanzado de las lesiones necróticas.

Por las lesiones descritas, creemos que estos casos especiales aparecidos al término de una epidemia de viruela pueden corresponder a formas de varicela o varioloides; pero nuestros métodos de examen no nos permiten confirmar o desechar una de estas sospechas.

Para terminar nuestra revista de las lesiones externas y de la viruela veremos brevemente la distribución y aspecto de las lesiones en las mucosas. Estas siguen en forma general al tipo de las lesiones distribuídas en 4 grupos a nivel de la piel, sin llegar a constituir verdaderas vesículas sino ulceraciones con signos de degeneración reticular y balonante o fenómenos de necrosis más o menos intensos de acuerdo con el momento evolutivo de la enfermedad o de las complicaciones secundarias, que en estas regiones son más frecuentes e intensas.

En el primer grupo con lesiones variolosas típicas, encontramos en todos los casos una glositis focal ulcerosa necrotizante más o menos extendida con infiltración inflamatòria de variable intensidad, formada por células redondas y polinucleares a nivel del corion. En uno de los casos pudo apreciarse una disociación reticular ligera del epitelio. En otro las lesiones se extendían también al paladar y esófago.

El segundo grupo de lesiones variolosas avanzadas en la piel muestra igualmente en todos los casos el mismo tipo de ulceraciones en la lengua, eso sí, de apariencia más superficial, por encontrarse en vías de cicatrización. Uno de los casos mostró además una intensa traqueítis aguda necrotizante, que ocasionó fenómenos obstructivos y obligó recurrir a una traqueo-tomía. Histológicamente se encontró fuera de la necrosis, una intensa infiltración inflamatoria polinuclear hasta las capas profundas del órgano y total desprendimiento del epitelio. No se descubrieron gérmenes en el exudado.

El tercer grupo de lesiones precoces y de carácter tóxico mostró en ambos casos petequias en las mucosas del paladar. y encías y en el segundo además en la mucosa del esófago, faringe y tráquea.

En el cuarto grupo correspondiente a lesiones de etiología insegura, no se observó alteraciones especiales en las mucosas.

ORGANOS INTERNOS

El estudio sistemático de los órganos internos de los cadáveres fallecidos de viruela, nos permite concluir, que las alteraciones observadas en ellos pueden ser de muy diversa naturaleza; pero que en general dominan tres tipos fundamentales de fenómenos: las infiltraciones inflamatorias; las lesiones de aspecto tóxico, y los fenómenos de reabsorción.

Frecuentemente estas alteraciones aparecen combinadas en un mismo órgano, como ya lo hemos podido observar en la piel y en las mucosas; pero en términos generales es posible en nuestro material, una agrupación de acuerdo con el predominio de estas alteraciones en las distintas partes del organismo. Así tenemos:

Lesiones de aspecto predominante inflamatorio.—En los riñones, pulmones, glándulas salivales, ganglios linfáticos y timo.

Lesiones de aspecto predominantemente tóxico.—En el corazón, testiculos, serosas, musculatura esquelética y suprarrenales.

Fenómenos prevalentes de reabsorción.—En el hígado y bazo.

En la presente agrupación no hemos tomado en consideración el grado de participación que pueda caberle a los centros hematopoyéticos en la formación y aparición de los infiltrados celulares ni queremos significar que las necrosis, hemorragias y degeneraciones que hemos descubierto en los órganos, sean en forma exclusiva tóxicos. Escojimos por este motivo la designación de "aspecto tal o cual", sin prejuzgar sobre la naturaleza misma de las lesiones, que a nuestro modo de ver requiere de una gran experiencia y abundante material de examen, para justipreciar debidamente la esencia misma de ellas. Creemos por el contrario, que todas las alteraciones, cuyos detalles veremos luego, pueden corresponder a causas muy diversas en cada caso en particular, y es por ello que en algunos órganos como el pulmón, hígado, bazo, corazón, etc., las lesiones varían de aspecto o aparecen en forma combinada. Nos limitaremos por consiguiente a la ordenación y descripción sistemática de las alteraciones que ofrecen los órganos internos caracterizando en esta forma los casos de muertes por viruela, observados en la epidemia de nuestra región.

Si consideramos las alteraciones de los órganos internos, separadamente en los cuatro grupos en que hemos dividido nuestra casuística —de acuerdo con las características encontradas en la piel y mucosas— podemos observar que no hay entre ellos una limitación neta y en parte ni siquiera de grado. Resaltan solamente algo los dos casos de viruela hemorrágica por la extensión de sus fenómenos purpúricos en la musculatura y órganos y por sus fenómenos de reabsorción extraordinariamente intensos especialmente a nivel del hígado. Constituye ello otra prueba más acerca de la multiplicidad de los factores que intervienen a la determinación de las lesiones en cada caso aislado y habla en favor de la inespecificidad de estas alteraciones. Observando en general sorprende, sin embargo, la gran frecuencia, la igualdad en el aspecto y lo suigéneris de ciertos fenómenos patológicos, que hemos observado en algunos órganos a través de los cuatro grupos estudiados. Constituyen ellos una característica de la viruela o del grupo de afecciones al que pertenece esta enfermedad sin ser obilgadamente constantes ni con absoluta seguridad patognomónicos. Efectuaremos por este motivo la relación de las alteraciones orgánicas de acuerdo con la significación que ellas parecen tener en la enfermedad.

PULMON.—Las alteraciones observadas en este órgano son variadas. En un caso el pulmón tenía aspecto corriente. En dos casos hemos encontrado simples trastornos de la circulación consistentes en congestión y edema. En un tercer caso se asociaba al edema una manifiesta descamación de los endotelios alveolares, pequeñas hemorragias en las pleuras y manifiesta infiltración inflamatoria intersticial de polinucleares y eosinófilos. Otro pulmón mostraba una intensa congestión y un foco de necrosis reciènte con ligera reacción leucocitaria en su vecindad.

En tres casos se descubrió focos bronconeumónicos confluentes, uno de ellos de carácter hemorrágico circunscrito a un lóbulo pulmonar y en el resto un manifiesto enfisema agudo, y en otro además focos de necrosis del aspecto de tubérculos miliares sin células epitelioídeas ni células gigantes y sin gérmenes visibles con la tinción de Ziehl-Nielson. La tinción de elástica muestra la conservación de las fibras elásticas, en igual forma como se observa en los focos tuberculosos caseosos del pulmón. Delimitando a estos procesos, se encontró abundantes infiltrados de plasmacélulas y vasos capilares hiperémicos. El exudado de los focos bronconeumónicos muestra fuera de glóbulos rojos, abundantes células redondas grandes del tipo de los histiocitos, monocitos y plasmacélulas.

En los 2 casos restantes dominan las lesiones de necrosis. En uno de ellos son de aspecto circunscrito semejante a los que acabamos de describir y se acompañan de un manifiesto cuadro de atelectasia pulmonar por corresponder a un pulmón de un feto nacido muerto; en el otro los focos de necrosis son múltiples, algo más difusos con marcada infiltración eritrocitaria y escasos infiltrados de células redondas en las partes periféricas. Además se nota aquí un edema general con ligera descamación endotelial y algunos foquitos hemorrágicos.

En resumen, las lesiones pulmonares observados son de diferente naturaleza, frecuentemente aparecen combinadas y en términos generales corresponden a trastornos circulatorios, procesos de bronconeumonía y lesiones focales necrotizantes. De esta observación podemos deducir, que seguramente los primeros forman parte de los trastornos circulatorios generales que afectan al organismo; que los segundos son afecciones intercurrentes y en algunos casos corresponden a típicas bronconeumonías variolosas descritas por varios autores y que los últimos son las alteraciones pulmonares más características de las enfermedades del grupo de la viruela. Hacemos presente, sin embargo, que las lesiones aquí expuestas no las hemos encontrado descritas en este órgano en la literatura que nos fué posible revisar.

HIGADO.—También en este órgano encontramos en primer lugar trastornos circulatorios aislados o combinados en varios casos, generalmente en forma de congestión. En un hígado que correspondía a una forma avanzada de viruela se observó un foco hemorrágico subcapsular.

En un caso se encontró como lesión única una intensa infiltración granulosa difusa de gotas grandes. En otros dos había infiltración lipoídica difusa de gotas pequeñas y electiva de las células de Kupffer respectivamente, en combinación con otras alteraciones.

La alteración al parecer, más importante, y presente en grado mayor o menor en casi todos los casos, corresponde a los manifiestos signos de reabsorción. Estas alteraciones están caracterizadas por una pronunciada dilatación de los sinusoides, repleción por células fagocitarias, especialmente retículoendotelios, que incluyen restos celulares, apareciendo muy tumefactos o desprendidos y activa participación de las células de Kupffer en este proceso. Se parecen totalmente a lo que estamos acostumbrados de observar en el hígado de los fallecidos de tifus exantemático y son aquí incluso más acentuados. Los hemos visto con especial intensidad en los casos tóxicos de viruela (púrpura y viruela pustular hemorrágica), apareciendo en ambos casos el hígado bastante aumentado de volumen (1950 y 1900 grs. respectivamente).

En dos casos se observa fenómenos de reabsorción, confundirse con una marcada infiltración inflamatoria formada por linfocitos, plasmacélulas, polinucleares y algunos eosinófilos a nivel de los espacios de Kiernan, es decir, al proceso anterior se agregan fenómenos de hepatitis intersticial. En otro caso finalmente —correspondiente al feto autopsiado— existen abundantes focos hematopoyéticos y autolisis que imposibilita precisar mayormente el diagnóstico.

Concluímos por lo tanto, que la alteración de mayor interés que hemos encontrado en el hígado, corresponde a los fenómenos de reabsorción. No constituye una exclusividad de la viruela, pero de este tipo de alteración no figura nada en la literatura a nuestro alcance.

BAZO.—Las alteraciones que muestra este órgano, semejan en términos generales a las observadas en el hígado. Los trastornos vasculares son aquí mucho más frecuentes y corresponden en general a una congestión del órgano, sea aislada o en combinación con otras alteraciones que en seguida veremos. La encontramos en 6 casos de los 10 controlados.

En dos órganos se encontró signos de una esplenitis aguda y en otros tres había fenómenos de reabsorción. En uno se encontró finalmente focos de necrosis junto a una manifiesta congestión.

La participación de este órgano en la viruela no parece bien esclarecido y en las referencias literarias se le cita frecuentemente como de aspecto normal. No hemos podido comprobar en nuestros casos en forma clara su función como órgano hematopoyético. Concluimos solamente que reacciona de acuerdo con los trastornos generales que afectan al organismo y participa junto con el hígado en los fenómenos de reabsorción.

RIÑÓN.—Este órgano se altera en el curso de la viruela a veces en forma intensa y al parecer bastante característica. Nosotros hemos encontrado en cuatro órganos alteraciones ligeras consistentes en trastornos circulatorios de tipo congestivo, tumefacción turbia o ligera infiltración grasa. En un número igual de casos encontramos evidentes signos de nefritis intersticial, al parecer constantes y característicos de las formas tóxicas de la viruela. La infiltración inflamatoria intersticial fué en todos los casos más marcada en las vecindades del límite córtico-medular del órgano y estaba formada por linfocitos, plasmacélulas, eosinófilos y leucocitos polinucleares. En uno de ellos notamos la participación —de tipo agudo— de los glomérulos, en el proceso inflamatorio; y en otro existía como lesión principal una típica glomérulonefritis subaguda. En un caso, finalmente, no nos fué posible determianr con seguridad la existencia de una nefritis intersticial por tratarse de un riñón fetal con abundantes focos de hematopoyesis.

En resumen, nos encontramos con respecto a estas lesiones renales, en completo acuerdo con las numerosas referencias que nos ha dado la literatura.

GLANDULAS SEXUALES.—Los testículos muestran alteraciones muy características en la viruela. De los cinco cadáveres de sexo masculino, que hemos tenido oportunidad de autopsiar en la presente epidemia, cuatro mostraban focos de necrosis en estos órganos. En un caso, apreciamos macroscópicamente un ligero aumento de la consistencia de los testículos, mientras que en los demás no pudo comprobarse alteraciones especiales. Sin embargo, el control histológico mostraba uno o varios focos de necrosis incipiente con manifiesta reacción eosinófila del protoplasma y fenómenos de cariorrexis de los núcleos. En las vecindades se apreciaba ligeros fenómenos reactivos con algunas células fagocitarias. En un caso pudimos observar lesiones semejantes en el epidídimo y en otro caso los focos de necrosis se acompañaban de pequeñas hemorragias. En uno de los casos del cuarto grupo de nuestra estadística sólo encontramos un foco de infiltración inflamatoria formada por células redondas con algunos núcleos cariorrécticos y además una fuerte congestión de todo el órgano y del epididimo.

En los ovarios, por el contrario, no hemos encontrado alteraciones especiales. Esto parece indicar que las lesiones descritas no son en realidad el resultado de una acción electiva sobre las glándulas sexuales, sino que probablemente intervengan condiciones locales posiblemente circulatorias. De todas maneras este tipo de lesiones son sumamente características y han sido descritas por varios autores.

GLANDULAS SALIVALES.—En dos casos de nuestra casuística encontramos alteraciones en estos órganos. En uno había una intensa infiltración inflamatoria de células redondas en los tabiques conjuntivos de la glándula parótida, y se acompañaba de una ligera hiperemia. En el mismo caso se observó trastornos análogos, pero menos manifiestos en la glándula submaxilar.

Otro caso examinado, la glándula parótida mostró en un punto abundantes acúmulos de linfocitos, que se interpretó como tejido linfadenoídeo incluído en el parénquima glandular sin corresponder en realidad a un proceso inflamatorio.

Un tercer caso examinado fué negativo, y en los demás cadáveres no se estudió estos órganos histológicamente.

GANGLIOS LINFATICOS.—Fueron controlados histológicamente en 4 casos. En dos de ellos se comprobó una intensa linfadenitis aguda, una de ellas ligeramente hemorrágica, en el tercero la linfadenitis era subaguda y en el cuarto caso se encontró congestión intensa y los senos linfáticos ocupados por elementos endoteliales tumefactos. Los casos de linfadenitis aguda correspondían a lesiones localizadas en las regiones axilares y cuello respectivamente; en los otros casos, en cambio, la alteración era más o menos general pero poco pronunciada, y correspondía a las formas hemorrágicas de la viruela. Como en el bazo no nos fué posible constatar aquí la referida formación de células mononucleares basófilas.

TIMO.—Fué estudiado solamente en tres casos. Uno de ellos resultó negativo. Los dos restantes corresponden a los cadáveres que integran nuestro cuarto grupo estadístico, comprobándose en el primero un estado de hiperemia y manifiesta infiltración de células redondas en el tejido intersticial; el segundo sólo presentaba una moderada congestión.

SUPRARRENALES.—En el mismo grupo recién citado se estudió histológicamente las glándulas suprarrenales, encontrándose en ambos casos una manifiesta hiperemia de la substancia medular y en el último caso además pequeños focos hemorrágicos recientes.

CORAZON.—Este órgano sólo ha mostrado alteraciones características en los casos de viruela tóxica. En ambos casos se observaron petequias subepicardíacas. En el púrpura variólico, los focos hemorrágicos se extendían también al miocardio, que además mostraba aislados focos de células inflamatorias muy variables, distinguiéndose polinucleares, linfocitos, plasmacélulas y eosinófilos. En el caso de viruela pustular hemorrágica el examen histológico del miocardio fué negativo, sólo la válvula mitral se mostraba insuficiente, engrosada, fibrosa y al examen histológico fuertemente hialinizada y casi sin infiltrados inflamatorios.
Los demás corazones examinados mostraron fenómenos congestivos; en uno había infiltración lipoidica circunscrita a determinadas fibras, y otros fueron totalmente negativos.

SISTEMA NERVIOSO.—Solamente en un caso, correspondiente a un feto muerto, se comprobó una hemorragia en el ventrículo lateral derecho. Resto negativo.

PRUEBA DE PAUL PARA EL DIAGNOSTICO DE LA VIRUELA

Siendo la viruela una afección, que frecuentemente ocasiona dificultades al clínico para establecer con seguridad su diagnóstico e ir en prevención de una extensión epidémica desde el momento mismo en que aparece algún caso sospechoso; los investigadores se han esforzado en descubrir algún método seguro y a la vez sencillo y rápido para confirmar o desechar una sospecha. Los métodos hoy día conocidos son numerosos y tienen todos ellos su indicación precisa. Podemos clasificarlos en:

1) Pruebas o exámenes directos, en los cuales se busca al virus productor de la enfermedad por medio del estudio microscópico directo del contenido vesicular. Este sistema requiere de grandes aumentos ópticos del material y por esta razón es muchas veces irrealizable. Actualmente se ha visto impulsado por el uso del microscopio electrónico, llegando seguramente a constituir el método de elección en el futuro. Es un método que da seguridad absoluta pero su aplicación sólo es realizable en los períodos de comienzo hasta la fase de vesiculación.

2) Métodos de laboratorio, biológicos, presentan dificultades técnicas, pudiendo realizarse únicamente en institutos bien equipados y con personal adiestrado. Su aplicación se encuentra por otra parte limitada al período de estado y finales de la afección, más precisamente desde la vesiculación en adelante, siendo aprovechables inclusive los epitelios descamados que se recojan. Entre estos métodos figuran la fijación del complemento y la reacción de floculación.

3) Métodos de aislamiento, requieren igualmente instalaciones adecuadas para su realización; pero permiten la utilización de productos enviados a los institutos de investigación inclusive desde sitios alejados y sin grandes preparativos previos. Basta con colocar el material obtenido de las lesiones entre dos vidrios bien limpios y embalarlos cuidadosamente con destino a un centro ad hoc. Tienen la ventaja además sobre los métodos anteriores, de ser aplicables en cualquier fase de la enfermedad desde la aparición del rash prodrómico hasta la caída de las costras. De acuerdo con el modus operandi, el aislamiento del virus, respectivamente de sus productos reaccionales, puede realizarse por la inoculación del material en animales, en el alantocorion de huevos fecundos y por la Prueba de **Paul** o inoculación en la córnea del conejo.

4) Métodos histológicos puros: se refieren al estudio histológico directo del contenido de las vesículas o pústulas en estendidos coloreados, y a la biopsia. Ambos procedimientos requieren para su interpretación de un personal adiestrado con vastos conocimientos de la materia. Realizados con los cuidados de rigor no ofrecen peligros especiales para el paciente y son aplicables en todos los períodos de la enfermedad, aunque con mayor seguridad de éxito desde el comienzo de la vesiculación hasta la fase pustular inclusive. Perturban grandemente el criterio, las complicaciones sépticas secundarias y los procesos de necrosis avanzada.

De todos estos métodos, el que goza de mayor aceptación y es aconsejado por casi todos los libros de enseñanza, es el método de aislamiento por inoculación corneal en el conejo. Su técnica, bastante sencilla es la siguiente:

Recolección del material.—La piel enferma ,escogida para la obtención del material, se limpia con alcohol. Luego se ecarifica las vesículas o pústulas o se retira las escarias y costras que también pueden aprovecharse y se colocan entre dos portaobjetos para su envío al laboratorio.

Inoculación.—El material recogido se emulciona en suero salino; luego se escarifica las córneas de un conejo previa anestesia con solución de cocaína al 1% y se transfiere el material mediante un asa metálica. Las escarificaciones deben ser bien superficiales, en tal forma que después de la inoculación la córnea debe verse transparente como antes de la incisión.

Control del resultado.—A las 36 a 48 horas después de la inoculación se examina las córneas con un lente de aumento y en caso de positividad deben verse lesiones pequeñísimas como vesículas o burbujas ligeramente deprimidas en el centro. Su número puede variar muchísimo e incluso ser confluentes, aunque habitualmente son aisladas.

Examen histológico.—Para mayor seguridad del resultado debe recurrirse al examen histológico de las córneas. Con tal objeto, se sacrifica al animal con un golpe en la nuca y se extrae los globos oculares. Estos se colocan para su fijación en una solución concentrada de sublimado corrosivo con alcohol de 96% mezclados en la proporción de 2:1. Después de 2-4 minutos se retiran de esta mezcla y se introducen en alcohol de 70%, volviéndose a examinar con lente de aumento. Ahora las lesiones deben aparecer como pequeños montículos blanquecinos opacos. Para los fines de la preparación de los cortes histológicos aconsejamos el desprendimiento de la córnea del globo ocular y la inclusión de ésta en un bloque de parafina sólida, siguiendo las técnicas de rutina o algunos de los procedimientos rápidos que recomiendan los tratados especializados (Virus Diseases of by C. B. van **Rooyen** and A. I. **Rhodes**).

Personalmente hemos ensayado esta prueba con material obtenido de cuatro enfermos. De ellos sólo tres dieron resultados macroscópicamente positivos. Efectuados los controles histológicos de rigor, observamos en dos de ellos discretas proliferaciones del epitelio corneal sin otros signos de especificidad. En el tercero se comprobó una marcada proliferación y tumefacción de las células de los epitelios corneales y en parte también transformación vesiculosa semejante a la degeneración reticular de la piel; pero tampoco en este último caso se observó corpúsculos de **Guarnieri**. Los primeros casos fueron controlados 36 horas después de la inoculación y el último 92 horas después de esta fecha.

Aunque nuestra experiencia en este capítulo es demasiado escasa, como para permitirnos formular alguna crítica fundada a la prueba aquí expuesta, nos hemos, sin embargo, formado una idea aproximada de la efectividad de ella. Antiguamente se concedía valor diagnóstico exclusivamente a la presencia de corpúsculos de **Guarnieri** en las lesiones de la córnea; pero desde los trabajos fundamentales de **Paul,** ha quedado establecido que el diagnóstico se debe interpretar como positivo ya macroscópicamente por el sólo hecho de apreciarse una proliferación epitelial —del tipo más arriba descrito— en la superficie escarificada de la córnea 36 hrs. después de realizada. A las 48 hrs. después de la inoculación se inicia la descamación epitelial de los estratos más superficiales y a las 96 hrs. se forma un cráter que es patognomónico para la viruela. Sólo en esta última fase se asociarían a las alteraciones ya existentes la presencia de corpúsculos de **Guarnieri.**

Considerados con este criterio, nuestros resultados serían de tres casos positivos y uno negativo macroscópicamente. Estudiados histológicamente obtuvimos sólo en un caso signos patognomónicos en la alteración corneal y en ninguno de ellos corpúsculos de **Guarnieri** bien desarrollados. Hacemos presente finalmente —ya que los libros de enseñanza habitualmente no hacen mención de estos hechos— que en las lesiones obtenidas "los elementos epiteliales muestran múltiples alteraciones en todos sus aspectos como una consecuencia de una infección de contacto y de la extensión periférica del proceso proliferativo específico del epitelio. Las alteraciones inflamatorias no forman parte del cuadro, ya que el agente variólico es un parásito obligado de los epitelios" (von **Hippel).**

RESUMEN

El estudio morfológico que acabamos de exponer, nos permite formular algunas conclusiones acerca de la epidemia regional de tipo varioloso recién pasada; sobre los caracteres especiales que ésta ha adoptado sobre las posibilidades de diagnóstico que nos ofrecen los métodos histopatológicos. Estas serían sucintamente las siguientes:

1) La epidemia en referencia corresponde a un típico brote de viruela verdadera, durante cuyo desarrollo se ha visto aparecer algunos casos de varicela y varioloide.

2) El curso general de la epidemia variolosa ha sido desde todo punto de vista benigno. En un total de unos mil enfermos, ha habido solamente algo más de una docena de muertes. Clínicamente los enfermos acusaban sólo en algunos casos compromiso más o menos acentuado del estado general. Morfológicamente hemos podido comprobar que las víctimas de la enfermedad mostraban en general precarias condiciones físicas y que correspondían en su totalidad a lactantes o mujeres embarazadas, donde el pronóstico es habitualmente ominoso.

3) Las autopsias hechas nos han permitido apreciar modalidades diversas de la enfermedad, incluyendo formas clásicas, otras algo atípicas en diversos períodos de su evolución y cua-

dros eminentemente tóxicos. La intensidad de las lesiones en estos últimos casos pone claramente de manifiesto la necesidad de la inmunización preventiva por la vacunación y la aplicación de todos nuestros recursos diagnósticos para descubrir precozmente formas aisladas que pueden ser el punto de partida de epidemias.

4) Al estudio histopatológico de las alteraciones de la piel y de las mucosas nos ha permitido apreciar todas las modificaciones características de la viruela en estos sitios. Sin embargo, sea por la evolución avanzada de las lesiones o por motivos epidemiológicos que se nos escapan, el tipo de alteraciones nos han impresionado más como correspondientes a un proceso de necrobiosis que degenerativo puro.

5) Las apariencias externas atípicas de la enfermedad en esta epidemia, como ser la distribución irregular de la erupción o coexistencia de diversos estadios evolutivos en algunos casos, nos parecen estar condicionadas en parte por factores externos o internos y con menor probabilidad ser dependientes de las propiedades mismas del agente productor.

6) En los casos de viruela hemorrágica, hemos podido apreciar el manifiesto carácter tóxico de estas formas por la evolución rápida fatal, por la extensión del cuadro purpúreo, y por sus características especiales tales como la reducción de sus fases evolutivas, la formación de pústulas variolosas rudimentarias y la precocidad e intensidad de los fenómenos inflamatorios y necrotizantes.

7) Las alteraciones que hemos observados en las mucosas concuerdan en todos sus aspectos con lo descrito por otros autores.

8) Las lesiones de los órganos internos nos han presentado tipos de alteraciones muy distintas por el aspecto de su naturaleza pueden distinguirse en inflamatorias, tóxicas y fenómenos de reabsorción. Respecto a este capítulo, sólo podemos confirmar en parte las observaciones de otros autores:

Coincidimos con las apreciaciones de otros autores en el hallazgo de alteraciones circulatorias más o menos generales, en la distribución de los fenómenos purpúricos, procesos de bronconeumonía, lesiones renales en general, alteraciones de las suprarrenales, procesos necrotizantes de los testículos y en algunos aspectos de los trastornos del sistema ganglionar linfático.

Nos han sorprendido como procesos nuevos, el hallazgo de focos de necrosis en los pulmones, que por su aspecto histológico se parecen notablemente a las lesiones tuberculosas del mismo tipo; pero que a diferencia de ellos carecen de elementos específicos concomitantes. Es igualmente extraordinaria la intensidad y frecuencia de los fenómenos de reabsorción que hemos encontrado a nivel del hígado y del bazo que por sus caracteres generales se identifican e incluso son más manifiestos que en el tifus exantemático.

Hemos encontrado finalmente lesiones inflamatorias menos manifiestas en las glándulas salivales, ganglios linfáticos y en parte en el bazo, que bien pueden corresponder por lo menos parcialmente a procesos regenerativos del sistema hematopoyéticos, pero que en nuestro material no han mostrado un desarrollo tan manifiesto como en otros casos registrados en la literatura.

En suma la alteración de los órganos internos de los cadáveres fallecidos por viruela en la reciente epidemia regional, puede caracterizarse por:

1.—Trastornos circulatorios generales y fenómenos purpúricos.

2.—Intensos fenómenos de reabsorción en el hígado y bazo.

3.—Procesos de necrosis en los pulmones y testículos.

4.—Signos de nefritis intersticial y tumefacción turbia de los riñones.

9) Aspecto a las posibilidades diagnósticas de la viruela por los métodos histopatológicos usuales podemos expresar, que es relativamente sencillo llegar a conclusiones precisas si se actúa con el debido discernimiento y se posee los necesarios conocimientos del grupo de las afecciones afines a esta enfermedad. El momento más oportuno para el examen histológico corresponde a las fases de vesiculación y pustulación de la enfermedad. El mayor escollo para este fin lo constituyen los fenómenos de necrosis e infiltraciones inflamatorias intensas de la piel.

10) Métodos bastante útiles y de realización simple para el diagnóstico nos parece además la prueba de **Paul** y el simple extendido del contenido de las vesículas o pústulas. La primera tiene la ventaja del fácil envío del material a los servicios especializados, pero sólo permite la valoración de sus resultados positivos. El segundo requiere de una mayor experiencia y en caso de duda podrá servir de preliminar a los otros métodos o de complemento de ellos.

La experiencia recogida ha aumentado nuestro caudal de conocimientos, mostrándonos formas de reacción orgánica que hasta el momento nos eran ajenas e insospechadas, y nos permitirá en el futuro la resolución más rápida y segura de este tipo de problemas.

RESUMEN

La última epidemia de variola verdadera en Chile ha sido benigna, pues de algunos mil enfermos murieron solamente algo más que una docena, correspondiente en primer lugar a lactantes y dos mujeres embarazadas donde el pronóstico en general es ominoso.

Se estudiaron detenidamente diez casos autopsiados, también microscópicamente y se han podido comprobar en general las alteraciones típicas descritas en la literatura mundial. Fuera de los casos clásicos se presentaron también algunos atípicos con diversos períodos de evolución y además algunos cuadros tóxicos hemorrágicos (púrpura).

Las alteraciones histopatológicas en piel y mucosas coinciden con los cuadros descritos en la literatura.

Las lesiones de órganos internos consisten en general en cuadros toxi-infecciosos generales parecidos en parte a otras enfermedades infecciosas. Fuera de trastornos circulatorios generales y púrpura, se observaron procesos de bronconeumonía, nefritis intersticial, focos inflamatorios en las suprarrenales y glándulas salivatorias, trastornos inflamatorios en los ganglios linfáticos, fenómenos de reabsorción más marcados en hígado y bazo. De mayor interés han sido focos necróticos en testículos y pulmones, estos últimos no descritos todavía en la literatura.

El examen histopatológico de la piel puede tener valor práctico para el diagnóstico de la enfermedad en las fases de vesiculación y pustulación. Se puede complicar por necrosis y mayor inflamación. Muy recomendable es además el método de **Paul** y el extendido del contenido de las vesículas y pústulas.

SUMMARY

The last epidemic of "real smallpox" in Chile has been benign, because only about a dozen of some thousands of patients died, mainly infants and two pregnant women, of which the prognosis generally is ominous.

In a detailed macroscopical and microscopical study of 10 dissected cases general have been confirmed typical alterations formerly described in world literature.

Besides of classical cases we found some atypical with various periods of evolution and also some toxical cases with hemorrhagics (purpura).

The histopathological alterations of the skin and mucous membranes agree with the description in literature.

The alterations of the inner organs mainly consist in toxical infections, in parts with resemblance of ather infectional diseases. Beside of general circulatory disturbances and purpura we observed processes of bronchopeumonia, interstitial nephritis, focous inflammatories in the suprarrenals and salivary glands, inflammation of the lymphatic ganglions, phenomenous of reabsorption in liver and spleen. Very important for us have been focous of putridity in testis and lungs, which not have been described in literature. ·

The histopathological examination of the skin may have practical value for the diagnostic of this disease during the period of vesiculation and pustulation. It may be complicated by necrosis and inflamation. Furthermore may be recommended the method of **Paul** and smears of the contents of vesicles and pustules.

BIBLIOGRAFIA

VON BERGMANN Y R. STAEHELIN.—Tratado de medicina interna. Versión española de la Tercera Edición alemana. Barcelona. 1946. Primer tomo. Pág. 478-524 y 461-476.

COSTERO.—Tratado de Anatomía Patológica. México. 1946. Vol. segundo. Pág. 1341-1358.

A. DOEDERLEIN.—Tratado de Obstetricia. Madrid-Barcelona-Buenos Aires. 1938. Segunda Edición. Segundo tomo. Pág. 201-202.

WILEY, D., FORBUS, M. D.—Reaction to injury. Baltimore USA. 1943. Pág. 460-467.

OSCAR GANS.—Hostologie der Hautkrankheiten. Berlín. 1928. Segundo Tomo. Pág. 23-52.

GOTSCHLICH-SCHÜRMANN.—Microparasitología y Serología. Madrid. 1923. Pág. 329-330.

HEINRICHSDORF.—Virchow's Archiv., 230, 260 (1921).

E. VON HIPPEL.—en Handbuch der Speziellen Pathologischen Anatomie und Histologie, von F. HENKE und O. LUBARSCH. 1928. Tomo XI/1. Primera parte. Pág. 349-350.

F. MUNK.—Virchow's Archiv., 227, 210, (1920).

R. O. NEUMANN und MARTIN MAYER.—Wichtige tierische Parasiten und ihre Uebertrãger. München. 1914. Pág. 335-346.

S. OBERRNDORFER.—Handbuch der Speziellen Pathologischen Anatomie und Histologie, von F. HENKE und O. LUBARSCH. 1931. Tomo VI/3. Pág. 635-644.

THOMAS, M. RIVERS, M. D.—Viral and Ricketsial Infections of Man. Philadephia-London-Montreal. 1948. Pág. 314-336.

C. E. VAN ROOYEN and A. J. RHODES.—Virus Diseases of Man. New York. 1948. Pág. 273-308.

K. ZIELER.—Tratado de las Enfermedades de la Piel y Venéreas. Buenos Aires. 1940. Versión española de la cuarta edición. Pág. 273-278.

M. WESTENHÖFER.—Bericht über die Tätigkeit des pathol. anat. Instituts der Univ. Santiago de Chile i. d. Jahren 1908 u. 1909. Berliner klin. Wochenschr. 1911. N° 23.

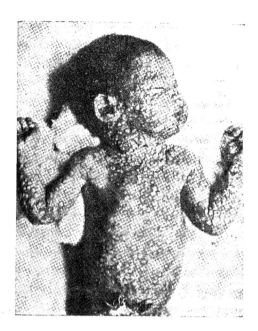

FIG. Nº 1.

Fotografía de un niño recién nacido con una erupción variolosa típica. El contagio fué en este caso intrauterino, pudiendo apreciarse el cordón umbilical en momificación.

FIG. Nº 2.

El mismo caso anterior a mayor aumento. Permite ver los detalles de las pústulas en parte confluentes, umbilicadas y rodeadas de halo rojo. Lesiones confluentes en la región peribucal.

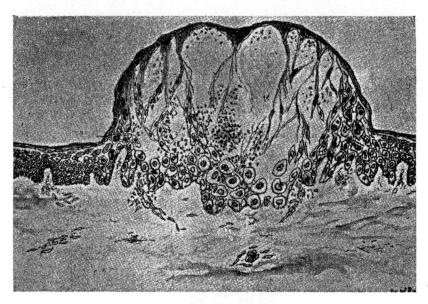

FIG. Nº 3.-

Esquema original de una vesícula variolosa, en la cual puede verse las alteraciones del corion, los fenómenos degenerativos de los epitelios de la piel —según los conceptos emitidos por *Unna*— y las inclusiones citoplasmáticas características.

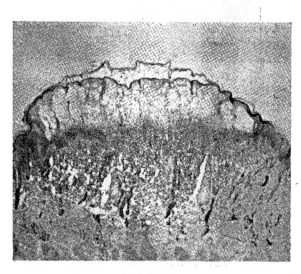

FIG. Nº 4.

Microfoto de una *vesícula* variolosa. Tinción H. E. Aumento 29 x. Permite apreciar los fenómenos degenerativos del epitelio, en especial la degeneración reticular del estrato espinoso y la tendencia a la necrosis de los epitelios basales.

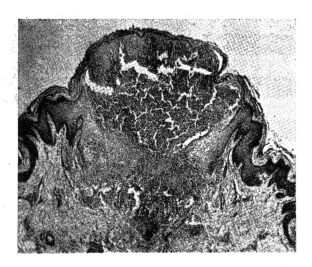

FIG. N° 5.

Microfoto de una *pústula* variolosa. Tinción H. E. Aumento 29 x. Se aprecia la densa invasión leucocitaria polinuclear, que en parte alcanza hasta el dermis.

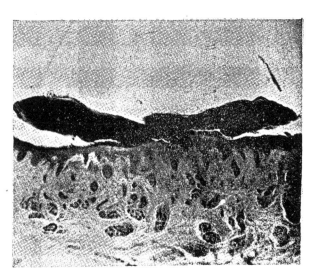

FIG. N° 6.

Microfoto correspondiente a una *costra* de pústula variolosa en vías de desprendimiento. Tinción II. E. Aumento 19 x. Puede apreciarse la característica forma lenticular de ella y el epitelio regenerado por debajo (Curación sin cicatriz).

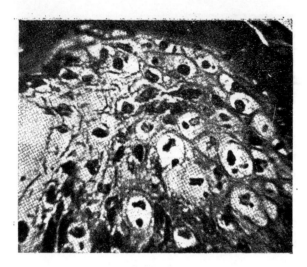

FIG. N° 7.

Microfoto de las alteraciones histológicas de los epitelois de la piel afectados por la viruela (borde de una pústula). Tinción H. E. Aumento 500 x. Se reconoce células balonadas con núcleos retraídos, escotados y en parte hipercromáticos con sus inclusiones intracitoplasmáticas correspondientes (Corpúsculos de Guarnieri). La fotografía procede de un caso de viruela pustular hemorrágica.

FIG. N° 8.

Microfoto, correspondiente a las alteraciones de la piel en un caso de púrpura varioloso. Tinción H. E. Aumento 75 x. La piel se encontraba cubierta por un exantema petequial con múltiples focos hemorrágicos. En la figura se ven los capilares ocupados por numerosos elementos inflamatorios, y alrededor de ellos existen focos hemorrágicos e infiltrados inflamatorios. No se observó alteraciones endoteliales de los vasos sanguíneos, debiéndose la salida de las células exclusivamente a procesos de diapedesis.

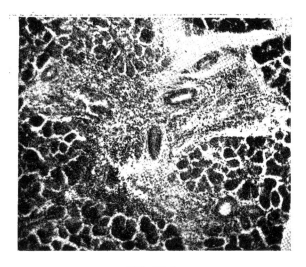

FIG. N° 9.

Microfoto, de una glándula parótida en un caso de viruela. Tinción H. E. Aumento 68 x. Se observa hiperemia e intensa infiltración inflamatoria de células redondas en el tejido intersticial.

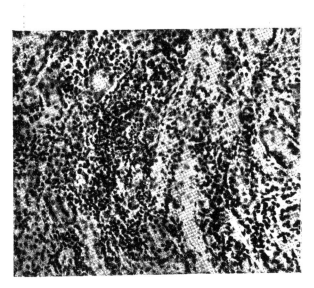

FIG. N° 10.

Micrpfoto, de un riñón alterado en un caso de viruela. Tinción H. E. Aumento 180 x. Corresponde a la región córtico-medular, en la cual hemos observado frecuentemente una densa infiltración inflamatoria intersticial formada por linfocitos, plasmacélulas, eosinófilos y polinucleares, o sea una nefritis intersticial.

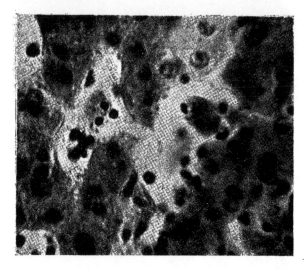

FIG. N° 11.

Microfoto, de un hígado en la viruela. Tinción H. E. Aumento 600 x. Se aprecia una manifiesta dilatación de los capilares sinusoides, la replesión de éstos por células fagocitarias, especialmente elementos retículoendoteliales tumefactos y células de Kupffer con restos celulares fagocitados (Fenómenos de reabsorción).

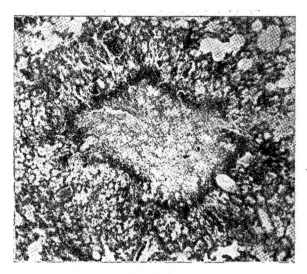

FIG. N° 12.

Microfoto de un pulmón en la viruela. Tinción H. E. Aumento 27 x. Muestra un foco de necrosis, de tamaño miliar, sin gérmenes ni alteraciones sospechosas de tuberculosis. ¿Equivalente pustular?

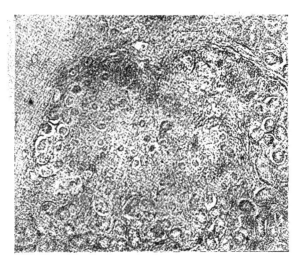

FIG. Nº 13.

Testículo con foco de necrosis. Tinción H. E. Aumento 40 x. La zona afectada muestra una marcada reacción eosinófila y cariorrexis de los núcleos celulares. Equivalente pustular según *Chiari*.

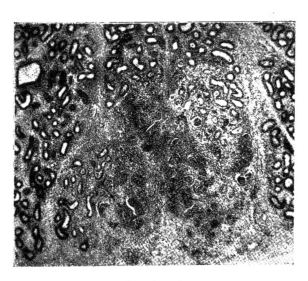

FIG. Nº 14.

Igual alteración que la anterior observada en el epidídimo. Tinción H. E. Aumento 25 x.

FACULTAD DE ODONTOLOGIA
de la
Universidad de Concepción (Chile)
CATEDRA DE PATOLOGIA GENERAL
Prof. Dr. F. Behn

Contribución a la histopatología de las alteraciones cicatriciales de la pulpa dentaria

(Con 7 microfotos)

por

Nelly von Bennewitz

En 1949 se realizó, en la Cátedra de Patología General de la Facultad de Odontología de la Universidad de Concepción, un trabajo sobre "Histopatología de la Pulpa Dentaria en las Caries Incipientes" (Behn y Valck [1]). En sus conclusiones se señala, en forma especial, la frecuencia con que se observan alteraciones inflamatorias en el órgano pulpar. Nos ha parecido de mucho interés, seguir la evolución de estas alteraciones, después de haberse obturado la caries causante. Sobre todo, deseábamos saber si estas pulpitis realmente curaban y cuales serían las secuelas que podrían dejar. Sobre este punto, de tanta importancia práctica, es difícil encontrar datos bibliográficos. Además, su estudio podría llegar a dar un resultado francamente opuesto al conocido concepto de Rebel, quien afirma que: "Toda pulpa inflamada es órgano perdido". Todos estos motivos nos indujeron a realizar el trabajo que a continuación exponemos.

MATERIAL Y TECNICA

Para abordar el tema, hemos elegido, de 38 pacientes de la Escuela de Odontología de la Universidad de Concepción, una serie de 75 piezas dentarias, que ofrecían caries en segundo grado y que debían ser extraídas, con el objeto de facilitar la colocación de prótesis a placa. La edad de estos pacientes fluctuaba, en general, entre los 18 y 65 años y la mayor parte de ellos eran mujeres.

Procedimos a obturar la caries de acuerdo con la técnica clásica, es decir, eliminación del tejido careado tallado de la cavidad, desinfección con fenol, aplicación de aire tibio y obturación con Cemento de Oxifosfato "Caulk" (norteamericano) o "Kemdent" (inglés). Elegimos el Cemento de Oxifosfato, por cuanto, de acuerdo con las experiencias de **Emrich** [3], **Fasoli** [6], **Palazzi** [12], **Manley** [10], **Gurley y van Huysen** [7], **Zander** [18], etc., nos pareció el material más apropiado. En efecto, estos autores estudiaron la reacción de la pulpa de dientes sanos, frente a diversos materiales de obturación. Por ellos sabemos que las obturaciones con Cemento de Silicato provocan reacciones pulpares que, fácilmente, podrían entorpecer nuestros estudios. Es por ello, que no los hemos utilizado.

Después de la obturación, esperamos un tiempo variable que fluctuó entre algunos días, varias semanas y algunos meses, para proceder a la extracción de los dientes. Los fijamos luego, en formalina al 10% por un tiempo mínimo de 48 horas. En seguida los descalcificamos en ácido nítrico al 5%, primero en frío y luego, por algunos minutos, en la estufa al calor de 56 grados. Practicamos, en seguida, cortes seriados con el microtomo de congelación, en tal forma, que el cuchillo tocaba simultáneamente la cavidad obturada y la pulpa. De este modo, logramos obtener fácilmente, varios cortes de aquella zona pulpar en que tendrían que estar las alteraciones, cuya existencia deseábamos investigar. La tinción empleada, fué la de hematoxilina y eosina y por lo general, examinamos entre 6 y 10 cortes de cada caso.

RESULTADO DE NUESTRAS OBSERVACIONES

Al estudiar los diferentes cortes de nuestros 75 casos, nos llama la atención que las pulpas que pueden considerarse como más o menos normales, son relativamente pocas; no son, en efecto, más que 6. Todas las demás, presentan alteraciones de intensidad muy diversa, pero de naturaleza bastante similar. Casi siempre se trataba de alteraciones de carácter regresivo, que afectaban, por lo general, toda la pulpa coronaria, disminuyendo gradualmente en la radicular, a medida que nos acercábamos al orificio apical. Estaban caracterizados, ante todo, por fenómenos de atrofia reticular de la pulpa y de marcada vacuolización y atrofia de la capa de odontoblastos. De vez en cuando, se acompañaban, estos procesos, de intensos fenómenos de calcificación, ya sea, en forma de grandes concrementos o bien en forma de finos depósitos calcáreos; prefiriendo, los primeros, la parte coronaria y los otros, la parte radicular de la pulpa. En 3 casos, estas alteraciones regresivas alcanzaron a originar una desaparición casi total de la pulpa, cuyos restos aparecen momificados.

Seguramente, estas alteraciones, no están en relación con el tema que nos hemos propuesto estudiar, sino que, son lisa y llanamente, consecuencias de la característica general del material que hemos tenido que escoger para nuestro estudio. Como ya lo dijimos, se trataba de piezas cuya extracción era necesaria para la adaptación de aparatos protésicos, por lo tanto, eran "aislados sobrevivientes" de una mal conservada dentadura. No es entonces extraño, que estas piezas, no sometidas al uso normal y fisiológico, mostraran alteraciones regresivas, ya sea, por desgaste exagerado o bien por inactividad más o menos completa. Por suerte, estas alteraciones no constituyen dificultad especial para proseguir nuestro estudio; aunque estamos seguros que han influído, en forma decisiva en los porcentajes de aparición de las alteraciones que nos interesan. Nos permitimos afirmar esto, por cuanto, la capacidad de un tejido atrófico es, seguramente, distinta a la de un tejido normal.

Pues bien, estas lesiones regresivas, más o menos generales, se encontraron en la mayoría de las pulpas examinadas. En 26 casos se presentaron como lesiones únicas. En los 43 casos restantes, en cambio, venían acompañadas con otras alteraciones que, por su íntima relación con el lugar preciso de la caries obturada, debían estar en dependencia, ya sea con ésta o bien con los procedimientos y material de relleno. La última posibilidad la hemos eliminado, usando, exclusivamente y con los cuidados habituales, Cemento de Oxifosfato que, como ya lo hemos expresado, no tiene acción sobre la pulpa. De manera, que si encontramos alteraciones, éstas, forzosamente, tienen que corresponder a secuelas de lesiones pulpares ocasionadas por la caries primitivamente existente.

En efecto, las alteraciones que pasamos a describir, bien pueden corresponder a secuelas de un proceso inflamatorio, razón por la cual deben considerarse como alteraciones cicatriciales de una pulpitis. Dado el gran número de casos y el variado tiempo que permanecieron obturadas (2 hasta más de 100 días), logramos encontrar, con cierta facilidad, diferentes estados evolutivos de la lesión.

En 7 casos existían procesos en actividad, 4 de ellos eran de obturación reciente (2 a 12 días); en los otros 3, en cambio, tuvimos la impresión que la pulpitis localizada, que en ellos existía, estaba más bien en relación con nuevas caries, inmediatamente vecinas a la obturada. Las consideramos de esa manera, por cuanto, el tiempo de obturación de esos casos era de 3 y más meses y en 2 de ellos había, realmente, una caries nueva, bien visible. Estos casos eran absolutamente iguales a los descritos por **Behn** y **Valck** [1] y está, por eso, demás analizarlos detalladamente.

En los 36 casos restantes, en cambio, se confirmó ampliamente lo sospechado al iniciar nuestro trabajo. En ellos logramos encontrar todos los distintos aspectos de apagamiento de un proceso inflamatorio: desde la simple **reabsorción del exudado,** quedando como vestigio de él, sólo algunos eosinófilos y monocitos, con corpúsculos hialinos de Russel (microfoto Nº 1) hasta la aparición de una **verdadera cicatriz** (microfoto Nº 2). Tales cicatrices en los individuos jóvenes consistían, generalmente, en un foco de **proliferación del tejido pulpar,** tejido que en el lugar afectado era mucho más rico en núcleos.(microfoto Nº 3 y 4). En cambio, en las personas de mayor edad dominaba la formación de una zona de intensa **atrofia reticular,** por lo general, bien delimitada e igual a la observada por **Daneck** [2] y descrita también por **Euler y Meyer** [5] (microfoto Nº 5).

Fuera de estas alteraciones de la pulpa propiamente tal, encontramos también, en casi todos los casos, formación de una capa de **dentina secundaria,** a veces bastante considerable, y **marcada vacuolización de odontoblastos** (microfoto Nº 5). Se aprecia esta degeneración vacuolar de los odontoblastos, en general, en forma muy intensa y no raras veces alcanza a la formación de **cavidades de aspecto quístico.** Estas cavidades separan la pulpa de la pared de la cámara, frente a la caries obturada (microfoto Nº 6). Seguramente, en muchos casos, dichas cavidades son, hasta cierto punto artificios de técnica (retracciones provocadas especialmente por los fijadores). Pero, de ninguna manera impresionan como artificios puros, sino que, como acentuación de un estado real, representado, por lo menos, por un intenso debilitamiento de los odontoblastos vacuolizados. De vez en cuando, es fácil observar, directamente, la ruptura artificial de dichas células muy vacuolizadas (microfoto Nº 6) y una que otra vez encontramos restos de líquido albuminoso, coagulado, entre los tabiques intercelulares desgarrados. Otras veces, en cambio, la formación de dichas cavidades es, sin duda, algo real, pues, aparecen como tapizadas de células más o menos aplanadas, dispuestas en varias capas (microfoto Nº 7). Interpretamos la existencia de esas cavidades como secuelas de una inflamación pulpar localizada, que ha evolucionado hacia la curación. Por lo demás, dichas cavidades han sido observadas por muchos autores y han sido descritas con el nombre de "quistes pulpares" (**Pucci y Reig** [13]). Se les ha interpretado como restos de abscesos, cuyo contenido ha sido reabsorbido (**Römer** [14], **Siegmund y Weber** [15], **Euler y Mayer** [5], etc.), o bien como alteración que acompaña a una intensa atrofia pulpar (**Weber** [17]) sin atribuirle un origen especial. Nosotros, en cambio, creemos que, generalmente, se forman a raíz de las alteraciones odontoblásticas más arriba descritas, y que se encuentran en relación con lesiones pulpares inflamatorias, que no alcanzaron a la formación de un verdadero absceso.

En cuanto al tiempo necesario para la aparición de las referidas alteraciones cicatriciales de la pulpa, bien poco podemos afirmar en forma categórica. Para precisarlo, sería necesario reunir un material mucho más extenso. Sin embargo, podemos concluir que, en nuestros casos, en general, las alteraciones cicatriciales eran bien evidentes entre los 30 y los 60 días después de la obturación. Esto puede apreciarse en las microfotos adjuntas.

En resumen, nuestras observaciones permiten llegar a las siguientes conclusiones:

1º—Que las pulpitis histológicamente evidentes son, en las caries más o menos superficiales, mucho más frecuentes de lo que habitualmente se acepta a base de simples observaciones clínicas, conclusión que afirma lo ya establecido por **Behn** y **Valck**[1].

2º—Que hay alteraciones inflamatorias de la pulpa dentaria, que transcurren sin sintomatología clínica evidente y que, por lo tanto, pasan completamente inadvertidas, tanto para el paciente como para el profesional que lo atiende.

3º—Que tales pulpitis "exclusivamente histológicas", como las llama **Kronfeld**[9], curan habitualmente con facilidad, al ser obturadas las caries que las habían provocado.

4º—Que ellas dejan, como secuela, principalmente, una zona de atrofia reticular localizada, o bien una zona de fibrosis o las cavidades conocidas con el nombre de quistes o pseudoquistes de la pulpa.

5º—Que dichas secuelas son, por lo general, bien evidentes a más tardar a los dos meses después de practicada la obturación.

RESUMEN

Se ha estudiado, en cortes histológicos seriados, el comportamiento de la pulpa de 75 dientes con caries en segundo grado, obturados días, semanas o meses antes de su extracción. En atención a que se trataba de piezas extirpadas por motivos protésicos, mostraban generalmente alteraciones pulpares de carácter regresivo. Sin embargo, en aproximadamente la mitad de los casos se pudo comprobar, además, la existencia de secuelas de una inflamación pulpar localizada, curada después de la obturación. Estas secuelas están caracterizadas, especialmente, por zonas **delimitadas** de esclerosis o de atrofia reticular, que aparecen en forma evidente, entre los 30 y 60 días. Su existencia permite concluir que las pulpitis son, en realidad, mucho más frecuente de lo que habitualmente se cree, que evolucionan, a menudo, sin sintomatología clínica y que, por lo general, curan rápidamente, una vez obturada la caries que las ha provocado.

SUMMARY

It has been studied in seried histologic slides the reaction of the pulp in seventy five teeth with caries in second grade filled days, weeks or months before they were extracted. Taking into consideration that we dealt with teeth extracted for protesic cause, they showed generally alterations of the pulp of regressive type. However in nearly half of the cases we could prove, besides, the appearance of sequels of a localized inflammation of the pulp, healed after the filling. These sequels are represented especially by limited zones of sclerosis or reticular atrophy which appear in evident form in thirty to sixty days. From their appearance we can draw the conclusion that the pulpitis are in fact much more frequent than we generally think they are, that they often develop without clinic sintomatology and that in general, they heal very rapidly once the caries that have originated them have been filled.

BIBLIOGRAFIA

1.—BEHN, F. y VALCK, I.—Histopatología de la Pulpa Dentaria en las Caries Incipientes. Bol. Soc. Biol. Concepción, 1949. Tomo XXIV.

2.—DANECK, G.—Contribución a la Anatomía Patológica de la Pulpitis. Bol Soc, Biol. Concepción, 1948. Tomo XXIII.

3.—EMRICH, H.—Beitrag zur Frage der Pulpaschädigung unter Silikatfüllung. Berlín. Zahnnärztliche Rundschau, 1939, Marzo 19; 48, 12.

4.—ERAUSQUIN, R.—Anatomía Patológica Duco-Dental. B. Aires, Porgental Editor, 1942.

5.—EULER, H. y MEYER, W.—Pathohistologie der Zähne. München, Edit. J. F. Bergman, 1927.

6.—FASOLI, G.— Citado por ZANDER.

7.—GURLEY, W. B. y VAN HUYSEN, G.—Histologic Changes in Teeth due to Plastic Filling Materials, J. Amer. Dent. Ass., 1937, Vol. 24, 1086.

8.—KANTOROWICZ.—Escuela Odontológica Alemana, Edit. Labor. S. A., 1937. Tomo II.

9.—KRONFELD, R.—Hostopathologie of the Teeth and their Surrounding Structures. Philadelphia, Lea & Febiger, 1945.

10.—MANLEY, E. B.—Citado por ZANDER.

11.—MÜLLER, O.—Pathohistologie der Zähne. Basel, Suiza Edit. Benno Schwabe & Co., 1947.

12.—PALAZZI, G.—Citado por ZANDER.

13.—PUCCI y REIG.—Conductos radiculares. B. Aires. Edit. Médico Quirúrgica, 1944. Vol. I.

14.—RÖMER.—Citado por PUCCI y REIG.

15.—SIEGMUND y WEBER.—Citado por PUCCI y REIG.

16.—THOMA, K. H.—Patología Bucal. México. Edit. Utaha. 1946. Tomo I.

17.—WEBER, R.—Pathologie und Therapie der Endzündlichen Erkrankungen des Zahnmarkes. Alemania, Editor Ferdinand Enke, 1932.

18.—ZANDER, H. A.—Pulp Reaction to Silicate Cements. J. A. D. A., 1949, Octubre 1. Vol. 33.

19.—ZANDER y PEJKO.—Protection of Pulb under Silicate Cements. J. A. D. A., 1947. Junio 15. Vol. 34, Nº 12.

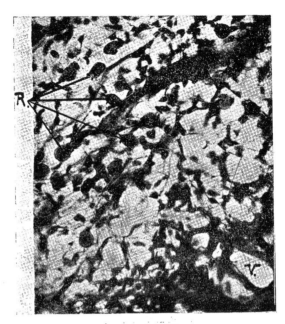

MICROFOTO Nº 1.

Caso 51, mujer de 26 años.
Pieza 11, obturación 50 días.
H. E., aumento 310 veces.
Pulpitis en regresión: proliferación fibroblástica, numerosos corpúsculos hialinos de Russel (R). Odontoblastos vacuolizados (V).

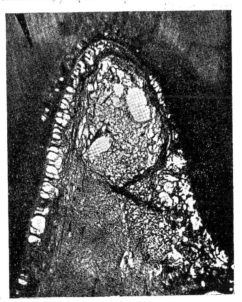

MICROFOTO Nº 2.

Caso 24, mujer de 20 años.
Pieza 3, obturación 60 días.
H. E., aumento 31 veces
Cicatriz de pulpitis en relación con segundo grado obturado.

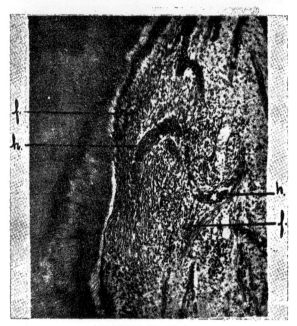

MICROFOTO Nº 3.

Caso 64, mujer de 26 años.
Pieza 12, obturación 30 días.
H. E., aumento 77 veces.
Proliferación fibroblástica (f) en relación con foco de pulpitis en regresión.
Vasos hiperhémicos (h).

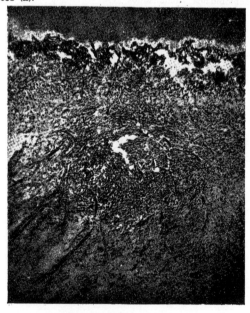

MICROFOTO Nº 4.

Caso 48, mujer de 17 años.
Pieza 13, obturación 36 días.
H. E., aumento 60 veces.
Cicatriz de pulpitis, proliferación conjuntival en relación con caries en segundo
grado obturada.

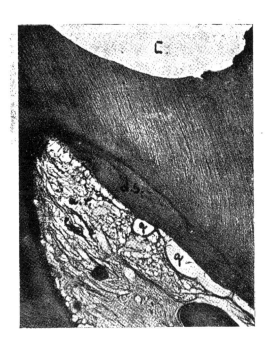

MICROFOTO Nº 5.

Caso 75, mujer de 29 años.
Pieza 6, obturación 300 días.
H. E., aumento 32 veces.
Cicatriz de pulpitis caracterizada por: atrofia reticular localizada (a r), quiste
pulpar (q) en relación con caries obturada (c). Dentina secundaria (d s).

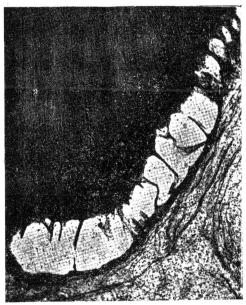

MICROFOTO Nº 6.

Caso 61, mujer de 26 años.
Pieza 4, obturación 30 días.
H. E., aumento 52 veces.
Quiste pulpar en formación. Zona intensa de vacuolización, localizada de los
odontoblastos.

MICROFOTO N° 7.

Caso 29, mujer de 19 años.
Pieza 25, obturación 91 días.
H. E., aumento de 24 veces.
Alteraciones cicatriciales de pulpitis localizada: proliferación fibroblástica, atro-
fia reticular (r) y quiste pulpar (q) en relación con caries en segundo grado obtu-
rada (c).

INDICE :

BOLETIN DE LA SOCIEDAD DE BIOLOGIA DE CONCEPCION (CHILE)

Bol. Soc. Biol. Concepción (Chile)

CANJE

Deseamos establecer **Canje** con todas
las Revistas similares.

We with to establish **exchange**
with all similar Reviews.

Wir wünschen den **Autausch** mit
allen ähnlichen Zeitschriften.

On désire établir **l'echange** avec toutes
les Revues similaires.

Dirigir. correspondencia al BIBLIOTECARIO

Prof. Dr. Carlos Henckel, Concepción (Chile), Casilla 29

Lit. Concepción, S. A.

Lightning Source UK Ltd.
Milton Keynes UK
UKHW020927011218
333087UK00009B/1135/P

9 780332 742526